“十三五”国家重点出版物出版规划项目

地球观测与导航技术丛书

高速视频测量
理论方法与工程应用

童小华　刘祥磊　陈　鹏　高　飒　刘世杰　卢文胜　著

科学出版社

北　京

内 容 简 介

高速视频测量是以非接触的形式获取高速运动目标的海量影像序列数据，并根据近景摄影测量理论和方法分析每张或每对像片中物体目标点的三维空间坐标变化，以确定物体的整体运动状态，具有非接触、三维测量和密集测量的优势，已广泛应用于土木工程、材料测试、考古学、航空学和工业制造等领域。本书通过理论方法、软硬件系统和工程应用三篇详细介绍了高速视频测量的原理与技术方法及其在土木工程中的应用，从原理以及实际应用的角度给出相应的高速视频测量解决方法。

本书不仅可为国内高速视频测量科研工作者提供参考、进一步推进高速视频测量的深入发展，而且还可作为摄影测量学与近景摄影测量学的补充教材，以及为土木工程、车辆工程、材料工程等其他相关领域的师生、工程技术人员和研究团队提供学习参考。

图书在版编目（CIP）数据

高速视频测量理论方法与工程应用/童小华等著. —北京：科学出版社，2019.6

（地球观测与导航技术丛书）

ISBN 978-7-03-060688-4

Ⅰ.①高… Ⅱ.①童… Ⅲ.①视频系统–测量技术–应用–土木工程–工程测量 Ⅳ.①TN94 ②TU198

中国版本图书馆 CIP 数据核字(2019)第 039360 号

责任编辑：朱 丽 石 珺 / 责任校对：何艳萍
责任印制：吴兆东 / 封面设计：图阅社

科 学 出 版 社 出版
北京东黄城根北街 16 号
邮政编码：100717
http://www.sciencep.com

北京建宏印刷有限公司 印刷
科学出版社发行 各地新华书店经销

*

2019 年 6 月第 一 版 开本：787×1092 1/16
2019 年 6 月第一次印刷 印张：21
字数：500 000
定价：198.00 元
(如有印装质量问题，我社负责调换)

《地球观测与导航技术丛书》编委会

顾问专家

徐冠华　龚惠兴　童庆禧　刘经南　王家耀
李小文　叶嘉安

主　编

李德仁

副主编

郭华东　龚健雅　周成虎　周建华

编　委（按姓氏汉语拼音排序）

鲍虎军　陈　戈　陈晓玲　程鹏飞　房建成
龚建华　顾行发　江碧涛　江　凯　景贵飞
景　宁　李传荣　李加洪　李　京　李　明
李增元　李志林　梁顺林　廖小罕　林　珲
林　鹏　刘耀林　卢乃锰　间国年　孟　波
秦其明　单　杰　施　闯　史文中　吴一戎
徐祥德　许健民　尤　政　郁文贤　张继贤
张良培　周国清　周启鸣

《地球观测与导航技术丛书》编写说明

地球空间信息科学与生物科学和纳米技术三者被认为是当今世界上最重要、发展最快的三大领域。地球观测与导航技术是获得地球空间信息的重要手段，而与之相关的理论与技术是地球空间信息科学的基础。

随着遥感、地理信息、导航定位等空间技术的快速发展和航天、通信和信息科学的有力支撑，地球观测与导航技术相关领域的研究在国家科研中的地位不断提高。我国科技发展中长期规划将高分辨率对地观测系统与新一代卫星导航定位系统列入国家重大专项；国家有关部门高度重视这一领域的发展，国家发展和改革委员会设立产业化专项支持卫星导航产业的发展；工业和信息化部、科学技术部也启动了多个项目支持技术标准化和产业示范；国家高技术研究发展计划(863 计划)将早期的信息获取与处理技术(308、103)主题，首次设立为"地球观测与导航技术"领域。

目前，"十一五"规划正在积极向前推进，"地球观测与导航技术领域"作为 863 计划领域的第一个五年规划也将进入科研成果的收获期。在这种情况下，把地球观测与导航技术领域相关的创新成果编著成书，集中发布，以整体面貌推出，当具有重要意义。它既能展示 973 计划和 863 计划主题的丰硕成果，又能促进领域内相关成果传播和交流，并指导未来学科的发展，同时也对地球观测与导航技术领域在我国科学界中地位的提升具有重要的促进作用。

为了适应中国地球观测与导航技术领域的发展，科学出版社依托有关的知名专家支持，凭借科学出版社在学术出版界的品牌启动了《地球观测与导航技术丛书》。

丛书中每一本书的选择标准要求作者具有深厚的科学研究功底、实践经验，主持或参加 863 计划地球观测与导航技术领域的项目、973 计划相关项目以及其他国家重大相关项目，或者所著图书为其在已有科研或教学成果的基础上高水平的原创性总结，或者是相关领域国外经典专著的翻译。

我们相信，通过丛书编委会和全国地球观测与导航技术领域专家、科学出版社的通力合作，将会有一大批反映我国地球观测与导航技术领域最新研究成果和实践水平的著作面世，成为我国地球空间信息科学中的一个亮点，以推动我国地球空间信息科学的健康和快速发展！

李德仁

2009 年 10 月

序

我非常高兴看到关于高速视频测量理论方法与工程应用的著作出版。高速视频测量是摄影测量的最新发展，其是利用高速相机获取运动目标的海量影像序列来精密测量被测目标的位置、形状和运动参数等，具有非接触、三维测量和密集测量的优势。到目前为止，国内外尚未有系统全面介绍高速视频测量理论、方法与工程应用的书籍。该书的出版，填补了这个领域的理论方法和工程应用空白，对于完善和发展摄影测量理论方法、推动高速视频测量在土木工程等领域的应用，具有重要的理论意义和实用价值。

童小华教授及团队一直致力于测绘遥感与空间信息理论方法的研究。本书系统总结了过去 10 多年来他们在高速视频测量理论方法和工程应用方面的主要研究成果。全书共三篇 11 章。第一篇是理论方法篇，主要介绍高速视频测量理论、视频序列影像处理方法、结构形变参数计算与分析；第二篇是软硬件系统篇，主要介绍高速视频测量分布式系统、硬件系统、软件系统；第三篇是工程应用篇，主要介绍高速视频测量在振动台实验、结构倒塌实验和结构表面场形变监测中的应用。

纵观全书，该书具有以下特点：

科学性：该书为高速视频测量的发展奠定了理论基础。该书所提出的一系列新的理论方法和数学模型均建立在严密的数学理论基础上，如影像序列椭圆形目标点的识别与跟踪方法、影像序列编码目标点的自动识别与跟踪算法模型、基于可信度引导的左右影像立体匹配策略、基于相位相关的前后序列影像亚像素级匹配方法等。

系统性：该书系统构建了高速视频测量理论方法体系，包括高速视频测量传感器网络的构建与检校、目标点识别与定位、左右影像目标立体匹配、前后序列影像目标跟踪、目标点时序三维坐标计算、结构形变参数计算、结构表面形变场计算、结构损伤识别与分析等。

创新性：该书内容在多个方面体现了创新性成果，如高速视频测量海量影像序列快速处理方法，提高了其处理效率；提出了可信度引导的左右影像立体匹配方法，提高了序列影像立体匹配的效率和精度；提出了基于相位相关的亚像素级匹配方法，提高了前后序列影像目标点跟踪的精度；建立了高速视频测量结构形变参数计算与分析方法等。

实用性：该书基于高速视频测量理论方法，面向土木等工程实验的精密测量需求，构建了高速视频分布式测量系统，自主研制了高速视频测量软硬件集成系统，并应用于实际工程和实验，如在地震振动台实验、结构连续倒塌实验和结构表面场形变监测中的应用，解决了传统测试手段在结构精密测量中存在量程有限、测量区域小、安装费时费力、增加模型质量、单一维度监测、需稳定安装平台等问题。

　　高速视频测量理论方法的深入研究将加快非接触式结构测量技术的发展、满足结构精密测试的需求，是一个值得深入研究的课题。该书体现了高速视频测量理论方法研究及工程应用方面取得的重要进展，希望未来可以有更多的研究人员在高速视频测量领域开展研究，努力推动高速视频测量理论和实践的进一步发展。

清华大学土木工程系教授

2019 年 3 月 16 日于清华园

前　　言

高速视频测量（high-speed videogrammetry）是近景摄影测量（close-range photogrammetry）的一个分支，研究对象是处于运动状态的物体，其优点是在非接触的状态下，以视频或影像序列的形式瞬时记录运动物体的空间位置和状态，并通过摄影测量解析处理，获取运动物体特征点的高精度三维空间坐标，分析每张或每对像片中物体目标点的三维空间坐标变化，从而对运动物体的特征进行定性和定量分析，描述物体的运动轨迹和运动参数，以确定物体的整体运动状态。

随着现代科学技术的发展，生产过程正在不断向高速化和复杂化方向发展，人们逐渐开始关注处于高速运动状态中物体的空间信息变化，但是普通相机的低帧频很难满足需求，迫切需要高帧频、高分辨率的相机以实现对高速运动状态下物体的视频测量。随着数字传感器技术的发展，尤其是电荷耦合器件（charge coupled device，简称 CCD）和互补金属氧化物半导体（complementary metal oxide semiconductor，简称 CMOS）传感器的飞速发展，促使高速工业相机诞生。高速工业相机配以高精度同步控制器和高速数据采集卡等设备，为研究高速运动状态下物体变化而进行的高帧频、高精度视频测量提供了硬件条件。高速视频测量也逐渐成为一门新兴学科，其具有非接触、高帧频、三维密集测量的优势，可以监测处于高速运动状态下的物体，并获取运动物体的三维动态响应。高速视频测量已经在土木工程、考古学、航空学、外科学和工业检查等领域展开了较为广泛的应用。

本书系统介绍了高速视频测量系统构建及影像序列处理与分析的关键问题，并重点介绍了高速视频测量在土木工程中的应用，希望从原理以及实际应用的角度给出相应的解决方法。本书通过理论方法、软硬件系统和工程应用三篇详细介绍了高速视频测量的原理与技术方法及在土木工程中的应用，主要包括以下内容：

（1）理论方法篇。介绍了高速视频测量原理、高速视频测量坐标系和高速视频测量空间解析等基本理论；介绍目标点识别与定位、左右影像目标立体匹配、前后序列影像目标跟踪等视频序列处理方法；介绍目标点时序三维坐标计算、结构形变参数计算、结构表面形变场计算和结构损伤识别与分析等结构形变参数计算与分析方法。

（2）软硬件系统篇。介绍高速视频测量分布式系统构建、传感器网络检校和高速视频测量精度分析等；介绍高速相机传感器网络、同步控制系统、高速采集系统、高速传输系统、高速存储系统和光源照明系统等硬件系统；介绍高速视频测量软件系统和分布式高速视频测量软件系统。

（3）工程应用篇。主要介绍高速视频测量在地震振动台实验中的应用、高速视频测量在结构倒塌实验中的应用和散斑高速视频测量在结构表面场形变监测中的应用。

本书在研究和撰写的过程中，得到了课题组各位老师和学生的大力支持和帮助，叶真博士、博士研究生郑守住、硕士研究生汪本康参加了部分章节的撰写。值此书稿完成之际，感谢谢欢教授、许雄副研究员、金雁敏博士、柳思聪博士、魏超博士提供技术指导，感谢栾奎峰博士、李凌云博士、梅华丰硕士、胡欧玲硕士等提供的技术支持和实验协助；感谢同济大学顾祥林教授、陈以一教授、何敏娟教授、赵宪忠教授、石振明教授、赵程副教授、陈素文副教授、曹文清高级工程师、葛雪老师、宋晓滨副教授等的大力支持帮助，提供实验建筑物模型对象；感谢同济大学黄宝峰博士、李毅博士、闫伸博士、律清博士、陈越时博士、华晶晶博士、占兵硕士、李秋云硕士、吴亚杰硕士等同学协助完成高速视频测量实验数据采集；感谢同济大学土木工程防灾国家重点实验室、中国科学院西安光学精密机械研究所、凌云光技术集团有限责任公司和北京科天健图像技术有限公司等提供高速视频测量实验的支持。还有很多老师、同学和单位提供了支持帮助，在此，向他们致以衷心的感谢。本书的研究得到了国家重点研发计划项目、国家自然科学基金重点和面上项目等资助，在此一并表示感谢。

　　希望本书的出版，能为国内同行科研工作者提供便利与参考，进一步推进高速视频测量的深入发展。由于作者水平有限，书中难免存在不妥之处，敬请读者不吝赐教。

著　者

2019 年 1 月

目　　录

第二篇　软硬件系统

第三篇　工程应用

第1章 概 论

1.1 高速视频测量的定义

近景摄影测量（Close Range Photogrammetry）是一种通过采集图像和处理图像来确定目标外形和状态的非接触式技术，可以在瞬间以图像的方式获取被测物体的物理和几何信息，其不仅可以重复使用和长期存储，而且还可以通过解析摄影测量技术获取被测物体目标点的三维空间坐标，提供多种基于三维空间坐标的产品数据，如基础图形、数字表面模型（Digital Surface Model，简称 DSM）、数字正射影像（Digital Orthophoto Map，简称 DOM）和三维动态序列影像（冯文灏，2000）。不仅如此，近景摄影测量还具有可在困难条件下工作，不伤及测量目标和不干扰被测物体的自然状态的优点。随着高分辨率数码相机和新的计算模型的发展，数字近景测量技术已经成为高自动化、高精度的三维坐标测量技术，这些技术已经广泛应用于土木工程（Niederöst and Mass，1997；Fraser and Riedel，2000；Whiteman et al.，2002；Ryall and Fraser，2002；Jáuregui et al.，2003；Ji，2007；Yoneyama et al.，2007；Kovačič et al.，2011）、建筑学（Bräuer-Burchardt and Voss，2001；刘亚文，2004；Halim and Zulkepli，2007）、交通事故现场处理（Fraser et al.，2005，2008）、工业（Pappa et al.，2000；程效军，2001；Pappa et al.，2002；Lhuillier and Quan，2005；吕乃光等，2007）、人体运动学（Percoco，2011）和环境科学（王秀美等，2002）等领域。可以说，数字近景摄影测量已经成为快捷、非接触的三维空间信息主要获取方式之一。

视频测量是近景摄影测量的分支和新发展。视频测量起源于 19 世纪 80 年代，随着索尼公司推出了世界上第一台电荷耦合器件（Charge Coupled Device，简称 CCD）数码相机，视频测量逐渐开始得到发展和应用，但受制于帧频和 CCD 分辨率的限制，视频测量应用并不广泛。19 世纪末，随着 CCD 传感器技术的不断发展，较高分辨率和较高帧频 CCD 的诞生促进了视频测量的发展和应用。Gruen（1997）指出视频测量是一门集成了近景摄影测量和计算机视觉的科学，综合利用二者各自的优点发展起来的一门新的学科，能够采用非接触的形式快速乃至实时地进行密集测量，并且能获得高精度、可信赖的结果。它最大的优点是能够在一瞬间记录下物体的空间位置和状态，能及时地对动态物体进行定量分析，并能把动态物体的整个发生过程作为档案记录。冯文灏（2000）指出视频测量是根据近景摄影测量理论和方法，处理动态运动目标的图像序列。20 世纪初，随着互补金属氧化物半导体（Complementary Metal Oxide Semiconductor 简称，CMOS）传感器技术的迅速发展，在传感器有效像素超过百万的前提下，帧频能达到上千帧。相比于 CCD 相机，CMOS 相机具有高帧频和数据传输速率快的优点，促进了视频测量向高速方向发展，高速视频测量逐渐在各个领域展开研究和应用。Black 等（2003）强调视频测量是一门计算三维目标坐标作为影像序列时间函数的科学，它将摄影测量学扩展到多时间步长，以达到可以动态获取目标的特征信息。

　　高速视频测量是视频测量处理高速运动目标的新发展和新技术。近年来，随着现代科技的发展，生产过程正在不断向高速化和复杂化方向发展，人们逐渐开始关注处于高速运动状态中物体的空间信息变化，但是普通相机的低帧频难以满足需求，迫切需要更高帧频、高分辨率的相机以实现对高速运动状态下物体的高速视频测量。因此，本书中高速视频测量的定义如下：以高速工业相机为核心构建，配以高精度同步控制器、高速数据采集卡、高速存储卡等设备，以非接触的形式获取高速运动目标的海量影像序列数据，并根据近景摄影测量理论和方法分析每张或每对像片中物体目标点的三维空间坐标变化，以确定物体的整体运动状态。

　　从高速相机传感器角度来分，分为基于 CCD 传感器的高速视频测量和基于 CMOS 传感器的高速视频测量。根据传感芯片的不同，高速相机可分为 CCD 高速相机和 CMOS 高速相机。无论 CCD 高速相机还是 CMOS 高速相机，它们的作用都是通过光电效用将光信号转换成电信号（电流/电压）进行存储以获得图像。高速相机是高速视频测量系统的核心部件，不仅需要考虑到采集速度、触发方式、分辨率、体积等因素，还需要考虑到光学接口、照明方式以及计算机接口等因素。其中，采集速度、分辨率和成像质量是高速视频测量系统需要首先考虑的因素。CCD 传感器在灵敏度、分辨率、成像质量等方面优于 CMOS 传感器，而 CMOS 传感器具有低成本、低能耗、高帧频、信息读取简单和高整合度的优点。近年来，CMOS 传感器技术在保持已有的优点前提下，不断改进在分辨率和灵敏度方面的不足，其性能逐渐接近甚至超过 CCD 传感器。而且，CMOS 高速相机还继续朝着高帧频和高分辨率的方向发展，有更广阔的发展空间，逐渐成为影像传感器的主流技术。

　　从高速相机帧频角度来分，可以分为低高速视频测量，中高速视频测量和超高速视频测量。低高速视频测量的高速相机帧频一般为 100～200 帧/s，中高速视频测量的高速相机帧频一般为 200～1000 帧/s，超高速视频测量的高速相机帧频一般为 1000 帧/s 以上乃至更高帧频。

1.2　高速视频测量的发展

　　高速视频测量是近景摄影测量的分支和新发展，其处理目标从静态变为动态，且向高速运动的方向发展。近景摄影测量隶属于摄影测量的范畴，其摄影距离一般小于100m。高速视频测量是伴随着摄影测量技术和近景摄影测量技术的发展而不断创新和推广应用。摄影测量的历史可以追溯到 1839 年尼尔普斯和达盖尔发明的摄影术，距今已经有 180 多年的历史。真正意义上的摄影测量却是始于 1851～1859 年法国人 Aimé Laussedat 提出和应用的交会摄影测量，主要是针对地面建筑物进行的正直摄影测量，即近景摄影测量的一种方式。近景摄影测量是摄影测量的一个重要分支，是指摄影距离不大于 100m 以摄影手段确定目标的外形和运动状态的学科分支（冯文灏，2002）。所以从某种意义上说，摄影测量和近景摄影测量诞生于同一时刻，近景摄影测量是摄影测量各个分支的鼻祖。在第一次世界大战以前，近景摄影测量和摄影测量的发展几乎是一样的。

近景摄影测量的历史可以追溯到 1840 年法国人 Aimé Laussedat 研制的第一台摄影测量系统，1849 年，Aimé Laussedat 首次利用地形图像进行地形图的绘制和编辑。随后 Laussedat 利用在屋顶拍摄的照片，绘制了巴黎的平面图，该成果于 1867 年在巴黎博览会上得到了展示。因为 Laussedat 在该领域开创性的研究，其个人被人们称为"摄影测量之父"（Fryer, 2000; Mikhail et al., 2001; Burtch, 2004）。另一位在近景摄影测量领域做出开拓性贡献的科学家是普鲁士建筑学家 Meydenbauer，其在 1882 年提出近景摄影测量的概念，可以用于大到建筑摄影测量，小到电子显微镜影像测量（Fraser, 1998），并在 1885 年在柏林建立国家实验室采用近景摄影测量的方式记录建筑物信息（Fryer, 2000）。作为摄影测量学科体系中的重要分支之一的近景摄影测量，在初始发展阶段，由于科学技术的落后，一直被人们所忽视。直到 20 世纪 60 年代，当摄影测量工作者可以用廉价的、非定制的普通相机拍照采集影像数据时，近景摄影测量这门学科才逐渐地开始被人们熟悉和了解。根据 Gruen（1997）的有关研究，近景摄影测量的历史主要包括四个阶段：第一阶段（1850～1984 年），该阶段是近景摄影测量技术的基础理论建立和开发的阶段。这一时期的理论研究主要针对于图像处理算法、空间网络分析技术、电荷偶合元件的应用和最小二乘影像匹配方法。第二阶段（1984～1988 年），该阶段主要针对早期原型系统的研发，其中包括仪器校准、CCD 数字图像系统、高速数据获取与处理系统等多个方面。当国际摄影测量学会（International Society for Photogrammetry，简称 ISP）第五委员会更名为"近景摄影测量与计算机视觉"，近景摄影测量进入了快速发展时期。第三阶段（1988～1992 年），在这一阶段近景摄影测量的研究得到了广泛的认同和改良。这一时期近景摄影测量得到了快速的发展、产生了各种各样的应用系统，近景摄影测量的相关研究和应用得到了加速发展。随着全自动摄影测量系统的研制，高精度近景摄影测量技术趋于成熟。第四阶段（1992 年至今），这一时期数字近景摄影测量得到了稳定的发展。其中很好的例子就是图像传感器的发展。在这一时期高密度、大格式和小像元的图像传感器得到制造。无支架、消费型数码相机的分辨率达到 140 万像素，而且价格并不昂贵（Eastman Kodak Company, 2004）。此外，摄影测量系统中用到的其他元件的成本也有大幅度的降低。这种变化带来的结果是大范围、宽领域的工程研究的实现成为可能。

在 20 世纪 90 年代，随着计算机技术的迅速发展和数码时代的到来，高速视频测量逐步成为研究的热点问题。从传感器角度分辨率和帧频的角度，高速视频测量的发展可以分为如下三个阶段：

第一阶段（1970～1989 年），该阶段是视频测量研究探索阶段。1970 年美国贝尔实验室的 Boyle 和 Smith 开发出固态成像器件和一维 CCD 模型器件以来，CCD 技术以图像质量的优势成为成像器件中的主导技术。1981 年，索尼公司推出了世界上第一台 CCD 数码相机马维卡，CCD 尺寸为 10×12mm，有效像素仅为 27.9 万，马维卡的诞生，标志着相机正式进入数码时代，视频测量也逐渐开始得到发展和应用。该阶段高速视频测量的高速相机的传感器以 CCD 传感器为主，CCD 传感器有效像素较低，帧频较低，视频测量的应用并不广泛（Bales, 1985; Li and Yuan, 1988）。

第二阶段（1989～2002 年），该阶段是视频测量的主要发展阶段。20 世纪 90 年代

CCD 成为数码相机与数码摄影机的取像组件主流，尤其是在数码相机领域，CCD 更具有压倒性的占有率。CCD 的突出特点是以电荷作为信号，而不同于其他器件是以电流或者电压为信号。这类成像器件通过光电转换形成电荷包，而后在驱动脉冲的作用下转移、放大输出图像信号。随着 CCD 传感器技术的不断发展，较高分辨率和较高帧频 CCD 的诞生，促进了视频测量的不断发展和应用。高速视频测量逐渐成为各行业研究的热点问题，其够在一瞬间记录下物体的空间位置和状态，能及时地对动态物体进行定量分析，并能把动态物体的整个发生过程作为档案记录，并且能获得高精度、可信赖的三维量测结果（Gruen，1997）。

第三阶段（2002 年至今），从 2002 年东芝公司研制出 Dynastron 新型 CMOS 传感器以来，CMOS 技术和 CCD 技术均得到了迅速发展，在传感器有效像素超过百万的前提下，帧频能达到上千帧。CMOS 图像传感器的主要性能参数与 CCD 图像传感器相接近，而在功能、功耗、尺寸和价格等方面要优于 CCD 图像传感器，尤其是 CMOS 相机具有高帧频和数据传输速率快的优点。随着 CMOS 的技术的不断发展，通过感兴趣区域（Region of Interest，简称 ROI）窗口设置，现在可以轻松找到 7500 帧/s 的图像。而在普通的工业应用中 100～200 帧/s 的相机也已经不再是很难找到的产品。CMOS 图像传感器将光敏元阵列、图像信号放大器、信号读取电路、模数转换电路、图像信号处理器及控制器集成在一块芯片上，还具有局部像素的编程随机访问的优点。CMOS 图像传感器以其良好的集成性、低功耗、高速传输和宽动态范围等特点在高分辨率和高速场合得到了广泛的应用，大大促进了高速视频测量的发展。高速视频测量已经成为一门计算三维目标坐标作为影像序列时间函数的科学，以动态获取目标的特征信息（Black and Pappa，2003）。

高速视频测量的相机分为两类，即量测相机和非量测相机。在高速视频测量发展的初期，研究者一般都用高精度的量测相机获取影像。量测相机具有高精度的内方位元素和可以忽略不计的镜头畸变，但是量测相机价格昂贵，并且需要直接在工厂进行检校。使用量测相机进行高速视频测量可以获取非常高的精度。非量测相机用于高速视频测量是近年来兴起的，基于非量测数码相机的高速视频测量具有很强通用性、操作灵活、简便易行且成本低，但是非量测数码相机镜头畸变大，内方位元素不确定，相机的焦距相对较短（冯文灏，2002）。在非量测相机发展的初期，由于传感器元件性能较低，使得非量测相机用于高速视频测量获取的精度也相对较低，根据使用非量测相机进行高速视频测量采取的方式和域场的大小不同，精度可以达到 1∶1000～1∶20 000。近年来，随着光电技术和计算机技术的发展，尤其是 CCD 器件和 CMOS 器件的飞速发展，利用非量测相机进行高精度的高速视频测量的研究和应用已逐步开展。目前，非量测相机的测量精度可以达到测量目标的 1∶100 000～1∶200 000（Fraser et al.，2005；Parian et al.，2006）。不仅如此，Luhmann 等（2010）指出基于大型模拟网格相机，多影像交向摄影技术和数字影像处理技术，高速视频测量具有 1∶500 000 测量精度的潜力。

从高速视频测量关键技术的角度来看，高速视频测量的发展可以分为两个阶段。

第一阶段（1981～2002 年），该阶段为高速视频测量的基础理论研究阶段，由于在此阶段用于高速视频测量的相机传感器的分辨率和帧频都比较低，高速视频测量关键技术的研究主要集中在相机标定、特征点提取与匹配、目标点跟踪和光束法目标点三维重建等方面。

第二阶段（2002年至今），该阶段为高速视频测量理论发展和应用推广阶段。随着高速工业相机传感器分辨率和帧频的大幅度提高，高速视频测量短时间内可以获取海量影像数据，如结构振动监测、结构倒塌监测、车辆碰撞测试等高速视频测量在短时间内可采集几千张甚至上万张影像数据。如此大的数据量，仅依靠算法是无法实现瞬时形态的实时计算，需要通过硬件并行计算来加速影像匹配和全序列光束法平差过程，海量影像序列的并行处理成为当前研究的一个热点问题。除此之外，高速视频测量的目标点快速识别、匹配与跟踪，结构形变参数计算、结构损伤识别与分析也形成当前研究的焦点问题。

1.3　高速视频测量的用途

随着现代电子技术的发展，高速视频测量技术的不断进步，以及市场对高速运动分析需求的增加，高速视频测量的应用越来越广泛。高速视频测量在汽车碰撞试验、科研试验、工业生产过程监视、体育运动等需要进行高速运动分析的领域，已经成为不可或缺的技术测试手段，越来越受到各方面的重视。同时，高速视频测量也被应用到水下科研试验、水下体育运动、水下监视等水下应用领域。高速视频测量应用领域概括起来可以分为以下几类。

1. 军事领域

高速视频测量应用于靶场测试日趋成熟，其用于靶场测试的内容有初始状态记录、飞行姿态记录、着靶过程记录以及弹道测试等。另外在火药爆破分析、炸药爆炸、子弹出膛、火箭发射、烟火分析、防御装置设计、撞击分析、武器机械运动分析、飞行分析、穿甲过程分析、枪火分析等也有广泛的应用。

2. 生物医学领域

高分辨高速显微镜成像、细胞高速成像、生物力学、生物运动分析、动物仿真学、动物动作分析、人体步态分析、昆虫或鸟类飞行分析等。

3. 汽车测试领域

高速视频测量在汽车测试领域的撞击试验、安全气囊分析、机器人动作分析、结构分析、防护装置性能测试、汽缸喷流等已展开广泛应用。

4. 体育运动领域

高速视频测量在运动姿态分析、冲线瞬间拍摄、体育运动辅助训练等体育运动领域也展开了较为广泛的应用。

5. 能源化工领域

高速视频测量在能源化工领域的子测试系统分析、气相流、化学结晶过程分析、喷流喷雾流体分析、燃烧过程等应用较为广泛。

6. 航天航空领域

高速视频测量在航空航天领域的飞机风洞测试、跌落试验等方面也展开广泛的研究和应用。

7. 土木工程领域

高速视频测量在建筑物模型振动台实验、结构模型倒塌实验、岩石扩展分析、结构应变分析、滑坡监测、冲击分析等方面展开了较为广泛的应用，如图1-3-1。

桁架连续倒塌实验　　　　C型管振动台实验　　　　木塔振动台实验

网壳连续倒塌实验　　　　轨道振动监测实验　　　　三层框架振动台实验

图 1-3-1　高速视频测量在土木工程领域的应用

8. 其他专业领域

高速视频测量在焊接、切削、压膜成型、运转动作分析或故障诊断、产品研发测试、力学弹性分析、放电分析、地质灾害模拟分析等也有较广泛的应用，如图1-3-2。

滑坡滑动

图 1-3-2　高速视频测量在其他领域的应用

1.4　高速视频测量的国内外研究现状

1.4.1　高速视频测量技术的国内外研究现状

高速视频测量的发展历程是一个低频到高频，从 CCD 相机到 CMOS 相机的过程，高速视频测量的技术也是一个逐渐发展的过程。高速视频测量具有非接触、高频密集测量和三维量测的优点，国内外学者展开了广泛的研究，在相关方面取得了一定的成果。

在相机检校方面，国内外许多学者针对非量测相机的检校进行了大量的研究。Tsai（1987）采用的两步检校法是计算机视觉领域常用的方法，该方法先用径向准直约束求解大部分模型参数，然后用非线性搜索法求解畸变系数、有效焦距及一个平移参数。这种方法计算量不大，精度适中。但此方法的像主点需要通过其他方法进行预标定，而且只考虑径向畸变。Zhang（2000）提出一种利用旋转矩阵的正交性条件及非线性最优化进行摄像机检校的方法，该方法用平面模板代替了传统摄像机标定中的三维标定物，方法简便，成本低，标定稳定性和精度高于一般的自标定方法。Hartley（2000）根据核线原则提出了相机立体检校的方法，其方法是在两台相机分别检校的基础上，根据摄影测量核线共面的原则，将两台相机作为一个整体进行检校，提高了立体测量的精度。此外还有利用具有规则几何形状的标定物对相机进行定标的方法，如采用直线（Habib et al.，2002），圆环（Fremont and Chellali，2002；Mateos，2000），灭点（张祖勋等，2012）等。

在海量影像序列目标点识别方面，高速视频测量短时间获取海量影像序列数据，如何实现目标点的快速、准确识别、跟踪和匹配成为高速视频测量研究的一个关键问题（Black and Pappa，2003；Chang and Ji，2007；Leifer，2007）。圆形标志点具有旋转不变性常被作为人工特征标志，且由于摄影时存在一定的摄影角度，圆形标志点成像后以具有 5 个自由度椭圆形式存在，与具有 2 个自由度的线或点相比，具有更强的鲁棒性，其已经在摄影测量领域和计算机视觉领域得到了广泛的应用（Liu et al.，2012）。目前椭圆形人工目标点识别方法主要包括模板变换法，Hough 变换及其改进算法，基于随机抽样一致性（Random Sample Consensus，简称 RANSAC）思想的椭圆检测算法和结合椭圆几何特性的算法（刘生浩等，2004；Qiao and Ong，2007；薛婷等，2008；Niu et al.，2009；Dohi et al.，2012），其均能高精度识别椭圆轮廓，但是这种精度的提高大多数是以牺牲计算效率为代价，并不适用于海量影像序列目标点快速识别的需求。通常情况下，提高计算机的硬件配置，可以提高算法的计算效率，例如多核计算机图形处理器（Graphics Processing Unit，简称 GPU）和中央处理器（Central Processing Unit，简称 CPU）。但是，单纯的提高多核 CPU 和 GPU 的性能，对于普通桌面计算机的计算效率提高有限（方留杨等，2013）。近年来，深度学习在目标点识别和定位方面也展开广泛研究。Girshick 等（2014）在 IEEE 国际计算机视觉与模式识别会议（Conference on Computer Vision and Pattern Recognition，简称 CVPR）上提出一种基于卷积神经网络的图像物体检测方法 R-CNN（Regions with Convolutional Neural Network Features），也是深度学习处理目标检测问题的开山之作。R-CNN 首先对输入的图像使用选择性搜索方法（selective search）定位出 2000 个物体候选框（Uijlings et al.，2013），然后采用预训练的 CNN 提取每个候选框中区域的特征向量，接着用支持向量机（Support Vector Machine，简称 SVM）分类器对每个候选框中的物体进行分类识别。该方法在 VOC2012 数据集上平均测试精度达到了 53.3%，较之前的最好方法提升了 30%，充分体现出了深度学习的优势。He 等（2014）提出的一种"空间金字塔池化"目标检测方法（Spatial Pyramid Pooling，简称 SPP），该方法可以输入任意大小的图片，通过预训练的卷积神经网络提取特征，在特征图上找到候选区域，然后将候选区域使用 SPP 层连接到全连接层。网络由于只提取一次特征，速度较 R-CNN 有了很大提升。之后，Fast R-CNN（Girshick，2015）和 Faster R-CNN（Ren et al.，2016）相继提出，Fast R-CNN 在特征提取网络的最后一层加入 ROI pooling，并且使用多任务损失函数计算网络损失，将边框回归直接加入到 CNN 网络中训练，在 VOC2007 上测试 mAP 数据集平均测试精度为 70%。Faster R-CNN 针对 region proposal 的问题提出了 RPN（Region Proposal Networks）网络，用卷积神经网络直接产生 region proposal，使用端到端的网络进行目标检测，速度和精度都取得了较大的提高。VOC2007 测试集测试 mAP 平均测试精度达到 73.2%，速度可以达到 5 帧/s。

　　影像序列目标点跟踪是影响海量影像数据处理效率的又一个关键因素，近年来也逐步得到重视，得出了一些有益的结论，如基于特征概率密度的 Mean Shift 目标跟踪算法具有实时性、鲁棒性以及便于实现，但仅适合单个目标点的跟踪（曾燕和成新文，2012），层次框架法可以精确跟踪视频中的目标点，但效率较低（Cancela et al.，2012；Huang et al.，2013）。基于窗口的数字图像相关方法可以减少目标点的跟踪时间，但前提必须合理选择搜索方法、范围和阈值（Pilch et al.，2004；梅华丰等，2013）。在影像序列目标点自动匹配方面，许多学者也从多角度展开了研究，取得了丰富的成果（孙广富等，2004；Chang and Ji，2007；夏永泉等，2009）。从匹配基元出发，影像匹配方法主要分为特征匹配与区域匹配两大类（Brown，1992）。特征匹配方法的优势在于鲁棒性强，灵活度高，对异源数据和有较大几何差异的数据仍能进行匹配，但是难以满足工程实验所需要的亚像素精度与密集匹配要求。而区域匹配方法则因其具有精度高、分布密集等优势而在高速视频测量解析中成为主流方法（Xiong and Zhang，2009）。区域匹配方法主要有两类：基于灰度的区域匹配（Sutton et al.，1983）和基于相位信息的影像匹配方法。基于灰度的区域匹配是一种经典方法，在此基础上，发展出一系列优化的方法，例如采用牛顿-拉普森（Newton-Rapshon，简称 N-R）优化算法（Bruck et al.，1989）进行相关搜索，可加快处理速度，并得到较高的亚像素位移；进一步对 N-R 方法中的 Hessian 矩阵做近似处理（Vendroux and Knauss，1998），可在不影响测量精度的前提下降低算法的复杂性；如果采用增量计算的引导式影像匹配（Reliability-Guided Digital Image Correlation，简称 RG-DIC）方法以及自动替换参考图像的步骤，则 DIC 在大变形计算分析中也可以有很好的应用效果（Pan，2012）。总体而言，基于灰度的区域匹配方法能够达到较高的精度，但计算效率较低，一些算法甚至为了获取高精度结果而忽略了匹配效率。高速相机每秒会产生几百张甚至上千张的影像，基于灰度的区域匹配方法无法解决短时间内快速进行点位匹配和跟踪的问题。基于相位信息的影像匹配方法，通过傅里叶变换将影像转换到频域，利用相位差信息进行匹配，克服了空域灰度匹配容易在灰度数值差较大的区域产生误匹配的缺陷，具有匹配速度快，鲁棒性强和受辐射差异影像小等特点（Nagashima et al.，2006）。相位相关匹配有多种亚像素偏移值估计方法，可以利用最小二乘估计拟合二维平面，以拟合平面的斜率作为对应亚像素的偏移值（Stone et al.，2001）；也可以将亚像素问题等价为整像素偏移后的降采样问题，通过推导 2D sinc 方程来求取亚像素的偏移量（Foroosh et al.，2002）；还可以利用奇异值分解的方法对互功率谱进行子空间分解，通过获取奇异值向量对应的相位角斜率来获取亚像素偏移值（Hoge，2003）。基于相位的区域匹配方法虽然能够在一定程度上加快匹配速率，但是在变形较大的影像区域中会发生匹配精度降低甚至误匹配问题。

光束法平差是高速视频测量解析中关键的空间几何算法，它将跟踪点的像平面坐标和相机参数作为一个光束进行整体平差（Triggs et al.，1999）。该方法既可用于三维重建，获取目标观测点精确的三维坐标定位结果（Xu，2004；Li et al.，2006；Di et al.，2008；Wan et al.，2011）；也可用于相机标定，获取相机的内、外参数（郑顺义等，2015）。将光束法平差应用于序列影像的整体平差是将序列影像中标记的所有目标跟踪点位都纳入到共线方程中进行统一平差解算，可以获取跟踪点位的高精度三维坐标。Li（2002）在考虑行星探测器操作和数据连续处理优先的前提下，提出连续光束法平差实现了高精度地形测绘和漫游者探索者定位。张永军等（2004）利用单台 CCD 相机对工业构件拍摄影像序列，通过最小二乘匹配提取的点、直线信息进行混合光束法整体平差，从而达到目标物三维重建与视觉检测的目的。Mouragnon 等（2006）通过视频设备记录场景信息，在后续的光束法平差中引入一种增量型方法进行复杂场景的三维重建。Dolloff 和 Settergren（2010）采用量测信息网络方法处理了 50 个连续 WorldView-1 影像的立体像对，实现了 WorldView-1 影像的三维点位提取，其过程相当于同步区域网平差。Schneider 等（2013）提出了一种增量式光束法平差方法，并将该方法成功应用于未知场景中目标物结构和行为的实时估计。杨博等（2016）提出了一种基于有理多项式（Rational Polynomial Coefficient，简称 RPC）模型的大规模无控区域网平差方法，并用资源三号卫星 2 万多张影像做了精度验证。总体而言，光束法整体平差应用集中于对卫星影像序列的处理，在高速视频海量序列影像三维重建中的应用相对不多。

高速视频测量短时间内可获取海量影像序列数据。如此庞大的数据量，仅靠算法优化是无法实现瞬态形变的实时计算，需要通过硬件并行计算来加速影像匹配和全序列影像整体光束法平差过程。在影像匹配的并行处理方面，Armstrong 等（1998）在各种基于网络的单指令多数据流型（Single Instruction Multiple Data，简称 SIMD）和多指令多数据流型（Multiple Instruction Multiple Data，简称 MIMD）并行体系结构系统中对相关系数影像匹配算法进行了初步研究，但是并没有通过实验验证其可用性。张春玲等（2006）提出了在工业标准化机群上采用软件式共享存储系统做的并行影像匹配方法，经过 SIMD 的指令级并行优化后达到大于 2 倍的加速比，采用增加临时内存块后性能提高率接近 10 倍。Zhang 等（2009）设计了一组可以高度并行的多路访问控制（Multiple Access Control，简称 MAC）阵列，它可以最大限度地发挥所有在现场可编程门阵列（Field-Programmable Gate Array，简称 FPGA）内部可重构逻辑单元的效率，使匹配方法的加速比提高了近 12 倍。同时，许多学者也对 GPU 和 CPU 进行并行计算研究。Garcia 等（2010）在高维图像匹配中，利用显卡运算平台 CUDA（Compute Unified Device Architecture）和 CUBLAS 对 K 最邻近搜索算法（K-nearest Neighbor，简称 KNN）进行改进，通过向量分解减少了不必要运算，极大的加速了算法。肖汉和张祖勋（2010）提出一种基于 GPU 的 CUDA 架构快速影像匹配并行算法，能够在单指令多线程（Single Instruction Multiple Threads，简称 SIMT）模式下完成高性能并行计算。Mei 等（2011）提出一种基于 GPU 的立体匹配系统，在每个阶段中关键技术都设计了基于 CUDA 的并行计算，实现了立体匹配的加速处理。Zhi 等（2016）利用 CUDA 实现了高分辨视频图像配准和目标定位的快速并行计算，对特征提取、特征匹配和 RANSAC 等方法进行改进，改进方法的效率大大提高。Li 等（2016）提出了一种基于 SIMD 指令的半全局匹配方法，把高分辨率影像分给多核处理器进行并行处理，克服了处理效率低和内存溢出问题。在光束法平差的并行运算方面，Choudhary 等（2010）利用显卡运算平台 CUDA 与 CPU 进行光束法平差并行计算，加快了大尺度场景的三维重建速度。Liu 等（2012）通过多核心 CPU 和 GPU 协同进行光束法平差，并在一定程度上解决了平差解算中大规模点（Massive-Points）难题。Hänsch 等（2016）利用 CPU-GPU 异构系统加速光束法平差，在运算速率与内存占用率方面有明显改善。

1.4.2　高速视频测量应用的国内外研究现状

随着高速视频测量技术的不断进步，各个国家的学者和专家不断尝试着采用视频测量技术在土木工程、考古学、航空学、外科学和工业检查等领域进行相关的研究和应用（Pappa et al.，2000）。

在国外，高速视频测量已在不同领域有一定的应用成果，促进了高速视频测量技术的不断发展。在土木工程领域，Olaszek（1999）提出了一套采用视频测量技术和计算机视觉技术监测桥梁的动态特征的方法。文中采用 CCD 相机，其分辨率为 512×512 像素，实验结果表明在摄像距离范围为 10~100m 和振动频率低于 5 Hz 的前提下，视频测量精度可达到 0.1~1mm。Fraser 和 Riedel（2000）提出了一套采用三台 CCD 相机监测一系列热轧型钢梁的多期变形情况，每个热轧型钢梁的温度从 1100℃降至室温过程需要两个多小时，在这降温的过程中需要等时间间隔的拍摄 70~80 张照片，以监测钢梁的在温度变换的情况下自身的变形，检测结果表明在一维方向上监测钢梁上的目标点可以达到接近 1mm 的精度。Patsias 和 Staszewski（2002）采用视频测量技术测量了悬梁结构的振动特征，实验采用最大采样率为 600 帧/s 的专业相机捕捉悬梁的振动，不过该实验由于只使用一台相机，使用范围被限制在二维平面进行振动测量。Whiteman 等（2002）采用两台摄像机在破坏性实验中对混凝土梁的垂直偏差进行了视频测量。相机通过 16 张具有三维回光反射标志的目标进行校准，结果表明该方法的精度能达到 0.25mm。Black 等（2003）采用回光反射标志和点云投影标志两种方式通过视频测量对刚性震动目标进行了量测，实验采用的 CCD 相机是 Pulnix TM-I 020-15，相机分辨率是 1008×1018 像素，最高帧频是 15 帧/s。实验采用 PhotoModeler 软件去除相机畸变，通过光束法平差提高测量精度。Yoshida 等（2003）采用视频测量技术对一个薄膜结构进行了三维动态监测，测量系统采用三台影像大小为 130 万像素和 30 帧/s 的 CCD 相机。相机通过具有精确定位功能的固定在线性导轨系统的校正板进行校准。Vallet 等（2004）采用两台同步的数字摄像机在瑞士的 Vallée de la Sionne 的实验场地跟踪位于大体积的粉状雪崩产生的粉云上可识别的标志，以分析研究粉状雪崩的过程，进而通过计算由两个相机获得的立体影像对上的同名点的三维坐标变换情况，获取雪崩的飞行高度、体积和速度等数据。Poudel 等（2005）提出了一套视频测量系统对刚性柱状梁进行灾害检测。该系统用高速 CMOS 相机捕捉柱状梁的动态响应，帧频为 100～2000 帧/s，并且通过小波变换提取柱状梁的振型进行灾害定位。Maas 和 Hampel（2006）采用高速视频测量技术监测载重建筑模型的高速瞬间倒塌，实验过程中数据采集的速度高达 1G/s。Lee 等（2007）采用基于单个相机视觉测量系统的进行桥梁的健康监测，一个特别设计的平板模型被用来进行相机校准和目标跟踪，不过该系统仅使用单个相机，其仅能测量进行特殊设计了的目标的二维位移。Leifer（2007）采用两台同步的高速视频测量技术监测薄膜结构的平面运动，高速相机的帧频为 75 帧/s。Chang 和 Ji（2007）采用视频测量技术对基于小型振动台的谐运动和风洞中的桥梁节段模型进行了研究，实验采用的 CCD 相机分辨率为 1280×720，帧频为 29.97 帧/s。Lin 等（2008）将地面激光扫描技术集成到视频测量技术中，研究开发了一个监测获取屋顶薄膜结构的动态行为的系统，该方法通过非接触定点技术解决了屋顶薄膜结构的没有均匀的表面纹理结构和不可到达的高度两个问题。文中提出采用脉冲产生器控制两台相机同步，并分别在室内和室外进行了实验，获取了目标的三维模型和目标点的位移和变形变化情况，精度达到了亚毫米级。Leifer 等（2011）采用三台分辨率为 640×480 像素、帧频为 200 帧/s 的 CCD 相机对固定在模型振动台上的运动物体的加速度计算进行了验证。Baqersad 和 Niezrecki（2012）用三维数字图像相关技术确定风力涡轮机叶片的动态特性，用两台高速相机记录涡轮机叶片振动下的影像。通过比较视频测量、有限元和锤击激振三种方法获得的风力涡轮机叶片振型，显示了视频测量技术的优势。Pazmino 等（2014）用三维数字图像相关技术对玻璃增强材料进行测试，并分析钢筋表面剪切角分布。

除此之外，高速视频测量在人体运动学领域、环境科学领域和工业检查领域也展开了较为广泛的应用。Gruen（1997）详细介绍了视频测量的基本原理，并采用多台 CCD 相机构建视频测量传感器网络，采集人体运动的三维动态信息。Pascual 等（2006）通过采用多个摄像机构建视频测量系统跟踪球场上足球运动员的运动状态，并且提出基于数学形态学的分裂分段斑点法提高跟踪帧频的自动程度。Valle 等（2004）采用两台同步相机跟踪粉末云表面手动识别的特征，通过识别不同相机获取影像序列的相同特征，利用立体投影法确定其三维位置。根据测量结果推断出雪崩的表面，以及计算流高、流容和流速等量。Karayel 等（2006）介绍了一种用于评价种子间距均匀性和落粒速度的高速摄像系统。Holderied 等（2005）应用立体视频测量技术研究空中蝙蝠体表寄生蜂的回声定位叫声强度。Keen 等（2007）采用高速视频测量用于光摄位移测量，并与象限探测器监测结果进行对比，验证其精度和可靠性。Birkin 等（2009）采用高速视频测量技术监测含锡、镓铝合金的阳极溶解过程。Paulsen 等（2011）使用定制的 Pontos 点跟踪视频测量系统，在丹麦 Risoe DTU 校园的 500kW Nord 风力涡轮机上进行了动态现场测量，以获取目标点位移的相关时间历史图和轨迹图。Anweiler（2017）提出采用视频测量方法进行鼓泡、喷射和快速循环等气粒流态化研究。Silva Junior 等（2017）采用视频测量技术分析 Wistar 大鼠位移的准确性和可靠性。Bailey 等（2018）采用视频测量技术分析美式足球头盔撞击前、期间及之后计算平移及旋转头盔速度的准确性。

在国内，尽管高速视频测量的相关研究起步较晚，但也得到了较为广泛的应用。潘一山和杨小彬（2001）对岩石的局部化变形进行了研究，通过实验测定了煤岩变形局部化的开始时刻、演化过程及局部化带的宽度。姚学锋等（2003）对编织复合材料试件在三点弯曲情况下进行了实验研究，得出了复合材料试件的三维变形场。张春森等（2004）研究了基于立体视觉的空间运动分析，利用视频摄影测量技术得出了一套完整的、由双目立体序列图像确定场景中目标运动信息的方法。张祖勋等（2004）探讨了一种基于序列影像对空中飞行的目标进行姿态跟踪测量的求解方案，通过分析处理这些影像和运动轨迹，从摄影测量和投影几何的角度出发，深入探讨了利用序列影像对空中飞行的目标进行姿态跟踪测量的方法。马少鹏等（2005）对一个岩石圆孔结构变形破坏过程进行观测，实验结果显示了此种岩石结构的复杂破坏过程；张孝棣等（2005）将视频测量技术应用到风洞模型姿态角测量，在风洞模型测量过程中通过图像处理的方法动态实时采集计算模型的实际角度值，模型角度的测量精密度可达 0.01°，测量准确度可达 0.015°。测量速率每秒 25 次。潘兵等（2007）对碳纤维复合材料压力容器在水压下的局部区域的位移场和应变场做了研究，分析了复合材料压力容器的轴向和环向的变形特征，对位移场进行局部最小二乘拟合求取全场的应变。吴加权等（2007）利用数字图像相关方法对常用工程材料聚甲基丙烯酸甲酯（Polymethyl Methacrylate，简称 PMMA）的弹性模量进行了测定，得到了试件载荷过程中的载荷—位移曲线。刘颢文等（2007）对铝铜合金试件在拉伸试验中产生的跳跃传播的局域剪切带瞬态成核过程进行捕捉，实现对试件表面三维变形的实时、精确测量。所采用的高速 CCD 相机以 1000 帧/s 的帧频记录剪切带发生瞬间的影像，进行后续数字图像相关法处理得到试件表面位移矢量场和沿拉伸方向的应变场。孙伟等（2007）研究了数字图像相关方法在膜材拉伸试验中的应用，实时获取变形前后膜材表面图像，对变形前后的图像进行相关运算获得应变，确定了膜材的弹性模量和泊松比及徐变时的应变-时间关系。张德海等（2010）采用两台高速 CCD 摄像机，实时采集物体各个变形阶段的影像，通过对位移场数据进行平滑处理和变形信息的可视化分析，研发了快速、高精度、实时、非接触式的三维应变测量系统。对带孔铝质制件进行的单向拉伸实验表明，该系统能较好地反映板料变形过程中的三维应变状态，较好地测量试件表面的三维轮廓，直观再现工件表面的变形场、应变场和成形极限图，而且对于需要测量的关键点可以实现重点跟踪，动态测量出该点在任意时刻任意位移的应变。牛永强等（2011）提出一种适用于在不同加载条件下物体内部结构三维位移及变形场的计算方法，并应用于物体内部的三维位移场分析。用计算机模拟方法对同步辐射计算机重建技术重建的物体内部三维图像施加已知变形，对变形前后三维数字图像进行体相关运算，获得三维位移场。张阳等（2012）测试了 SPCC 钢板和 AA6061 铝板在复杂加载条件下的特性，获得变形过程中的整体应变场，对材料的力学性能、各向异性及其演化规律进行了研究。郭翔等（2014）将数字相关方法应用于钛合金材料的压缩和拉伸测试中,获取了钛合金材料的应变曲线。王晓光等(2016)提出了一种基于高速相机双目立体视觉技术的大视场全三维位移测量方法,用于测量地震振动台实验过程中的位移变化。同济大学童小华教授团队研发了一套高速视频测量系统,已成功应用于振动台建/构筑物模型健康监测、结构倒塌实验和结构表面形变场监测等领域(Liu et al.,2015;Tong et al.,2017;Ye et al.,2018;Tong et al.,2018)。

1.5　高速视频测量的关键问题

高速视频测量具有非接触、高频密集测量和三维量测的优点,已经在国内外展开了广泛应用。综述高速视频测量国内外研究现状,其研究的关键问题主要包括以下内容。

(1)软硬件系统集成。硬件系统需具备稳定的光学成像系统、高速采集存储系统、光照系统、高速同步系统、供电系统等硬件;软件系统需具备硬件参数控制、硬件动作控制、分布式通讯传输、光学仪器标定、形变结果解算等功能。

(2)海量影像序列处理。高速视频测量短时间获取海量影像序列数据,且高速相机拍摄时曝光时间较短,获取的影像整体对比度较低。因此,快速、准确的海量影像序列目标点快速识别、跟踪和匹配是高速视频测量的关键问题之一。高速视频测量获得的海量序列影像和观测点位令整体光束法平差的误差方程式系数矩阵变得非常庞大,而且矩阵中的数据相关所产生的病态矩阵会导致错误的三维定位结果。现有的序列影像光束法平差方法难以达到工程实验所需的高精度三维定位结果。高速视频测量在监测和影像处理过程存在噪声的影响,降低了数据采解算和分析的精度。针对高速视频测量噪声的来源及影响程度、噪声的传播规律、针对噪声的来源和传播规律的降噪算法模型与质量评价体系的研究也是高速视频测量的关键问题。

(3)并行计算。传统的并行系统在一定程度上提高了计算效率,但却有大量的硬件资源消耗在并行集群内部的任务信息处理上;而仅靠小型计算机的 GPU 和 CPU 进行并行计算则需要大量的内存来保存中间结果,会导致数据处理的规模受到限制。现有的并行计算方式难以满足工程实验所需的瞬态形变实时提取要求。

(4)工程应用方案。根据不同类型土木工程实验的具体特点,设计相应的实验实施方案和数据处理方案,是高速视频测量在实际工程应用中需要面对的关键问题。

第一篇　理　论　方　法

第2章　高速视频测量理论

2.1　高速视频测量原理

当测量和分析高速运动状态的物体时，普通的视频设备无法满足其要求。近年来，随着数字传感器技术（CCD 传感器和 CMOS 传感器）的高速发展，促使了高速工业相机的诞生。高速相机的出现满足了对高帧频、高分辨率的需求，使探测高速运动物体的空间信息变化成为可能。高速视频测量凭借着非接触方式、灵敏度高、精度高、不伤及测量对象等优点在土木工程、材料测试、航空学、地质、冶金、化工、医学和工业制造等多个领域都有应用。高速视频测量需要多个高速相机联合记录目标结构物，主要包括高速视频测量传感器网络构建和海量影像序列处理两部分构成。

2.1.1　高速视频测量传感网络构建原理

高速视频测量传感器网络构建主要目的是获取被测目标测量点位的高质量影像序列。图 2-1-1 是高速视频测量传感器网络构建说明，主要包含高速成像系统设计、同步控制设计、数据交换网络设计、照明系统设计等内容。其中，高速成像系统主要由高速相机、高速采集卡、高速磁盘阵列等硬件组成。高速相机作为主要硬件具有高稳定性，高分辨率、高频率等优点，目前已广泛应用于自动光学工程，机器视觉和工业测量等领域。而高速采集卡和高速磁盘阵列可以辅助高速相机实时存储海量影像序列。此外，同步控制器的作用是保障联测的高速相机在同一传感器网络中同步采集影像序列，因而它是高速视频测量解析的重要前提。

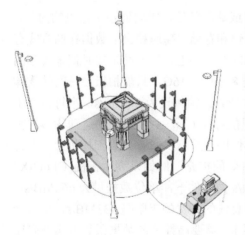

图 2-1-1　高速视频测量传感器网络构建

　　高速视频测量系统是进行快速运动物体立体测量的核心部件，其性能直接决定了被测目标的三维空间坐标精度。高速视频测量系统主要由高速相机、同步控制器、高速图像采集卡和工控机四部分组成，如图 2-1-2。

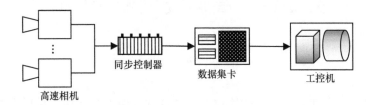

图 2-1-2　高速视频测量系统组成

1. 高速相机

　　高速相机是高速视频测量系统的重要组成部分，它属于工业相机的一种，具有高稳定性、高帧频、高传输能力和高抗干扰能力等独特优点。高速相机选择不仅需要考虑到采集速度、触发方式、分辨率、体积等因素，还需要考虑到光学接口、照明方式以及计算机接口等因素。其中，采集速度、分辨率和成像质量是选择高速相机进行高速视频测量时首先需要考虑的因素。高速视频测量最基本的要求是保证帧频能达到应用的要求。一般来说，需要每秒数百帧的帧频才能实现对快速运动物体的运动轨迹的捕捉，例如，自由落体的物体从静止降落 10m 后，其速度可以达到 14m/s 左右，假如我们想获取物体降落 10m 后 1m 距离的运动轨迹，供拍摄的时间不会超过 0.1s，而且要想获取这 1m 内的物体的运动轨迹，需要几十张像片，假如需要 50 张像片，则高速相机的帧频需要超过 500 帧/s。CMOS 高速相机具有高帧频、低成本的特点，相对于 CCD 相机来说，具有一定的优势，而且 CMOS 高速相机还继续朝着高帧频和高分辨率的方向发展，有更广阔的发展空间。

2. 高速图像采集卡

　　高速图像采集卡是高速视频测量过程中不可或缺的部件，需要嵌在工控机的内部，外接高速相机，实现高速相机拍摄数据的实时传输和存储。高速相机的数据存储方式有两种，一种是把采集到的影像序列存在相机内部的存储卡上，另一种是实时把采集到的影像序列存储到工控机上。存储卡的容量一般是 8G 或者 16G，只能拍摄短时间的物体运动，例如，高速相机的分辨率设为 1280×1204 像素，帧频设为 200 帧/s，则每秒产生的数据量为 260M 左右，对于 16G 的内存卡，只能存储 63s。对长时间的运动物体的视频测量，需要采用第二种方式，即把采集到的影像序列数据实时存储到工控机上，因为工控机的存储容量可以根据用户的需求，进行有效的扩充。例如以高速相机 CL600X2 为例，满幅分辨率 1280×1204 像素和帧频 500 帧/s 的条件下，单位数据量为 660MB/s，而普通 PCI（Peripheral Component Interconnect）总线的带宽的极限是 133MB/s，采用普通插槽的计算机根本满足不了实时传输数据的要求，需要高性能的数据采集卡实现高速视频测量的实时数据传输。

3. 同步控制器

高速视频测量数据处理需要把同一时间拍摄的一对立体像对提取出来，然后对这些同一时间拍摄的立体像对进行图像处理和摄影测量解析处理，获取某一时刻目标点的三维空间坐标。通过获取运动物体的四维空间信息（目标点三维空间坐标和时间信息，称为目标点的四维空间信息），即可确定该运动物体的运动状态。为了准确获取运动物体的运动状态，立体像对的获取在时间上必须要保持准确的一致性。高速视频测量过程中相机需要保持同步性，常用的同步摄影方法有同步快门法、计时装置法、闪光照明法和立体摄影的同一物镜法。目前，高速相机的同步均是通过确保各相机快门的曝光时刻与脉冲光源的脉冲光准确同步，同步控制器通过相机电缆线连接高速相机和工控机，工控机对同步控制器发出同步信号，高速相机开始同步拍摄。

4. 工控机

工控机不仅是高速视频测量的数据接收设备，而且是集成安装同步控制器和高速采集卡的计算机，其性能决定了实时采集和存储数据的效率和能力。工控机中不仅需有大容量和高持续存储写入速率的存储器阵列以保证大量影像数据的存储，而且需要有配套的高速存储控制软件，包括采集卡上的 FPGA 控制编程，实时无损无压缩地把高分辨率、高帧频的高速相机的图像数据实时持续存储到高速固态存储器阵列中。

5. 照明光源

自然光源和人工光源是高速视频测量常用的两种光源，其合理正确使用与否直接影响拍摄的像片质量，从而影响目标点三维坐标计算的精度。高速视频测量中，每张像片拍摄的曝光时间很短，需要综合应用自然光源和人工光源以保证获取像片的质量。一般来说，高速视频测量的照明光源需要考虑以下因素：

· 光源照射均匀。对被测物体进行拍摄时，一般要求所拍摄对象的照度均匀，应尽量避免被测物体上的阴影和反光。

· 拍摄环境。拍摄环境分为室内环境和室外环境，需根据拍摄环境的不同合理选用自然光源和人工光源。对于室内环境，自然光源很难均匀投射到被测物体的表面，且光照强度低，采用高速相机直接拍摄很难获取高质量的像片，需要采用人工光源进行补光，且最好布置多个人工光源，常使用大功率持续发光的卤素灯，以使照度均匀，尽量减少阴影。

6. 人工标志设计

高速视频测量的目的是获取像片中目标点的三维空间信息，目标点的选择方式有两种，一种是直接在像片中选择明显的特征点作为目标点，此种方式要求被测对象纹理清晰，能准确提取特征点的像平面坐标，具有一定的限制性、精度不高，而且在高速视频测量的过程中不利于目标点跟踪；另一种是采用人工标志的方式粘贴在被测对象的表面，精确获取人工标志像平面坐标。人工标志的使用不仅能提高高速视频测量的速度和精度，而且还能提高人工标志目标点的自动识别和匹配，提高测量的自动化程度。高速视频测量需要获取大量连续的视频影像序列上的关键点在不同时刻的位置信息，人工标志的准确选择与设计是提高视频测量精度和效率的关键环节之一。人工标志的分类有多种方式，按其光学特性可分为主动发光标志和被动发光标志，按其空间形态可分为二维标志和三维标志，按其能否自动编码又可分为可编码标志和不可编码标志（Clarke，1994）。

7. 控制网布设

高速视频测量需要在被测物的周围设立控制点以建立一个局部空间坐标系，其主要目的是建立摄影测量中的物方坐标系以解算模型上的目标点在该坐标系下的坐标。这样不但规定了目标点位移的 3 个方向，而且引入了尺度参数。控制网布设是指在被测物体的周围布设一些控制点，获取每个控制点的像素坐标和空间坐标，精确地获取每个相机拍摄时的外方位元素，然后再结合相机的内方位元素和畸变参数，计算跟踪点的三维空间坐标。

高速视频测量中控制网布设的目的是借助控制点或相对控制把高速视频测量网络纳入到给定的物方空间坐标系，同时多余的控制点和相对控制还可以用于检验高速视频测量控制网布设的质量。控制点和相对控制是高速视频测量中常用的两种控制方法，其中控制点是高速视频测量中最常用的方法。控制点通常是在被测目标表面上或其周围测定已知标志点的坐标，包括三维控制点、二维控制点和一维控制点三种控制点方法。相对控制是指摄影测量处理中一些未知点间某种已知的位置关系，如根据物方空间两个未知点的已知距离进行的长度相对控制。相对控制的使用相对较少，但在某些特殊的情况下其是唯一的选择。三维控制点是高速视频测量中最常用的一种控制方法，而且精度能达到亚毫米级或者更高。高速视频测量需要测定快速运动目标的详细运动信息，一般情况下，标志点的最终的三维坐标精度需要达到亚毫米级，甚至更高。因此三维控制点是高速视频测量中的最佳控制方法。

控制点的布设不仅要满足静态近景摄影测量的原则，而且还需要根据高速视频测量的特点进行布设，控制点的布设在遵循基本原则的前提下，应该根据实际情况进行布设。具体来说，高速视频测量的控制点布设需遵循以下原则：

（1）控制点的布设应均匀分布在三维空间，并且在三个坐标方向上均有足够的延伸。

（2）应该布设足够的控制点数量，为了获取高精度的解算结果，控制点布设的数量应该 20 个以上，且参与计算的控制点不少于 10 个（Lin and Mills，2005）。

（3）控制点的布设应考虑到相机的视野范围，使相机进行拍摄具有足够的活动空间。

（4）控制点的布设应考虑被测物体的运动轨迹，避免视频测量过程中控制点的遮掩。

8. 高速相机布设

高速相机网络布设是高速视频测量获取高精度结果的关键环节，基本的摄影方式有正直摄影方式和交向摄影方式两种（冯文灏，2002）。正直摄影是指摄影时像片对中两像片的主光轴 S_1O_1 和 S_2O_2 彼此平行，且垂直于摄影基线 B 的摄影方式，如图 2-1-3（a）；

交向摄影是指摄影时像片对的两像片的主光轴 S_1O_1 和 S_2O_2 大体位于同一平面但彼此不平行，且不垂直于摄影基线 B 的摄影方式。交向摄影的两主光轴 S_1O_1 和 S_2O_2 可交于一点，角度 γ 成为交向摄影测交会角，如图 2-1-3（b）。

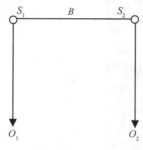
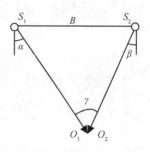

(a) 正直摄影测量示意图　　　　　　(b) 交向摄影测量示意图

图 2-1-3　视频测量的两种基本的摄影方式

高速视频测量中，相对于正直摄影测量，交向摄影方式能获取更高的精度（Fraser，1996）。在理想情况下，当交向角为 90°时，采用交向摄影的总误差最小，且在各方向的中误差相等。但是在高速视频测量实际应用过程中，交向角过大会引起人工标志点的变形，尤其是对于圆形标志点的影响更大。对于采用圆形人工标志作为跟踪点的高速视频测量，交向角一般应设为 60°左右，既能保证交向摄影能获取较高的精度，又能保证标志点变形的程度以提高像点坐标提取的精度。在大型工程实验中，由于模型比较大，而高速相机的视角相对较小，所以常常使用交向摄影方式，相对于正直摄影测量，交向摄影测量方式能获取更高的精度。

2.1.2　高速视频测量海量影像序列处理原理

高速视频测量短时间可以获取海量影像序列数据。如图 2-1-4 所示，通过高速视频测量详细记录结构体的倒塌过程，短时间内可以获取几千张影像序列，需要通过高速视频测量理论精确计算目标点的位移、速度、加速度等形变参数。因此，如何快速、准确地从海量影像序列数据获取被测对象目标点的动态响应信息是高速视频测量需要解决的关键问题。

高速视频测量海量影像序列处理主要包括高速相机检校、目标点识别、目标点跟踪匹配、目标点三维重建、目标形变参数解算等关键技术。

1. 高速相机检校

高速相机检校可以理解为是一个求取相机内方位元素和畸变参数的过程，由于高速相机属于非量测相机，相机内方位元素无法直接获取，且镜头畸变差较大。可通过张正友标定法、基于直接线性变换（Direct Linear Transformation，简称 DLT）序贯标定法和自检校光束标定法等多种方式进行相机标定（Fraser，1997；Zhang，2000）。

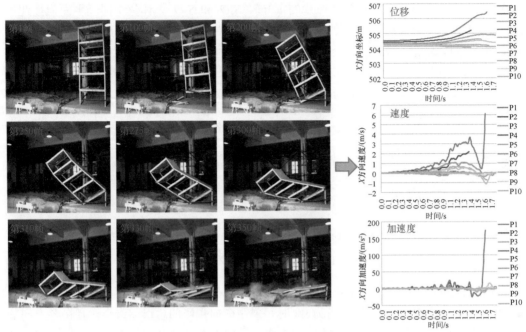

图 2-1-4　高速视频序列影像与动态参数解析

2. 目标点识别

针对常用的圆形人工标志来讲，需要通过椭圆识别来确定观测的点位。通过椭圆的边缘提取进行椭圆圆心拟合，应用最小二乘迭代法进行圆心的亚像素定位，最后提取的椭圆圆心即为所要观测的点位。在目标点提取之后，需将多个相机的目标点位进行人工同名匹配，为三维重建提供必要的同名信息。此外，目标点的识别也被用来确定点位的初始位置，为后续的目标点跟踪匹配提供参考。

3. 目标点跟踪匹配

跟踪匹配算法主要分为特征匹配和区域匹配。特征匹配的优势在于鲁棒性强、灵活度高，但难以达到亚像素级匹配精度，而区域匹配则具有直观、高精度等优势。高速视频测量常常使用最小二乘匹配（Least Squares Matching，简称 LSM）来进行精确点位匹配（Ackermann，1984），该方法考虑了影像块的几何形变，可以达到 1/10 甚至 1/100像素的匹配精度。

4. 目标点三维重构

目标点三维空间坐标的精度直接决定了对测量物体进行运动分析的精度，获取影像序列中跟踪点的像平面坐标后，需要采用最合适、精确的方法计算跟踪点的三维空间坐标。高速视频测量计算目标点的三维空间坐标的方法有空间后方交会-前方交会法、相对定向-绝对定向法和光束法平差三种方法，其中以光束法平差将跟踪点的像片面坐标和相机参数作为一个光束进行整体平差，获取的结果最精确（Triggs et al，1999）。目前，大多数视频测量数据处理软件，如 PhotoModeler，均采用光束法平差求解影像序列目标点的三维空间坐标，但是一次只能处理一个立体像对上目标点的三维坐标，其并不能一次性处理整个影像序列或某一段影像序列中的所有跟踪点的三维空间坐标，限制了目标点三维空间坐标精度的进一步提高。

5. 目标形变参数解算

位移、速度、加速度等形变参数是描述运动物体动态响应过程的重要参数。因此，获取各个目标点位的三维空间坐标后，通过数值差分和微分计算可以进一步求解目标点的位移、速度和加速度等形变数据。此外，由于影像序列中相邻像片中的时间间隔较短，在数值微分计算的过程中会有高频噪声产生。因此，应用低通滤波算法（如 Savitzky-Golay 滤波器）处理位移、速度和加速度数据可达到消除高频噪声的目的，使数据曲线更加平滑。

2.2　高速视频测量坐标系

2.2.1　高速视频测量像素坐标系

高速视频测量像素坐标系通常定义为数字影像的文件坐标，用 $O\text{-}cr$ 表示，如图 2-2-1 所示。像素坐标系的原点位于像片的左上角，图 2-2-1 中点 O_1，横轴 c 的正方向向右，纵轴 r 的正方向向下，单位为像素。坐标（c，r）同时也可以认为是像素的行列数。

2.2.2　高速视频测量像平面坐标系

高速视频测量像平面坐标系是以像主点为原点的右手二维平面坐标系，用 $O\text{-}xy$ 表示，如图 2-2-1 所示。像平面坐标系的圆心位于像片的中心，图 2-2-1 中点 O_2，横轴 x 的正方向向右，纵轴 y 的正方向向上，单位通常为毫米（mm）或微米（μm）。

图 2-2-1　像素坐标系与像平面坐标系

2.2.3　高速视频测量像空间坐标系

像空间坐标系与像平面坐标系一样都是描述像片的坐标系统，但是与像平面坐标系不同，像空间坐标系具有描述高度的 z 轴。像平面是以投影中心为原点的右手二维平面坐标系，用 $S\text{-}xyz$ 表示，如图 2-2-2 所示。通常情况下，投影中心是相机拍摄像片时相机的镜头。像空间坐标系的 x 轴方向和 y 轴方向分别平行于像平面坐标的 x 轴方向和 y 轴方向，z 轴是光轴，因此像平面坐标系下影像点的 z 值等同于相机镜头的焦距 $-f$，像点的像空间坐标可表示为 $(x,\ y,\ -f)$。像平面坐标通常用来描述相机内的位置，单位通常是毫米或微米。

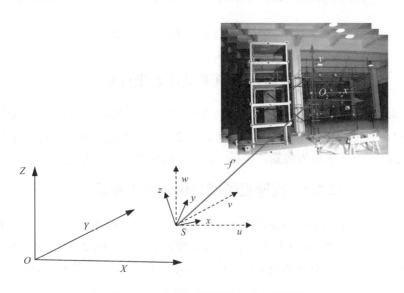

图 2-2-2　像平面坐标系与像空间坐标系

2.2.4　高速视频测量像空间辅助坐标系

高速视频测量像点的像空间坐标系可以直接从像平面坐标得到，但是由于各片的像空间坐标系不统一，给计算带来了困难，需要一种相对统一的坐标系，称为像空间辅助坐标系，用 $S\text{-}uvw$ 表示，如图 2-2-2 所示。像空间辅助坐标系的坐标原点是摄影中心 S，其坐标轴可依情况而定，一般来说，取 u、v、w 轴系分别平行于物方空间坐标系 $O\text{-}XYZ$ 的 X、Y、Z 轴。这样像点在像空间坐标系的坐标是 $(x,\ y,\ -f)$，而在像空间辅助坐标系的坐标是 (u,v,w)。

2.2.5　高速视频测量地面摄影测量坐标系

高速视频测量地面摄影测量坐标系是现场为确定被测目标而定义的具有地面点三维坐标信息的几何地理投影系统的右手坐标系，用 $O\text{-}XYZ$ 表示，如图 2-2-2 所示。地面摄影测量坐标系的单位通常是米或英寸。地面摄影测量坐标系中的 Z 值表示目标点高于海平面的垂直距离或相对平面的垂直距离。

2.2.6　高速视频测量内外方位元素

高速视频测量像片的内方位元素和外方位元素是确定像片（光束）在物方空间坐标系中的位置与姿态的要素。

1. 高速视频测量内方位元素

高速视频测量内方位元素定义了影像获取时相机或其他传感器的内部几何构造，内方位元素主要用来进行影像像素坐标或其他影像坐标测量系统到像平面坐标系统的转换，图 2-2-3 描述的是非量测数码相机拍摄像片时的内方位参数示意图，其中点 o 表示像主点，点 a 表示像平面 P 的 1 个影像点。

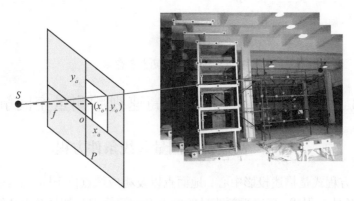

图 2-2-3　内方位元素示意图

高速视频测量内方位元素是确定透视中心 S 与所摄像片 P 相对位置关系的要素，依据此相对位置即可恢复摄影时光束的形状。非量测数码相机的内方位元素包括焦距，像主点和镜头畸变三部分。从数学的角度而言，焦距是透视中心与像平面之间的垂线段距离，如图 2-2-3 线段 f，焦距与像平面的交点称作像主点，如图 2-2-3 点 (x_o, y_o)（Wang, 1990）。

2. 高速视频测量外方位元素

高速视频测量外方位元素定义了拍摄像片时相机的位置和角度方向。外方位元素共有 6 个，包括 3 个直线元素和 3 个角元素（ϕ, ω, κ），如图 2-2-4 所示。3 个直线元素 (X_S, Y_S, Z_S) 是物方空间坐标系下投影中心 S 的三维空间坐标，Z_S 通常指的是相机相对于海平面的高度。3 个角元素（ϕ, ω, κ）描述的是物方空间坐标 (X, Y, Z) 和像空间坐标 (x, y, z) 之间的关系。ω 是绕 x 轴旋转的方向角，ϕ 是绕 y 轴旋转的方向角，κ 是绕 z 轴旋转的方向角。目前在国际上描述转角的方式有许多种，我国采用的是 (X_S, Y_S, Z_S) 国际摄影测量协会（International Society for Photogrammetry and Remote Sensing，简称 ISPRS）推荐的（ϕ, ω, κ）转角系统，本书也采用此转角系统。

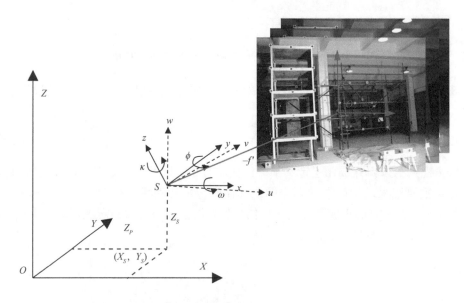

图 2-2-4　外方位元素示意图

2.3　基于共线条件方程的高速视频测量空间解析

2.3.1　高速视频测量共线条件方程

共线条件方程式是描述投影中心、地面点以及相应像点位于同一直线上（即三点共线）所建立的条件方程式。高速视频测量的绝大多数解析方法都是基于共线条件方程式，主要包括空间后方-前方交会法、直接线性变换法和光束法。

如图 2-3-1，设投影中心 S 在物方空间坐标系中的坐标是 X_S、Y_S 和 Z_S（即像片的 3 个外方位直线元素），地面点 A 在物方空间坐标系中的坐标是 X、Y 和 Z，则地面点在像空间辅助坐标系中的坐标是 $X-X_S$、$Y-Y_S$ 和 $Z-Z_S$，像点 a 在像空间辅助坐标系中的坐标为 u、v 和 w。因为投影中心 S，地面点 A 和像点 a 三点共线，则由相似三角形的原理可得：

$$\frac{u}{X-X_S}=\frac{v}{Y-Y_S}=\frac{w}{Z-Z_S}=\frac{1}{\lambda}\tag{2-3-1}$$

其中 λ^{-1} 是像空间辅助坐标 $(u,\ v,\ w)$ 与物方空间坐标 $(X-X_S,\ Y-Y_S,\ Z-Z_S)$ 之间的缩放系数，矩阵形式为：

$$\begin{bmatrix} u \\ v \\ w \end{bmatrix}=\frac{1}{\lambda}\begin{bmatrix} X-X_S \\ Y-Y_S \\ Z-Z_S \end{bmatrix}\tag{2-3-2}$$

根据像点在像空间坐标系和像空间辅助坐标系的关系式：

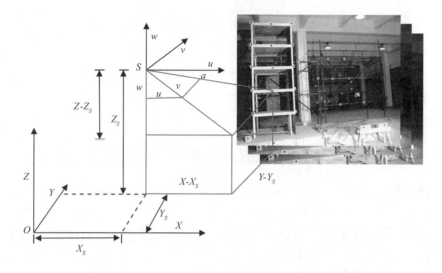

图 2-3-1　摄站点、目标点和像点组成的共线条件方程式示意图

$$\begin{bmatrix} x \\ y \\ -f \end{bmatrix} = \lambda^{-1} \begin{bmatrix} a_1 & a_2 & a_3 \\ b_1 & b_2 & b_3 \\ c_1 & c_2 & c_3 \end{bmatrix} \begin{bmatrix} u \\ v \\ w \end{bmatrix} \qquad (2\text{-}3\text{-}3)$$

其中

$$a_1 = \cos\omega\cos\kappa - \sin\omega\sin\phi\sin\kappa$$
$$a_2 = -\cos\omega\sin\kappa - \sin\omega\sin\phi\cos\kappa$$
$$a_3 = -\sin\omega\cos\phi$$
$$b_1 = \cos\omega\sin\kappa$$
$$b_2 = \cos\omega\cos\kappa$$
$$b_3 = -\sin\omega$$
$$c_1 = \sin\phi\cos\kappa - \cos\phi\sin\omega\sin\kappa$$
$$c_2 = -\sin\phi\sin\kappa + \cos\phi\sin\omega\cos\kappa$$
$$c_3 = \cos\phi\cos\omega$$

将（2-3-2）式代入（2-3-3）式，并用第三式消除第一式和第二式，考虑到像主点的坐标 x_0 和 y_0 可得著名的共线条件方程式：

$$x - x_0 = -f\left[\frac{a_1(X-X_S) + b_1(Y-Y_S) + c_1(Z-Z_S)}{a_3(X-X_S) + b_3(Y-Y_S) + c_3(Z-Z_S)}\right]$$
$$y - y_0 = -f\left[\frac{a_2(X-X_S) + b_2(Y-Y_S) + c_2(Z-Z_S)}{a_3(X-X_S) + b_3(Y-Y_S) + c_3(Z-Z_S)}\right] \qquad (2\text{-}3\text{-}4)$$

另外，当像点坐标需要引进某种系统误差的改正值 $(\Delta x, \Delta y)$ 时，共线条件方程式可用下述公式表示：

$$x - x_o + \Delta x = -f \left[\frac{a_1 (X - X_S) + b_1 (Y - Y_S) + c_1 (Z - Z_S)}{a_3 (X - X_S) + b_3 (Y - Y_S) + c_3 (Z - Z_S)} \right]$$

$$y - y_o + \Delta y = -f \left[\frac{a_2 (X - X_S) + b_2 (Y - Y_S) + c_2 (Z - Z_S)}{a_3 (X - X_S) + b_3 (Y - Y_S) + c_3 (Z - Z_S)} \right]$$

（2-3-5）

其中 (x_o, y_o) 表示像主点坐标。

2.3.2 高速视频测量后方交会-前方交会

高速视频测量空间后方交会是指把一张覆盖一定数量控制点的影像的像方坐标（必要时包含其物方坐标）视为观测值，以解求像片内外方位元素以及其他附加参数的摄影测量过程，而空间前方交会，则是把待定点的像点坐标视为观测值以求解待定点物方空间坐标的过程。空间前方交会和后方交会的解析处理方法都是基于共线条件方程的最小二乘解，只是两者待求的未知参数不同而已。

共线条件方程式中的观测值和未知数之间是非线性函数关系，为便于计算，需要把非线性函数表达式用泰勒公式展开成线性形式。共线条件方程线性化的误差方程式的一般形式如下：

$$v_x = (x) - x + \frac{\partial x}{\partial X_S} dX_S + \frac{\partial x}{\partial Y_S} dY_S + \frac{\partial x}{\partial Z_S} dZ_S + \frac{\partial x}{\partial \phi} d\phi + \frac{\partial x}{\partial \omega} d\omega + \frac{\partial x}{\partial \kappa} d\kappa + \frac{\partial x}{\partial f} df + \frac{\partial x}{\partial x_0} dx_0 + \frac{\partial x}{\partial y_0} dy_0$$

$$v_y = (y) - y + \frac{\partial y}{\partial X_S} dX_S + \frac{\partial y}{\partial Y_S} dY_S + \frac{\partial y}{\partial Z_S} dZ_S + \frac{\partial y}{\partial \phi} d\phi + \frac{\partial y}{\partial \omega} d\omega + \frac{\partial y}{\partial \kappa} d\kappa + \frac{\partial y}{\partial f} df + \frac{\partial y}{\partial x_0} dx_0 + \frac{\partial y}{\partial y_0} dy_0$$

（2-3-6）

其中 x 和 y 为观测值；v_x 和 v_y 为相应的观测值的改正数；X_S，Y_S，Z_S，ϕ，ω，κ，f，x_o 和 y_o 为待定的系数；dX_S，dY_S，dZ_S，$d\phi$，$d\omega$，$d\kappa$，df，dx_o 和 dy_o 为相应的待定系数的近似值改正数；(x) 和 (y) 为各待定系数的近似值代入公式（2-3-4）计算获得的像点坐标。

若将上式各系数的近似值的改正数用 $a_{11}, a_{12} \cdots, a_{19}$ 和 $a_{21}, a_{22} \cdots, a_{29}$ 表示，则上式可变为：

$$v_x = (x) - x + a_{11} dX_S + a_{12} dY_S + a_{13} dZ_S + a_{14} d\phi + a_{15} d\omega + a_{16} d\kappa + a_{17} df + a_{18} dx_0 + a_{19} dy_0$$

$$v_y = (y) - y + a_{21} dX_S + a_{22} dY_S + a_{23} dZ_S + a_{24} d\phi + a_{25} d\omega + a_{26} d\kappa + a_{27} df + a_{28} dx_0 + a_{29} dy_0$$

（2-3-7）

在不考虑控制点误差的情况下，可将公式（2-3-6）写成矩阵形式：

$$V = AX - L$$

（2-3-8）

其中：

$$V = \begin{bmatrix} v_x & v_y \end{bmatrix}^{\mathrm{T}}$$

$$A = \begin{bmatrix} a_{11} & a_{12} & a_{13} & a_{14} & a_{15} & a_{16} & a_{17} & a_{18} & a_{19} \\ a_{21} & a_{22} & a_{23} & a_{24} & a_{25} & a_{26} & a_{27} & a_{28} & a_{29} \end{bmatrix}^{\mathrm{T}}$$

$$X = \begin{bmatrix} dX_S & dY_S & dZ_S & d\phi & d\omega & d\kappa & df & dx_o & dy_o \end{bmatrix}^{\mathrm{T}}$$

$$L = \begin{bmatrix} l_x & l_y \end{bmatrix}^{\mathrm{T}} = \begin{bmatrix} x-(x) & y-(y) \end{bmatrix}^{\mathrm{T}}$$

令：

$$\overline{X} = a_1 (X - X_S) + b_1 (Y - Y_S) + c_1 (Z - Z_S)$$
$$\overline{Y} = a_2 (X - X_S) + b_2 (Y - Y_S) + c_2 (Z - Z_S) \qquad (2\text{-}3\text{-}9)$$
$$\overline{Z} = a_3 (X - X_S) + b_3 (Y - Y_S) + c_3 (Z - Z_S)$$

则共线条件方程可以写为：

$$x - x_o = -f \frac{\overline{X}}{\overline{Z}}$$
$$y - y_o = -f \frac{\overline{Y}}{\overline{Z}} \qquad (2\text{-}3\text{-}10)$$

经推导可得公式（2-3-6）的误差方程式的各偏导数的值为：

$$a_{11} = \frac{\partial x}{\partial X_S} = \frac{1}{\overline{Z}} \left[a_1 f + a_3 (x - x_o) \right]$$

$$a_{12} = \frac{\partial x}{\partial Y_S} = \frac{1}{\overline{Z}} \left[b_1 f + b_3 (x - x_o) \right]$$

$$a_{13} = \frac{\partial x}{\partial Z_S} = \frac{1}{\overline{Z}} \left[c_1 f + c_3 (x - x_o) \right]$$

$$a_{21} = \frac{\partial y}{\partial X_S} = \frac{1}{\overline{Z}} \left[a_2 f + a_3 (y - y_o) \right]$$

$$a_{22} = \frac{\partial y}{\partial Y_S} = \frac{1}{\overline{Z}} \left[a_2 f + b_3 (y - y_o) \right]$$

$$a_{23} = \frac{\partial y}{\partial Z_S} = \frac{1}{\overline{Z}} \left[c_2 f + c_3 (y - y_o) \right]$$

$$a_{14} = \frac{\partial x}{\partial \varphi} = (y - y_o)\sin\omega - \left\{ \frac{x - x_o}{f} \left[(x - x_o)\cos\kappa - (y - y_o)\sin\kappa \right] + f\cos\kappa \right\} \cos\omega$$

$$a_{15} = \frac{\partial x}{\partial \omega} = -f\sin\kappa - \frac{x - x_o}{f} \left[(x - x_o)\sin\kappa + (y - y_o)\cos\kappa \right] \qquad (2\text{-}3\text{-}11)$$

$$a_{16} = \frac{\partial x}{\partial \kappa} = (y - y_o)$$

$$a_{24} = \frac{\partial y}{\partial \varphi} = -(x - x_o)\sin\omega - \left\{ \frac{y - y_o}{f} \left[(x - x_o)\cos\kappa - (y - y_o)\sin\kappa \right] - f\sin\kappa \right\} \cos\omega$$

$$a_{25} = \frac{\partial y}{\partial \omega} = -f\cos\kappa - \frac{y - y_o}{f} \left[(x - x_o)\sin\kappa + (y - y_o)\cos\kappa \right]$$

$$a_{26} = \frac{\partial y}{\partial \kappa} = -(x - x_o)$$

$$a_{17} = \frac{\partial x}{\partial f} = \frac{x - x_o}{f}$$

$$a_{18} = \frac{\partial x}{\partial x_o} = 1$$

$$a_{19} = \frac{\partial x}{\partial y_o} = 0$$

$$a_{27} = \frac{\partial y}{\partial f} = \frac{y - y_o}{f}$$

$$a_{28} = \frac{\partial y}{\partial x_o} = 0$$

$$a_{29} = \frac{\partial y}{\partial y_o} = 1$$

其中，前 6 个系数和外方位元素的线元素有关，中间 6 个和外方位元的角元素有关，后面 6 个和内方位元素改正数有关。当共线条件方程的目的是为了获取影像的外方位元素时，则内方位元素可认为是真值，即 $dx_o = dy_o = df = 0$

此时误差方程式可以简化为：

$$v_x = (x) - x + a_{11}dX_S + a_{12}dY_S + a_{13}dZ_S + a_{14}d\phi + a_{15}d\omega + a_{16}d\kappa$$
$$v_y = (y) - y + a_{21}dX_S + a_{22}dY_S + a_{23}dZ_S + a_{24}d\phi + a_{25}d\omega + a_{26}d\kappa$$

（2-3-12）

根据最小二乘原理和误差方程式，可列出法方程式：

$$A^T PAX = A^T PL \tag{2-3-13}$$

其中，P 为观测值的权矩阵，反映了观测值的精度，对所有像点坐标的观测值，一般认为是等精度量测，则 P 为单位矩阵，由此得到法方程解的表达式：

$$X = \left(A^T A\right)^{-1} A^T L \tag{2-3-14}$$

当参加空间后方交会的控制点有 $n(n \geq 6)$ 个时，则单位权中误差可表示为：

$$m = \pm \sqrt{\frac{[vv]}{2n - 6}} \tag{2-3-15}$$

利用单像空间后方交会获取影像的外方位元素后，需利用立体像对的空间前方交会才能获取像点的三维空间坐标。共线条件方程经过整理可变形得到如下公式：

$$l_1 X + l_2 Y + l_3 Z - lx = 0$$
$$l_3 X + l_4 Y + l_5 Z - ly = 0$$

（2-3-16）

其中，

$$l_1 = fa_1 + (x - x_0)a_3, l_2 = fb_1 + (x - x_0)b_3, l_3 = fc_1 + (x - x_0)c_3$$
$$l_x = fa_1 X_S + fb_1 Y_S + fc_1 Z_S + (x - x_0)a_3 X_S + (x - x_0)b_3 Y_S + (x - x_0)c_3 Z_S$$
$$l_4 = fa_2 + (y - y_0)a_3, \quad l_5 = fb_2 + (y - y_0)b_3, \quad l_6 = fc_2 + (y - y_0)c_3$$
$$l_y = fa_2 X_S + fb_2 Y_S + fc_2 Z_S + (y - y_0)a_3 X_S + (y - y_0)b_3 Y_S + (y - y_0)c_3 Z_S$$

根据公式（2-3-16），由立体像对的一对同名点可列出上述的四个线性方程式，而未知数是未知点的 X、Y 和 Z 三个未知数，故可以通过最小二乘法求解。若 $n(n \geqslant 2)$ 幅影像中含有一个同名点，则可通过总共 $2n$ 个线性方程式求解 X、Y 和 Z 三个未知数。

2.3.3　高速视频测量直接线性变换

DLT 是建立像点坐标仪坐标和相应物点物方空间坐标之间直接的线性关系的算法。DLT 方法是处理非量测相机的常用方法，它具有以下两个显著的特点：一是由像空间坐标直接变换到物空间坐标，因此不需要任何内、外方位元素的初值；二是直接使用原始的影像坐标作为观测值，因此可以进行有效的系统误差的补偿，适合于普通相机的解析处理。

不考虑镜头的非线性畸变，由共线条件方程式（2-3-4），可得到只含线性误差改正数的共线条件方程式：

$$(x - x_o) + (1 + ds)\sin d\beta (y - y_o) + f_x \frac{a_1(X - X_S) + b_1(Y - Y_S) + c_1(Z - Z_S)}{a_3(X - X_S) + b_3(Y - Y_S) + c_3(Z - Z_S)} = 0$$

$$(y - y_o) + \left[(1 + ds)\cos d\beta - 1\right](y - y_o) + f_x \frac{a_2(X - X_S) + b_2(Y - Y_S) + c_2(Z - Z_S)}{a_3(X - X_S) + b_3(Y - Y_S) + c_3(Z - Z_S)} = 0$$

$$(2\text{-}3\text{-}17)$$

其中 ds 和 $d\beta$ 分别表示坐标不垂直性误差和比例尺不一误差。

由公式（2-3-17）可得三维 DLT 变换的一般形式：

$$x + \frac{L_1 X + L_2 Y + L_3 Z + L_4}{L_9 X + L_{10} Y + L_{11} + 1} = 0$$

$$y + \frac{L_5 X + L_6 Y + L_7 Z + L_8}{L_9 X + L_{10} Y + L_{11} + 1} = 0$$

$$(2\text{-}3\text{-}18)$$

令

$$r_1 = (a_1 X_S + b_1 Y_S + c_1 Z_S)$$
$$r_2 = (a_2 X_S + b_2 Y_S + c_2 Z_S)$$
$$r_3 = (a_3 X_S + b_3 Y_S + c_3 Z_S)$$

$$(2\text{-}3\text{-}19)$$

则各系数的含义为：

$$L_1 = \frac{1}{r_3}\left(a_1 f_x - a_2 f_x \tan d\beta - a_3 x_o\right)$$

$$L_2 = \frac{1}{r_3}\left(b_1 f_x - b_2 f_x \tan d\beta - b_3 x_o\right)$$

$$L_3 = \frac{1}{r_3}\left(c_1 f_x - c_2 f_x \tan d\beta - c_3 x_o\right)$$

$$L_4 = -\left(L_1 X_S + L_2 Y_S + L_3 Z_S\right)$$

$$L_5 = \frac{1}{r_3}\left[\frac{a_2 f_x}{(1+ds)\cos d\beta} - a_3 y_o\right]$$

$$L_6 = \frac{1}{r_3}\left[\frac{b_2 f_x}{(1+ds)\cos d\beta} - b_3 y_o\right]$$

$$L_7 = \frac{1}{r_3}\left[\frac{c_2 f_x}{(1+ds)\cos d\beta s} - c_3 y_o\right]$$

$$L_8 = -\left(L_5 X_S + L_6 Y_S + L_7 Z_S\right)$$

$$L_9 = \frac{a_3}{r_3}$$

$$L_{10} = \frac{b_3}{r_3}$$

公式（2-3-17）有 11 个未知参数，而公式（2-3-18）有 11 个 L 系数，即 11 个 L 系数是由公式（2-3-17）有 11 个未知参数组成的函数，因此各 L 系数相互独立。一个控制点可以建立两个方程，因此欲解出公式（2-3-18）中的 11 个 L 系数，需要 6 个以上的控制点。

若用 (x_i, y_i) 表示第 i 点的影像坐标，X_i, Y_i, Z_i 表示 i 点的物方坐标，设有 $n(n \geq 6)$ 个控制点，则将公式（2-3-18）进行简单变换，写成如下形式：

$$\begin{bmatrix} X_1 & Y_1 & Z_1 & 1 & 0 & 0 & 0 & 0 & x_1 X_1 & x_1 Y_1 & x_1 Z_1 \\ 0 & 0 & 0 & 0 & X_1 & Y_1 & Z_1 & 1 & y_1 X_1 & y_1 Y_1 & y_1 Z_1 \\ X_2 & Y_2 & Z_2 & 1 & 0 & 0 & 0 & 0 & x_2 X_2 & x_2 Y_2 & x_2 Z_2 \\ 0 & 0 & 0 & 0 & X_2 & Y_2 & Z_2 & 1 & y_2 X_2 & y_2 Y_2 & y_2 Z_2 \\ \vdots & \vdots & \vdots & \vdots & \vdots & \vdots & \vdots & \vdots & \vdots & \vdots & \vdots \\ X_n & Y_n & Z_n & 1 & 0 & 0 & 0 & 0 & x_n X_n & x_n Y_n & x_n Z_n \\ 0 & 0 & 0 & 0 & X_n & Y_n & Z_n & 1 & y_n X_n & y_n Y_n & y_n Z_n \end{bmatrix} \begin{bmatrix} L_1 \\ L_2 \\ L_3 \\ \vdots \\ L_9 \\ L_{10} \\ L_{11} \end{bmatrix} = \begin{bmatrix} -x_1 \\ -y_1 \\ -x_2 \\ -y_2 \\ \vdots \\ -x_n \\ -y_n \end{bmatrix} \quad （2\text{-}3\text{-}20）$$

当有多余观测值时，当像点坐标观测值改正数为 (v_x, v_y)，公式（2-3-18）可改写为：

$$(x + v_x) + \frac{L_1 X + L_2 Y + L_3 Z + L_4}{L_9 X + L_{10} Y + L_{11} + 1} = 0$$
$$(y + v_y) + \frac{L_5 X + L_6 Y + L_7 Z + L_8}{L_9 X + L_{10} Y + L_{11} + 1} = 0 \quad （2\text{-}3\text{-}21）$$

取符号 $A = L_9 X + L_{10} Y + L_{11} + 1$，则像点坐标的误差方程式可写为：

$$v_x = -\frac{1}{A}\left(L_1 X + L_2 Y + L_3 Z + L_4 + xX L_9 + xY L_{10} + xZ L_{11} + x\right)$$
$$v_y = -\frac{1}{A}\left(L_5 X + L_6 Y + L_7 Z + L_8 + yX L_9 + yY L_{10} + yZ L_{11} + y\right) \quad （2\text{-}3\text{-}22）$$

则此误差方程式和相应的法方程式的矩阵可写为：

$$V = BL - W$$
$$L = \left(B^{\mathrm{T}}B\right)^{-1} B^{\mathrm{T}} L \tag{2-3-23}$$

其中：

$$V = \begin{bmatrix} v_x & v_y \end{bmatrix}$$

$$B = -\begin{bmatrix} \dfrac{X}{A} & \dfrac{Y}{A} & \dfrac{Z}{A} & \dfrac{1}{A} & 0 & 0 & 0 & 0 & \dfrac{xX}{A} & \dfrac{xY}{A} & \dfrac{xZ}{A} \\ 0 & 0 & 0 & 0 & \dfrac{X}{A} & \dfrac{Y}{A} & \dfrac{Z}{A} & \dfrac{1}{A} & \dfrac{yX}{A} & \dfrac{yY}{A} & \dfrac{yZ}{A} \end{bmatrix}$$

$$L = \begin{pmatrix} L_1 & L_2 & L_3 & L_4 & L_5 & L_6 & L_7 & L_8 & L_9 & L_{10} & L_{11} \end{pmatrix}^{\mathrm{T}}$$

$$W = \begin{bmatrix} -\dfrac{x}{A} & -\dfrac{y}{A} \end{bmatrix}^{\mathrm{T}}$$

2.3.4　高速视频测量序列影像整体光束法平差

目标点三维空间坐标的精度直接决定了对测量物体进行运动分析的精度，通过高速视频测量获取影像序列中跟踪点的像平面坐标后，需要采用最合适、精确的方法计算跟踪点的三维空间坐标。高速视频测量计算目标点的三维空间坐标的方法有空间后方交会-前方交会法、相对定向-绝对定向法、直接线性变化法和光束法平差三种方法，其中以光束法平差将跟踪点的像片面坐标和相机参数作为一个光束进行整体平差，获取的结果最精确（Triggs et al., 1999）。

高速视频测量的目的是为了获取处于快速运动状态下的物体的空间运动轨迹，即获取对象上目标点的三维空间坐标变化情况。目前，大多数视频测量数据处理软件，如 PhotoModeler，均采用光束法平差求解影像序列目标点的三维空间坐标，但是一次只能处理一个立体对像上目标点的三维坐标，其并不能一次性处理整个影像序列或某一段影像序列中的所有跟踪点的三维空间坐标，限制了目标点三维空间坐标精度的进一步提高。

整体光束法平差的基本模型是共线条件方程（Wolf and DeWitt, 2000），如公式（2-3-24）：

$$x_p - x_o + \Delta x = -f \frac{a_1\left(X_p - X_O\right) + b_1\left(Y_p - Y_O\right) + c_1\left(Z_p - Z_O\right)}{a_3\left(X_p - X_O\right) + b_3\left(Y_p - Y_O\right) + c_3\left(Z_p - Z_O\right)}$$

$$y_p - y_o + \Delta y = -f \frac{a_2\left(X_p - X_O\right) + b_2\left(Y_p - Y_O\right) + c_2\left(Z_p - Z_O\right)}{a_3\left(X_p - X_O\right) + b_3\left(Y_p - Y_O\right) + c_3\left(Z_p - Z_O\right)} \tag{2-3-24}$$

其中，$\left(X_p, Y_p, Z_p\right)$ 表示目标点物方坐标，$\left(x_p, y_p\right)$ 表示目标点像平面坐标，$\left(X_O, Y_O, Z_O\right)$ 表示相机的外方位参数，$\left(x_o, y_o\right)$ 表示像主点坐标，$\left(\Delta x, \Delta y\right)$ 表示相机的畸变参数，包括切向畸变和径向畸变，f 表示相机的焦距，$a_i, b_i, c_i \left(i \in [1,3]\right)$ 是由三个角元素 $\left(\omega, \phi, \kappa\right)$ 组

成的旋转矩阵。

$$a_1 = \cos\omega\cos\kappa - \sin\omega\sin\phi\sin\kappa$$
$$a_2 = -\cos\omega\sin\kappa - \sin\omega\sin\phi\cos\kappa$$
$$a_3 = -\sin\omega\cos\phi$$
$$b_1 = \cos\omega\sin\kappa$$
$$b_2 = \cos\omega\cos\kappa$$
$$b_3 = -\sin\omega$$
$$c_1 = \sin\phi\cos\kappa - \cos\phi\sin\omega\sin\kappa$$
$$c_2 = -\sin\phi\sin\kappa + \cos\phi\sin\omega\cos\kappa$$
$$c_3 = \cos\phi\cos\omega$$

整体光束法平差把控制点坐标视为真值，跟踪点的三维空间坐标和相机的外方位参数视为未知值，联合求解跟踪点的物方空间坐标和相机的外方位参数。因此，线性化的观测方程可以写为：

$$V = At + BX - L \tag{2-3-25}$$

其中，V 是影像像点列出的误差方程式组；t 为影像外方位元素组成的列矩阵，A 为矩阵 t 的参数矩阵；X 为模型中全部待定点坐标改正数组成的列矩阵，B 为矩阵 X 的参数矩阵，L 为误差方程式的常数项。

高速视频测量过程中，高速 CMOS 相机固定在地面，控制点坐标均匀布设在测量对象的周围，且在高速视频测量过程中保持静止不动，所以每个相机获取的影像序列中跟踪点的运动轨迹可以看成是在同一张像片上的运动过程，或者认为是影像序列中跟踪点在同一张像片上不同的目标点。图 2-3-2 描述了板式橡胶支座振动台高速视频测量实验中三台高速相机分别在左中右位置获取的第 750 帧、1000 帧、1250 帧、1500 帧、1750 帧和 2000 帧的影像图。通过图 2-3-2 中竖直红线，我们可以发现粘贴在振动台建筑模型质量块上跟踪点标志发生了厘米级的位移变化（圆形标志点的直径为 3cm），而振动台周围布设的钢管以及钢管上的控制点标志位移未发生位移变化。

假如有一黑色目标点从左往右运动，通过固定的地面上相机获取了一个影像序列，其包括四张像片，即像片 1，像片 2，像片 3 和像片 4，如图 2-3-3，通过获取每张像片的像平面坐标可以得到目标点的运动轨迹。同时，由于相机固定，可以根据黑色目标点在每张像片的像平面坐标位置，认为是一张照片上四个不同的目标点，更能形象描述目标点的运动轨迹，便于采用光束法平差进行总体求解。

一般情况下，高速相机和控制点坐标在高速视频测量过程中是保持静止不动的，由此可以得出结论，每台相机的外方位参数和内方位参数在视频测量的过程中保持不变。基于以上结论，本书提出整体光束法平差一次性求解影像序列中跟踪点的三维空间坐标。假如我们采用三台高速 CMOS 相机进行视频测量，则跟踪点三维空间坐标的总台光束法平差的处理流程如图 2-3-4。

图 2-3-2　影像序列中第 750 帧、1000 帧、1250 帧、1500 帧、1750 帧和 2000 帧的影像图（L 表示左边相机，M 表示中间相机，R 表示右边相机）

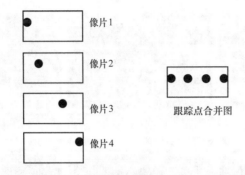

图 2-3-3　标点在单张像片轨迹和合并在一张像片内的示意图

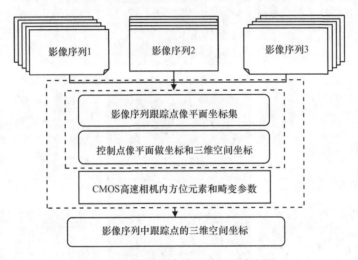

图 2-3-4　整体光束法平差处理流程图

整体光束法平差的整个处理过程包括三部分，如下：

· 获取视频影像序列在初始相位时的控制点的像平面坐标对和物方空间坐标；

· 获取高速相机的内方位元素和畸变参数；

· 获取影像序列跟踪点的像平面坐标对；

· 根据上述获得的数据，采用光束法平差计算跟踪点的三维空间坐标。

假设获取的影像序列由 N 张像片组成，有 n 个跟踪点目标时，则线性化的误差方程式（2-3-25）中各矩阵的阶数分别是 V_{2nN}，$A_{2nN \times 6N}$，$B_{2nN \times 3n}$，$t_{6N \times 1}$，$X_{3n \times 1}$ 和 $L_{2nN \times 1}$，相应的法方程可以写为：

$$
\begin{bmatrix} A^{\mathrm{T}}A & A^{\mathrm{T}}B \\ B^{\mathrm{T}}A & B^{\mathrm{T}}B \end{bmatrix}_{(6N+3n)^2} \begin{bmatrix} t \\ X \end{bmatrix}_{(6N+3n)} - \begin{bmatrix} A^{\mathrm{T}}L \\ B^{\mathrm{T}}L \end{bmatrix}_{(6N+3n)} = 0 \qquad （2\text{-}3\text{-}26）
$$

令 $N_{11} = A^{\mathrm{T}}A$，$N_{12} = A^{\mathrm{T}}B$，$N_{21} = B^{\mathrm{T}}A$，$N_{22} = B^{\mathrm{T}}B$，$W_1 = A^{\mathrm{T}}L$ 和 $W_2 = B^{\mathrm{T}}L$，则公式（2-3-26）可以改写为：

$$
\begin{bmatrix} N_{11} & N_{12} \\ N_{21} & N_{22} \end{bmatrix}_{(6N+3n)^2} \begin{bmatrix} t \\ X \end{bmatrix}_{(6N+3n)} - \begin{bmatrix} W_1 \\ W_2 \end{bmatrix}_{(6N+3n)} = 0 \qquad （2\text{-}3\text{-}27）
$$

将公式（2-3-27）展开可得：

$$N_{11}t + N_{12}X = W_1 \qquad\qquad (2\text{-}3\text{-}28)$$

$$N_{21}t + N_{22}X = W_2 \qquad\qquad (2\text{-}3\text{-}29)$$

在实际操作中，为了提高数据处理的效率，首先消除物方坐标系待定点 X，保留外方位参数矩阵 t，公式（2-3-29）可改化为：

$$N_{11}N_{22}^{-1}N_{21}t + N_{12}X - N_{12}N_{22}^{-1}W_2 \qquad\qquad (2\text{-}3\text{-}30)$$

根据公式（2-3-28）和（2-3-30）可得消去未知数 X 的改化法方程为：

$$\left(N_{11} - N_{12}N_{22}^{-1}N_{21}^{\mathrm{T}}\right)t = W_1 - N_{12}N_{22}^{-1}W_2 \qquad\qquad (2\text{-}3\text{-}31)$$

获取外方位参数 t 后，对每一个物点在所有像片上寻找其他的像点，并带回公式（2-3-29），则待定点物方空间坐标 X 的解为：

$$X = N_{22}^{-1}\left(W_2 - N_{21}t\right) \qquad\qquad (2\text{-}3\text{-}32)$$

2.4　基于共面条件方程的高速视频测量空间解析

2.4.1　高速视频测量共面条件方程

相对定向是指恢复或确定同名影像摄影光束的相对关系，即解算立体像对的相对方位元素，恢复同名光线对对相交。相对定向的计算方法有两种：①单独像对相对定向；②连续像对相对定向。本书将以连续像对相对定向方法 $(\varphi,\ \omega,\ \kappa,\ B_y,\ B_z)$ 为例阐述整个计算过程。图 2-4-1 展示了立体模型中严格的相对定向示意图，S_1p_1 与 S_2p_2 是一对同名光线，同名光线皆与相机间的基线 S_1S_2 共面，即这三个矢量的混合积为 0，满足共面方程。若以左影像为基准，共面条件方程可表示为：

$$\left.\begin{array}{l} F = \begin{vmatrix} B_x & B_y & B_z \\ X_1 & Y_1 & Z_1 \\ X_2 & Y_2 & Z_2 \end{vmatrix} = 0 \\[3em] \begin{bmatrix} X_1 \\ Y_1 \\ Z_1 \end{bmatrix} = \begin{bmatrix} x_1 - x_0 \\ y_1 - y_0 \\ -f_1 \end{bmatrix} \\[3em] \begin{bmatrix} X_2 \\ Y_2 \\ Z_2 \end{bmatrix} = R\begin{bmatrix} x_2 - x_0' \\ y_2 - y_0' \\ -f_2 \end{bmatrix} = \begin{bmatrix} a_1 & a_2 & a_3 \\ b_1 & b_2 & b_3 \\ c_1 & c_2 & c_3 \end{bmatrix}\begin{bmatrix} x_2 - x_0' \\ y_2 - y_0' \\ -f_2 \end{bmatrix} \end{array}\right\} \qquad (2\text{-}4\text{-}1)$$

式中：$(x_0,\ y_0,\ f_1)$ 和 $(x_0',\ y_0',\ f_2)$ 分别为两张像片的内方位元素；$a_i,\ b_i,\ c_i\,(i=1,2,3)$ 为九个方向余弦，可由旋转角 (φ,ω,κ) 解算获得；(B_x,B_y,B_z) 为三个基线分量。

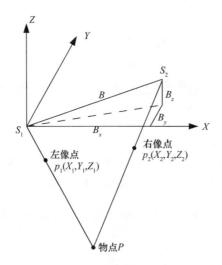

图 2-4-1　立体模型中严格的相对定向示意图

2.4.2　高速视频测量相对定向-绝对定向

高速视频测量相对定向的基本原理和计算流程十分重要。传统的相对定向方法往往主要适用于航空摄影测量和航天摄影测量，这类方法近似垂直摄影，在公式推导中，多次对角度进行近似处理。现以连续像对相对定向为例介绍。

像空间坐标系到像空间辅助坐标系的变换公式应如下：

$$\begin{bmatrix} X_2 \\ Y_2 \\ Z_2 \end{bmatrix} = R \begin{bmatrix} x \\ y \\ -f \end{bmatrix} = \begin{bmatrix} a_1 & a_2 & a_3 \\ b_1 & b_2 & b_3 \\ c_1 & c_2 & c_3 \end{bmatrix} \begin{bmatrix} x_2 \\ y_2 \\ -f \end{bmatrix} \quad （2\text{-}4\text{-}2）$$

其中，X_2, Y_2, Z_2 为像点的像空间辅助坐标，$a_i, b_i, c_i\ (i = 1, 2, 3)$ 为九个方向余弦。

在传统相对定向方法中，直接将其中的 φ, ω, κ 视为小角，公式（2-4-2）近似为：

$$\begin{bmatrix} X_2 \\ Y_2 \\ Z_2 \end{bmatrix} = R \begin{bmatrix} x \\ y \\ -f \end{bmatrix} = \begin{bmatrix} 1 & -\kappa & -\varphi \\ \kappa & 1 & -\omega \\ \varphi & \omega & 1 \end{bmatrix} \begin{bmatrix} x_2 \\ y_2 \\ -f \end{bmatrix} \quad （2\text{-}4\text{-}3）$$

高速视频测量的相对定向过程，相机之间的相对姿态都是比较大的倾角，所以无法使用这种常规方法来计算。针对这个问题，本书将进行相对严密的公式推导。虽然基本的相对定向原理是一致的，但是在计算过程中不会再对公式或数值再次进行近似估计。以连续像对相对定向为例介绍，其实质就是以左影像为基准，求出右影像相对于左影像的外方位元素（即相对定向元素）。

1. 相对定向解算方法之方位角解算法

本方法中将 φ, ω, κ 作为未知数，用严密的公式推导来代替航测中的近似解算，以适用于高速视频测量的大角度情况。在连续相对定向中，通常假定第一张像片的方位元素为已知的。并且 B_x, B_y, B_z 这三个基线分量只有两个独立参数。因此只需求 5 个未知参

数 $(\varphi,\ \omega,\ \kappa,\ B_y,\ B_z)$。

误差方程是为：

$$v = Ax - l$$
$$x^{\mathrm{T}} = \begin{bmatrix} d\varphi & d\omega & d\kappa & dB_y & dB_z \end{bmatrix} \tag{2-4-4}$$

$$l = -F_0 = B_z X_2 Y_1 + B_y X_1 Z_2 + B_x Y_2 Z_1 - B_x Y_1 Z_2 - B_z X_1 Y_2 - B_y X_2 Z_1 \tag{2-4-5}$$

$$A = \begin{bmatrix} a_{11} & a_{12} & a_{13} & a_{14} & a_{15} \end{bmatrix} = \begin{bmatrix} \dfrac{\partial F}{\partial \varphi} & \dfrac{\partial F}{\partial \omega} & \dfrac{\partial F}{\partial \kappa} & \dfrac{\partial F}{\partial B_y} & \dfrac{\partial F}{\partial B_z} \end{bmatrix} \tag{2-4-6}$$

$$B_x = \sqrt{B^2 - B_y^2 - B_z^2} \tag{2-4-7}$$

$$
\left.
\begin{aligned}
a_{11} = \frac{\partial F}{\partial \varphi} &= \begin{vmatrix} B_x & B_y & B_z \\ X_1 & Y_1 & Z_1 \\ \dfrac{\partial X_2}{\partial \varphi} & \dfrac{\partial Y_2}{\partial \varphi} & \dfrac{\partial Z_2}{\partial \varphi} \end{vmatrix} \qquad
a_{14} = \frac{\partial F}{\partial B_y} = \begin{vmatrix} Z_1 & X_1 \\ Z_2 & X_2 \end{vmatrix} \\[2em]
a_{12} = \frac{\partial F}{\partial \varphi} &= \begin{vmatrix} B_x & B_y & B_z \\ X_1 & Y_1 & Z_1 \\ \dfrac{\partial X_2}{\partial \omega} & \dfrac{\partial Y_2}{\partial \omega} & \dfrac{\partial Z_2}{\partial \omega} \end{vmatrix} \qquad
a_{15} = \frac{\partial F}{\partial B_z} = \begin{vmatrix} X_1 & Y_1 \\ X_2 & Y_2 \end{vmatrix} \\[2em]
a_{13} = \frac{\partial F}{\partial \kappa} &= \begin{vmatrix} B_x & B_y & B_z \\ X_1 & Y_1 & Z_1 \\ \dfrac{\partial X_2}{\partial \kappa} & \dfrac{\partial Y_2}{\partial \kappa} & \dfrac{\partial Z_2}{\partial \kappa} \end{vmatrix}
\end{aligned}
\right\} \tag{2-4-8}
$$

其中，

$$
\left.
\begin{aligned}
\frac{\partial X_2}{\partial \varphi} &= -(\sin\varphi\cos\kappa + \cos\varphi\sin\omega\sin\kappa)(x_2 - x_0') + (\sin\varphi\sin\kappa - \cos\varphi\sin\omega\cos\kappa)(y_2 - y_0') + (\cos\varphi\cos\omega)f_2 \\
\frac{\partial Y_2}{\partial \varphi} &= 0 \\
\frac{\partial Z_2}{\partial \varphi} &= \cos\varphi\cos\kappa - \sin\varphi\sin\omega\sin\kappa\, x_2 - x_0' - (\cos\varphi\sin\kappa + \sin\varphi\sin\omega\cos\kappa)(y_2 - y_0') + (\sin\varphi\cos\omega)f_2
\end{aligned}
\right\}
$$

$$
\left.
\begin{aligned}
\frac{\partial X_2}{\partial \omega} &= -\sin\varphi\cos\omega\sin\kappa\,(x_2 - x_0') - \sin\varphi\cos\omega\cos\kappa\,(y_2 - y_0') - \sin\varphi\sin\omega \cdot f_2 \\
\frac{\partial Y_2}{\partial \omega} &= -\sin\omega\sin\kappa\,(x_2 - x_0') - \sin\omega\cos\kappa\,(y_2 - y_0') + \cos\omega \cdot f_2 \\
\frac{\partial Z_2}{\partial \omega} &= \cos\varphi\cos\omega\sin\kappa\,(x_2 - x_0') + \cos\varphi\cos\omega\cos\kappa\,(y_2 - y_0') + \cos\varphi\sin\omega \cdot f_2
\end{aligned}
\right\}
$$

$$\frac{\partial X_2}{\partial \kappa} = -\cos\varphi\sin\kappa + \sin\varphi\sin\omega\cos\kappa\left(x_2 - x_0'\right) + \sin\varphi\sin\omega\sin\kappa - \cos\varphi\cos\kappa\left(y_2 - y_0'\right)$$

$$\frac{\partial Y_2}{\partial \kappa} = \cos\omega\cos\kappa\left(x_2 - x_0'\right) - \cos\omega\sin\kappa\left(y_2 - y_0'\right)$$

$$\frac{\partial Z_2}{\partial \kappa} = \cos\varphi\sin\omega\cos\kappa - \sin\varphi\sin\kappa\left(x_2 - x_0'\right) - \sin\varphi\cos\kappa + \cos\varphi\sin\omega\sin\kappa\left(y_2 - y_0'\right)$$

每一对同名点可以列出一个误差方程，所以解求这 5 个未知参数 $\left(\varphi,\ \omega,\ \kappa,\ B_y,\ B_z\right)$ 至少需要五对同名点的像点坐标。当观测六对以上的同名点时，需要按最小二乘原理进行平差解算，在这里认为观测值之间是相互独立、等精度的，所以权阵 P 取单位阵。

矩阵形式为：

$$v = ax - l \quad \boldsymbol{P} = I \tag{2-4-9}$$

法方程式为：

$$A^{\mathrm{T}}Ax = A^{\mathrm{T}}l \tag{2-4-10}$$

未知数的解：

$$x = \left(A^{\mathrm{T}}A\right)^{-1}A^{\mathrm{T}}l \tag{2-4-11}$$

$$\hat{X} = X^0 + x \tag{2-4-12}$$

这种求解过程同样是一个逐步迭代的过程，可迅速收敛。

2. 相对定向解算方法之方位余弦解算法

本方法不再将 φ, ω, κ 作为未知数，而是将旋转矩阵 $\boldsymbol{R}$ 中的九个方向余弦 $\left(a_i, b_i, c_i\right)$ 作为未知数，将三个基线分量分别 $\left(B_x, B_y, B_z\right)$ 作为未知数。因此，这种方法一共要求解 12 个未知数。但是，由于旋转矩阵 $\boldsymbol{R}$ 中只有三个独立参数，且三个基线分量中只有两个独立参数。这时便要加入 7 个条件方程。旋转矩阵 $\boldsymbol{R}$ 为正交矩阵，即 $\boldsymbol{RR}^{\mathrm{T}} = \boldsymbol{R}^{\mathrm{T}}\boldsymbol{R} = I$，可列出 6 个条件方程。三个基线分量的平方和为定值，即 $B_x^2 + B_y^2 + B_z^2 = B^2$，可列出 1 个条件方程。该算法的求解方法介绍如下：

误差方程式为：

$$v = Ax - l$$

$$x^{\mathrm{T}} = \begin{bmatrix} dB_x & dB_y & dB_z & da_1 & da_2 & da_3 & db_1 & db_2 & db_3 & dc_1 & dc_2 & dc_3 \end{bmatrix} \tag{2-4-13}$$

$$l = -F_0 = B_z X_2 Y_1 + B_y X_1 Z_2 + B_x Y_2 Z_1 - B_x Y_1 Z_2 - B_z X_1 Y_2 - B_y X_2 Z_1 \tag{2-4-14}$$

$$A = \begin{bmatrix} a_{11} & a_{12} & a_{13} & a_{14} & a_{15} & a_{16} & a_{17} & a_{18} & a_{19} & a_{20} & a_{21} & a_{22} \end{bmatrix}$$

$$\begin{bmatrix} \dfrac{\partial F}{\partial B_x} & \dfrac{\partial F}{\partial B_y} & \dfrac{\partial F}{\partial B_z} & \dfrac{\partial F}{\partial a_1} & \dfrac{\partial F}{\partial a_2} & \dfrac{\partial F}{\partial a_3} & \dfrac{\partial F}{\partial b_1} & \dfrac{\partial F}{\partial b_2} & \dfrac{\partial F}{\partial b_3} & \dfrac{\partial F}{\partial c_1} & \dfrac{\partial F}{\partial c_2} & \dfrac{\partial F}{\partial c_3} \end{bmatrix} \tag{2-4-15}$$

误差方程的系数为：

$$
\left.\begin{array}{lll}
a_{11} = Y_1Z_2 - Y_2Z_1 & a_{12} = X_2Z_1 - X_1Z_2 & a_{13} = X_1Y_2 - X_2Y_1 \\
a_{14} = (x_2 - x_0')(B_yZ_1 - B_zY_1) & a_{15} = (y_2 - y_0')(B_yZ_1 - B_zY_1) & a_{16} = (-f_2)(B_yZ_1 - B_zY_1) \\
a_{17} = (x_2 - x_0')(B_zX_1 - B_xZ_1) & a_{18} = (y_2 - y_0')(B_zX_1 - B_xZ_1) & a_{19} = (-f_2)(B_zX_1 - B_xZ_1) \\
a_{20} = (x_2 - x_0')(B_xY_1 - B_yX_1) & a_{21} = (y_2 - y_0')(B_xY_1 - B_yX_1) & a_{22} = (-f_2)(B_xY_1 - B_yX_1)
\end{array}\right\}
$$

7 个条件方程为：

$$
\left.\begin{array}{l}
B_x^2 + B_y^2 + B_z^2 = B^2 \\
a_1^2 + a_2^2 + a_3^2 = 1 \\
b_1^2 + b_2^2 + b_3^2 = 1 \\
c_1^2 + c_2^2 + c_3^2 = 1 \\
a_1a_2 + b_1b_2 + c_1c_2 = 0 \\
a_1a_3 + b_1b_3 + c_1c_3 = 0 \\
a_2a_3 + b_2b_3 + c_2c_3 = 0
\end{array}\right\} \tag{2-4-16}
$$

约束条件方程如下：

$$
Cx - W = 0 \tag{2-4-17}
$$

其中：

$$
C = \begin{bmatrix}
2B_x & 2B_y & 2B_z & 0 & 0 & 0 & 0 & 0 & 0 & 0 & 0 & 0 \\
0 & 0 & 0 & 2a_1 & 2a_2 & 2a_3 & 0 & 0 & 0 & 0 & 0 & 0 \\
0 & 0 & 0 & 0 & 0 & 0 & 2b_1 & 2b_2 & 2b_3 & 0 & 0 & 0 \\
0 & 0 & 0 & 0 & 0 & 0 & 0 & 0 & 0 & 2c_1 & 2c_2 & 2c_3 \\
0 & 0 & 0 & a_2 & a_1 & 0 & b_2 & b_1 & 0 & c_2 & c_1 & 0 \\
0 & 0 & 0 & a_3 & 0 & a_1 & b_3 & 0 & b_1 & c_3 & 0 & c_1 \\
0 & 0 & 0 & 0 & a_3 & a_2 & 0 & b_3 & b_2 & 0 & c_3 & c_2
\end{bmatrix}
$$

$$
W = \begin{bmatrix}
B^2 - B_x^2 - B_y^2 - B_z^2 \\
1 - a_1^2 - a_2^2 - a_3^2 \\
1 - b_1^2 - b_2^2 - b_3^2 \\
1 - c_1^2 - c_2^2 - c_3^2 \\
-a_1a_2 - b_1b_2 - c_1c_2 \\
-a_1a_3 - b_1b_3 - c_1c_3 \\
-a_2a_3 - b_2b_3 - c_2c_3
\end{bmatrix}
$$

附有限制条件的间接平差函数模型及求解：

$$
\begin{cases} v = Ax - l \\ Cx - W = 0 \end{cases} \qquad P = I \tag{2-4-18}
$$

$$
N_{bb} = A^{\mathrm{T}}A, \quad U = A^{\mathrm{T}}l \tag{2-4-19}
$$

法方程公式：

$$\begin{bmatrix} N_{bb} & C^{\mathrm{T}} \\ C & 0 \end{bmatrix} \begin{bmatrix} x \\ K_S \end{bmatrix} - \begin{bmatrix} U \\ W \end{bmatrix} = 0 \qquad (2\text{-}4\text{-}20)$$

其中：0 为 7 阶零矩阵。

未知数的解：

$$\begin{bmatrix} x \\ K_S \end{bmatrix} = \begin{bmatrix} N_{bb} & C^{\mathrm{T}} \\ C & 0 \end{bmatrix}^{-1} \begin{bmatrix} U \\ W \end{bmatrix} \qquad (2\text{-}4\text{-}21)$$

$$\hat{X} = X^0 + x$$

这个求解过程是一个逐步迭代的过程。

3. 基于相对定向的物方三维坐标解算

求得相对定向参数之后，可以通过点投影系数前方交会方法或者共线方程的严格算法来求解每帧图像中各个目标点（跟踪点）的模型点三维坐标。

1）点投影系数法

$$\begin{bmatrix} X_1 \\ Y_1 \\ Z_1 \end{bmatrix} = R_1 \begin{bmatrix} x_1 - x_0 \\ y_1 - y_0 \\ -f_1 \end{bmatrix} = \begin{bmatrix} x_1 - x_0 \\ y_1 - y_0 \\ -f_1 \end{bmatrix}, \begin{bmatrix} X_2 \\ Y_2 \\ Z_2 \end{bmatrix} = R_2 \begin{bmatrix} x_2 - x_0' \\ y_2 - y_0' \\ -f_2 \end{bmatrix} \qquad (2\text{-}4\text{-}22)$$

$$N_1 = \frac{B_x Z_2 - B_z X_2}{X_1 Z_2 - X_2 Z_1}, \quad N_2 = \frac{B_x Z_1 - B_z X_1}{X_1 Z_2 - X_2 Z_1} \qquad (2\text{-}4\text{-}23)$$

$$\left. \begin{aligned} X_p &= B_x + N_1 X_1 \\ Y_p &= \frac{1}{2}(N_1 Y_1 + N_2 Y_2 + B_y) \\ Z_p &= B_z + N_1 Z_1 \end{aligned} \right\} \qquad (2\text{-}4\text{-}24)$$

2）基于共线方程的严格算法

由共线方程转化为：

$$\left. \begin{aligned} x - x_0 \left[a_3(X_p - X_s) + b_3(Y_p - Y_s) + c_3(Z_p - Z_s) \right] &= -f\left[a_1(X_p - X_s) + b_1(Y_p - Y_s) + c_1(Z_p - Z_s) \right] \\ y - y_0 \left[a_3(X_p - X_s) + b_3(Y_p - Y_s) + c_3(Z_p - Z_s) \right] &= -f\left[a_2(X_p - X_s) + b_2(Y_p - Y_s) + c_2(Z_p - Z_s) \right] \end{aligned} \right\}$$

整理为

$$\left. \begin{aligned} l_1 X_p + l_2 Y_p + l_3 Z_p - l_x &= 0 \\ l_4 X_p + l_5 Y_p + l_6 Z_p - l_y &= 0 \end{aligned} \right\} \qquad (2\text{-}4\text{-}25)$$

其中，

$$\left. \begin{aligned} l_1 &= fa_1 + (x - x_0)a_3, l_2 = fb_1 + (x - x_0)b_3, l_3 = fc_1 + (x - x_0)c_3 \\ l_x &= fa_1 X_S + fb_1 Y_S + fc_1 Z_S + (x - x_0)a_3 X_S + (x - x_0)b_3 Y_S + (x - x_0)c_3 Z_S \\ l_4 &= fa_2 + (y - y_0)a_3, l_5 = fb_2 + (y - y_0)b_3, l_6 = fc_2 + (y - y_0)c_3 \\ l_y &= fa_2 X_S + fb_2 Y_S + fc_2 Z_S + (y - y_0)a_3 X_S + (y - y_0)b_3 Y_S + (y - y_0)c_3 Z_S \end{aligned} \right\}$$

通过上述两种方法来确定模型坐标系下的点位坐标(X_p, Y_p, Z_p)，然后通过七参数绝对定向的方法对模型坐标系进行坐标转换。

$$H = \begin{bmatrix} X \\ Y \\ Z \end{bmatrix} - \begin{bmatrix} \Delta X \\ \Delta Y \\ \Delta Z \end{bmatrix} - \lambda M \begin{bmatrix} X_p \\ Y_p \\ Z_p \end{bmatrix} = 0 \qquad (2\text{-}4\text{-}26)$$

公式（2-4-26）是六参数坐标转换模型，其中(X, Y, Z)表示目标点在局部物方坐标系下的三维坐标，(X_p, Y_p, Z_p)表示目标点在模型坐标系下的三维坐标，M表示坐标旋转矩阵，λ表示尺度参数。

2.5　高速视频测量传感器网络检校

2.5.1　高速相机传感器网络检校

高速相机的内方位元素、光学畸变，同步精度检校是影响高速视频测量精度的重要因素，需要对上述影响因素进行检查和检校（Wiggenhagen，2002）。

1. 高速相机的检校内容

从狭义上讲，相机的检校是指检查和检校相机内方位元素和畸变参数的过程（冯文灏，2002）。从广义讲，相机检校除了需要检查和检校相机内方位元素和畸变参数，还需要检校与相机相关的影响最终精度的其他因素。

高速相机属于非量测相机，相机内方位元素无法直接获取，且镜头畸变差较大。为了确定空间物体表面跟踪点的三维几何位置与其在图像中对应点之间的相互关系，必须建立相机成像的几何模型，恢复每张影像光束的正确形状，即借助于相机的内方位元素和畸变参数恢复影像中心和像片之间的相对几何关系。本书采用光束法平差统一计算获取跟踪点的三维空间坐标，其中相机的内方位参数和畸变参数视为真值参与光束法平差，因此，需要获取高精度的相机内方位参数和畸变参数。

对于非量测相机而言，畸变参数是影响像片面影像点精度的重要因素。一般来说，相机有两种类型的畸变参数，即径向畸变（Radial Distortion）和切向畸变（Decentering Distortion）。一般情况下，光线穿过镜头发生弯曲的时候会产生镜头畸变，图2-5-1描述了径向畸变和切向畸变的区别，其中Δr表示径向畸变，Δt表示切向畸变。

径向畸变是由于透镜随光束和主轴间夹角改变而引起的构像与该像点几何位置的差异，使构象点沿径向方向偏离其准确的理想位置，径向畸变模型一般可表示为（Brown，1966）：

$$\Delta r_x = (x - x_o)\left(K_1 r^2 + K_2 r^4 + K_3 r^6 + \cdots\right)$$
$$\Delta r_y = (y - y_o)\left(K_1 r^2 + K_2 r^4 + K_3 r^6 + \cdots\right) \qquad (2\text{-}5\text{-}1)$$

因$\Delta r = \sqrt{\Delta r_x{}^2 + \Delta r_y{}^2}$，$r = \sqrt{(x - x_o)^2 + (y - y_o)^2}$，表示像点的向径，故径向畸变可

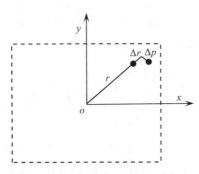

图 2-5-1　镜头切向畸变与径向畸变

表示为：

$$\Delta r = r\left(K_1 r^2 + K_2 r^4 + K_3 r^6\right) + \cdots \tag{2-5-2}$$

式（2-5-2）中(x,y)为该像点的坐标，(x_o, y_o)是像主点的坐标，$K_i (i=1,2,\cdots)$为径向畸变系数。对大多数物镜系统，取 3 个 K 系数已能准确的描述相机的径向畸变。对一些质量比较好的物镜系统，取两个 K 系数即可准确的描述相机的径向畸变。对小像幅的非量测普通数码相机可仅取 1 个 K 系数。对与高速相机的物镜系统来说，取 2 个 K 系数即可准确的描述相机的径向畸变。

切向畸变由于透镜复合镜头中光学镜片组合装配时各镜片的节点不严格在一条直线上所产生的像点差异，使构像点沿垂直于向径的方向偏离其理想的位置。切向畸变一般都是由于镜头制造和安装等误差引起的。切向畸变模型一般可表示为（Brown，1966）：

$$\Delta p_x = p_1\left(r^2 + 2(x-x_o)^2\right) + 2p_2(x-x_o)(y-y_o)$$
$$\Delta p_y = p_2\left(r^2 + 2(y-y_o)^2\right) + 2p_1(x-x_o)(y-y_o) \tag{2-5-3}$$

式（2-5-3）中(x,y)为该像点的坐标，(x_o, y_o)是像主点的坐标，$P_i(i=1,2,\cdots)$为径向畸变系数。一般情况下，切向畸变比径向畸变小，其引起的误差总和约为径向畸变的 1/7～1/8（Weng et al.，1992）。

2. 非量测相机检校方法

近 20 年来，在摄影测量和计算机视觉领域，相机的标定和检校技术得到深入研究，出现了大量不同的标定方法，以满足不同的需求和背景要求。根据现有的研究成果，相机标定方法从广义上分为四类：摄影测量的检校方法、传统相机标定方法、自标定方法和基于主动视觉的相机标定方法。

1）摄影测量的检校方法

摄影测量的检校方法一般在进行检校时需要布设足够数量的控制点，通过实地测量控制点的物方坐标与量测相应像坐标，通过相关转换方法，来获取高精度的内外参数与畸变参数。大致可分为基于控制场的检校和基于灭点的检校方法两类。基于控制场的检校方法需依赖专业设备或需建立精密的室内、室外控制场，需要利用已知的景物结构信息和已知控制点。在检校理论、方法、实现等方面国内外做了大量研究，技术发展已经相当成熟，拥有较高可靠性与真实性，但缺点是检校的程序较复杂，费用高昂，不够灵活，不易携带。具体的检校理论研究包括基于共线约束条件的单片或多片空间后方交会，三维或二维的直接线性变换，基于共面条件方程式，二维直接线性变换与光束法平差迭代等。基于灭点的相机检校方法不需要检校场，灭点是关键因素，待检校的参数皆为灭点的函数，通过灭点直接建立待检校参数与直线信息之间的关系，从而内外参数联合与平差，根据灭点的三大属性找出相机内参数与灭点之间的关系，并通过单像中的立方体检校出相机内参数，对于影像对，则可通过匹配的灭点推导出相机的相对运动姿态。

2）传统相机标定方法

传统相机标定方法是指用一个已知尺寸、精度很高的标定物，通过空间点和图像点之间的对应关系来建立相机模型参数的约束，然后通过优化算法来求取这些参数（于泓，2006）。标定物可以是三维的，也可以是二维共面的。根据参数的计算方法的不同，可分为利用最优化算法的标定方法，利用投影矩阵的方法以及 Tsai 两步标定技术。传统标定方法的优点在于可以获得较高的精度，但不适应于不可能使用标定物的场合。常用于要求的精度高且相机的参数不经常变化的场所。

3）自标定方法

作为近年来发展起来的另一类相机标定技术，相机自标定方法与传统的相机标定方法的显著不同之处在于，相机自标定方法不需要借助于任何外在的特殊标定物或某些三维信息已知的控制点，而是仅仅利用了图像对应点的信息，直接通过图像来完成标定任务的，正是这种独特的标定思想赋予了相机自标定方法巨大的灵活性，使得在场景未知和相机运动任意的一般情况下标定成为可能。相机自标定方法 1992 年由 Faugeraus 和 Manybank 首次提出，并在此之后不断发展成熟起来。其基本思想是绝对二次曲线或绝对二次曲面的像在相机做刚体运动时保持不变，其方程只与相机的内参数有关。将绝对二次曲线（或其对偶）作为虚拟标定物，通过不同形式的约束方程求解其在所拍摄图像中的成像方程来实现相机标定，从本质上来说，自标定只是利用了相机内部参数自身存在的约束，而与场景和相机运动无关（邹凤娇，2005）。但是，自标定方法最大的不足在于鲁棒性差，主要是因为自标定方法肯定需要直接或间接地求解 Kruppa 方程。自标定方法目前主要应用于精度要求不高的场合。

4）基于主动视觉的相机标定方法

基于主动视觉的相机标定方法就是根据自主地控制相机来获取的图像数据线性地求解相机的模型参数。与自标定一样，它也是一种仅从图像对应点进行标定方法，因而也不需要标定物，但需要已知关于相机的运动信息（包括诸如相机在平台坐标系下朝某一方向平移某一给定量等定量信息，以及相机仅做纯平移运动或仅做旋转运动等定性信息）。通过一个可以精确控制其运动的主动视觉平台来对相机进行标定，相机的模型参数可以线性求解，且计算简单、鲁棒性较高。但使用高精度主动视觉平台进行相机标定的不足是系统的成本较高，不是一般的单位和个人所能承受的。

3. 常用的标定理论

1）Tsai 两步标定法

20 世纪 80 年代后期，Roger 提出了基于径向一致约束（Radial Consistency Constraint，简称 RCC）的两步标定法是相机标定技术上的一项重大突破（Roger，1987）。Tsai 的两步法的畸变模型只考虑了只有一个畸变系数 k_1 的二阶径向畸变模型。Tsai 两步法的模型从某三维点的世界坐标 (X_P, Y_P, Z_P) 变换到像素坐标 (u, v) 的转换分为 4 步：

（1）从世界坐标系转换到相机坐标系；

（2）针孔模型下的投影变换；

（3）只有一个畸变系数 k_1 的二阶径向畸变模型。公式为

$$x_d = x(1 + k_1 r^2)$$
$$y_d = y(1 + k_1 r^2)$$

（2-5-4）

（4）实际像平面坐标到像素坐标的转换，公式为

$$u = s_x dx'^{-1} x_d + u_0$$
$$v = -dy^{-1} y_d + v_0$$

（2-5-5）

其中 s_x 为尺度因子。$dx' = dx \dfrac{N_{cx}}{N_{fx}}$，$dx', dy, u_0, v_0$ 都需要预标定。

该方法的核心是利用径向一致约束来求解除 t_Z（光轴方向的坐标平移量）外的所有其他像片外方位参数，然后再求解摄像机的其他参数。基于 RAC 方法的最大好处是它所使用的大部分方程是线性方程，从而降低了参数求解的复杂性。RAC 的基本原理为因为假设摄像机镜头的畸变是径向的，所以无论畸变如何变化，从图像中心 O 到图像点 $P_d(x_d, y_d)$ 的向量 $\overrightarrow{OP_d}$ 的方向保持不变，且与 $\overrightarrow{P_{OZ}P}$ 平行。P_{OZ} 是光轴上的一点，其 Z 坐标与物点在摄像机坐标系下的坐标值相同。并且，$\overrightarrow{OP_d}$ 的方向与有效焦距 f，T 的分量 t_Z 和透镜畸变系数 k_1 的变化无关，如果物体世界坐标仅在 X 轴和 Y 轴进行旋转和平移，而在 Z 轴进行平移，则 $\overrightarrow{OP_d}$ 的方向始终不变；所以，利用 RAC 可以充分决定 R 和 t_x, t_y。求出 R 和 t_x, t_y 后，再利用最优化方法求解有效焦距 f，T 的分量 t_Z 和透镜畸变系数 k_1。

2）张正友标定法

张正友于 1998 年提出了基于模型平面的标定算法，已成为目前最流行的标定方法之一（Zhang，2002）。该方法只需相机观察拍摄少量（至少两个）不同方向的平面模板。相机和平面模板都可以移动，而图像几何畸变只考虑具有两个参数 k_1，k_2 的径向畸变。因为图像中提取的是二维测量信息，张正友平面标定方法是介于传统标定方法和自标定方法之间的一种方法。张正友的算法相比传统技术，更灵活，避免复杂的步骤和昂贵的设备；相比自标定，鲁棒性更高，精度更高。所以，该方法符合普遍的桌面视觉系统（Desktop Vision System，简称 DVS）灵活性、低成本等的要求。Opencv 库中的标定算

法和加州理工大学开发的 Matlab 工具箱都是以张正友的标定算法为基础的。

　　该算法也是基于 Tsai 的两步法的思想，即先有一个线性解法求出部分参数的初始值，然后考虑径向畸变一阶和二阶并基于极大似然准则对线性结果进行非线性优化，最后利用计算好的内部参数和平面模板映射矩阵求出外部参数。

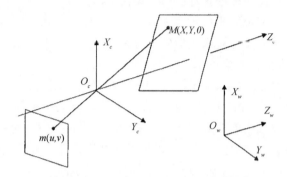

图 2-5-2　张正友标定的相机模型

　　如图 2-5-2，一个二维点记 $m=[u,v]^{\mathrm{T}}$ 为，一个三维点记为 $M=[X,Y,Z]^{\mathrm{T}}$，我们用 $\tilde{x}$ 来表示齐次坐标向量，则 $\tilde{m}=\begin{bmatrix}u & v & 1\end{bmatrix}^{\mathrm{T}}$ 和 $\tilde{M}=\begin{bmatrix}X & Y & Z & 1\end{bmatrix}^{\mathrm{T}}$，根据普通针孔成像模型，三维点 M 与其在像平面的投影 m 的关系为：

$$s\tilde{m}=A\begin{bmatrix}R & t\end{bmatrix}\tilde{M} \qquad A=\begin{bmatrix}\alpha & c & u_0 \\ 0 & \beta & v_0 \\ 0 & 0 & 1\end{bmatrix} \qquad (2\text{-}5\text{-}6)$$

式中，s 为一个任意的比例向量；(R,t) 为外方位元素；A 为相机的内方位矩阵，$(u_0,\ v_0)$ 为像主点坐标，α 和 β 为在像片 u，v 轴的比例系数，c 为表示像片两轴倾斜度的参数。

　　假设模型平面的 $Z=0$，对总体并不会有影响。旋转矩阵第 i 列表示为 r_i，从（2-5-6）式得：

$$s\begin{bmatrix}u\\v\\1\end{bmatrix}=A\begin{bmatrix}r_1 & r_2 & r_3 & t\end{bmatrix}\begin{bmatrix}X\\Y\\0\\1\end{bmatrix}=A\begin{bmatrix}r_1 & r_2 & t\end{bmatrix}\begin{bmatrix}X\\Y\\1\end{bmatrix} \qquad (2\text{-}5\text{-}7)$$

　　仍使用 M 表示一个模型平面的点，但 $M=\begin{bmatrix}X,\ Y\end{bmatrix}^{\mathrm{T}}$，因 Z 一直等于 0，同时 $\tilde{M}=\begin{bmatrix}X & Y & 1\end{bmatrix}^{\mathrm{T}}$。因此，一个模型点 M 和它的像点 m 由一个单应性矩阵 $\boldsymbol{H}$ 关联：

$$s\tilde{m}=\boldsymbol{H}\tilde{M} \quad \text{和} \quad \boldsymbol{H}=A\begin{bmatrix}r_1 & r_2 & t\end{bmatrix} \qquad (2\text{-}5\text{-}8)$$

　　给定一张模型平面的像片，可以估计出单应性矩阵 $\boldsymbol{H}$，表示为 $\boldsymbol{H}=\begin{bmatrix}h_1 & h_2 & h_3\end{bmatrix}$。由（2-5-6）式得：

$$\begin{bmatrix}h_1 & h_2 & h_3\end{bmatrix}=\lambda A\begin{bmatrix}r_1 & r_2 & t\end{bmatrix} \qquad (2\text{-}5\text{-}9)$$

　　而 λ 为任意比例，由于 r_1 和 r_2 正交，可得：

$$h_1^T A^{-T} A^{-1} h_2 = 0 \tag{2-5-10}$$

$$h_1^T A^{-T} A^{-1} h_1 = h_2^T A^{-T} A^{-1} h_2 \tag{2-5-11}$$

标定过程为：第一步打印一个模板并贴在一个平面表面；第二步靠移动平面或相机在不同角度拍摄一些平面模板的像片；第三步在影像上提取特征点；第四步利用紧密关联形式解法估计 5 个内方位元素和所有外方位元素；第五步通过解线性最小二乘方程估计径向畸变的参数；第六步通过极大似然估计来非线性优化所有参数。

3）基于空间后方交会的检校

空间后方交会是利用影像覆盖范围内的一定数量的控制点的空间坐标影像坐标，根据共线方程式以解求该像片内方位元素、外方位元素以及镜头畸变参数的摄影测量过程。空间后方交会是以共线条件方程式为基础的。根据各坐标系间转换公式，并考虑到像主点的坐标（x_0, y_0）和畸变模型，可以推导出共线条件的数学表达式

$$x - x_0 + \Delta x = -f \frac{a_1(X_A - X_S) + b_1(Y_A - Y_S) + c_1(Z_A - Z_S)}{a_3(X_A - X_S) + b_3(Y_A - Y_S) + c_3(Z_A - Z_S)}$$
$$y - y_0 + \Delta y = -f \frac{a_2(X_A - X_S) + b_2(Y_A - Y_S) + c_2(Z_A - Z_S)}{a_3(X_A - X_S) + b_3(Y_A - Y_S) + c_3(Z_A - Z_S)} \tag{2-5-12}$$

空间后方交会的基本思想是根据共线方程式，当存在多余观测值时，以控制点的像点坐标 x, y 为观测值，相应改正数为 v_x, v_y，而物方坐标 X, Y, Z 认为是已知值，则可得

$$x + v_x = x_0 - f \frac{a_1(X_A - X_S) + b_1(Y_A - Y_S) + c_1(Z_A - Z_S)}{a_3(X_A - X_S) + b_3(Y_A - Y_S) + c_3(Z_A - Z_S)} - \Delta x$$
$$y + v_y = y_0 - f \frac{a_2(X_A - X_S) + b_2(Y_A - Y_S) + c_2(Z_A - Z_S)}{a_3(X_A - X_S) + b_3(Y_A - Y_S) + c_3(Z_A - Z_S)} - \Delta y \tag{2-5-13}$$

由于共线条件方程式为非线性函数关系，所以需要通过泰勒公式展开成线性形式。对于每一个像点，误差方程式的矩阵形式可表示为

$$v_i = A_i X_{外} + C X_{内} + D X_{ad} - L \tag{2-5-14}$$

$$\begin{bmatrix} v_{ix} \\ v_{iy} \end{bmatrix} = \begin{bmatrix} a_{i11} & a_{i12} & a_{i13} & a_{i14} & a_{i15} & a_{i16} \\ a_{i21} & a_{i22} & a_{i23} & a_{i24} & a_{i25} & a_{i26} \end{bmatrix} \begin{bmatrix} \Delta X_S \\ \Delta Y_S \\ \Delta Z_S \\ \Delta \phi \\ \Delta \omega \\ \Delta \kappa \end{bmatrix} + \begin{bmatrix} a_{i17} & a_{i18} & a_{i19} \\ a_{i27} & a_{i28} & a_{i29} \end{bmatrix} \begin{bmatrix} \Delta f \\ \Delta x_0 \\ \Delta y_0 \end{bmatrix} +$$

$$\begin{bmatrix} a_{i110} & a_{i111} & a_{i112} & a_{i113} & a_{i114} \\ a_{i210} & a_{i211} & a_{i212} & a_{i213} & a_{i214} \end{bmatrix} \begin{bmatrix} k_1 \\ k_2 \\ k_3 \\ p_1 \\ p_2 \end{bmatrix} - \begin{bmatrix} x_i - (x_i) \\ y_i - (y_i) \end{bmatrix} \tag{2-5-15}$$

其中，$(x_i), (y_i)$ 为上一次迭代结果的近似值：

$$(x) = x_0 - f\frac{a_1(X_A - X_S) + b_1(Y_A - Y_S) + c_1(Z_A - Z_S)}{a_3(X_A - X_S) + b_3(Y_A - Y_S) + c_3(Z_A - Z_S)} - \Delta x$$

$$(y) = y_0 - f\frac{a_2(X_A - X_S) + b_2(Y_A - Y_S) + c_2(Z_A - Z_S)}{a_3(X_A - X_S) + b_3(Y_A - Y_S) + c_3(Z_A - Z_S)} - \Delta y$$

（2-5-16）

因高速视频测量经常出现大的外方位角元素，系数矩阵的计算应按严格关系式计算。经推证各偏导数 $(a_{11}, a_{21} \cdots a_{114}, a_{214})$ 的严格表达式为（张剑清和潘励，2009）：

$$\overline{Z} = a_3(X_A - X_S) + b_3(Y_A - Y_S) + c_3(Z_A - Z_S)$$

$$a_{11} = \frac{\partial x}{\partial X_S} = \frac{1}{\overline{Z}}[a_1 f + a_3(x - x_0)]$$

$$a_{12} = \frac{\partial x}{\partial Y_S} = \frac{1}{\overline{Z}}[b_1 f + b_3(x - x_0)]$$

$$a_{13} = \frac{\partial x}{\partial Z_S} = \frac{1}{\overline{Z}}[c_1 f + c_3(x - x_0)]$$

$$a_{21} = \frac{\partial y}{\partial X_S} = \frac{1}{\overline{Z}}[a_2 f + a_3(x - x_0)]$$

$$a_{22} = \frac{\partial y}{\partial Y_S} = \frac{1}{\overline{Z}}[b_2 f + b_3(x - x_0)]$$

$$a_{23} = \frac{\partial y}{\partial Z_S} = \frac{1}{\overline{Z}}[c_2 f + c_3(x - x_0)]$$

（2-5-17a）

$$a_{14} = \frac{\partial x}{\partial \varphi} = (y - y_0)\sin\omega - \{\frac{x - x_0}{f}[(x - x_0)\cos\kappa - (y - y_0)\sin\kappa] + f\cos\kappa\}\cos\omega$$

$$a_{15} = \frac{\partial x}{\partial \omega} = -f\sin\kappa - \frac{x - x_0}{f}[(x - x_0)\cos\kappa + (y - y_0)\sin\kappa]$$

$$a_{16} = \frac{\partial x}{\partial \kappa} = y - y_0$$

$$a_{24} = \frac{\partial y}{\partial \varphi} = -(x - x_0)\sin\omega - \{\frac{y - y_0}{f}[(x - x_0)\cos\kappa - (y - y_0)\sin\kappa] - f\sin\kappa\}\cos\omega$$

$$a_{25} = \frac{\partial y}{\partial \omega} = -f\cos\kappa - \frac{y - y_0}{f}[(x - x_0)\cos\kappa + (y - y_0)\sin\kappa]$$

$$a_{26} = \frac{\partial x}{\partial \kappa} = -(x - x_0)$$

（2-5-17b）

$$a_{17} = \frac{\partial x}{\partial f} = \frac{x - x_0}{f}, a_{27} = \frac{\partial y}{\partial f} = \frac{y - y_0}{f}$$

$$a_{18} = \frac{\partial x}{\partial x_0} = 1, a_{28} = \frac{\partial y}{\partial x_0} = 0$$

（2-5-17c）

$$a_{19} = \frac{\partial x}{\partial y_0} = 0, a_{29} = \frac{\partial y}{\partial y_0} = 1$$

$$a_{110} = \frac{\partial x}{\partial k_1} = (x - x_0)r^2$$

$$a_{111} = \frac{\partial x}{\partial k_2} = (x - x_0)r^4$$

$$a_{112} = \frac{\partial x}{\partial k_3} = (x - x_0)r^6$$

$$a_{210} = \frac{\partial y}{\partial k_1} = (y - y_0)r^2$$

$$a_{211} = \frac{\partial y}{\partial k_2} = (y - y_0)r^4 \qquad (2\text{-}5\text{-}17\text{d})$$

$$a_{212} = \frac{\partial y}{\partial k_3} = (y - y_0)r^6$$

$$a_{113} = \frac{\partial x}{\partial p_1} = r^2 + 2(x - x_0)^2$$

$$a_{114} = \frac{\partial x}{\partial p_2} = 2(x - x_0)(y - y_0)$$

$$a_{213} = \frac{\partial y}{\partial p_1} = 2(x - x_0)(y - y_0)$$

$$a_{214} = \frac{\partial y}{\partial p_2} = r^2 + 2(y - y_0)^2$$

视所有像点观测值为等权，对于（2-5-13）式的误差方程式可用间接平差最小二乘原则 $V^{\mathrm{T}}V = min$ 来求解，未知数参数为 6 个外方位元素，3 个内方位元素和 3 个径向畸变参数及 2 个切向畸变参数，总共 14 个未知数，所以至少需要 14 个控制点。解算（2-5-14）式是一个逐次迭代的过程，一直到迭代差值满足要求为止。（2-5-14）式为非线性式，所以解算前需要初值，初值可采用直接线性变换的方法获取。

基于空间后方交会的检校方法，影响检校结果精度的因素包括像点坐标的量测精度，控制点的自身质量，控制点数量与在像片上的分布等。像点坐标的量测精度会极大地影响检校的质量，所以像素的提取需要高精度。控制点的自身精度不应影响检校。检校时所需控制点的最少个数是未知数的 0.5 倍，而增加控制点个数可提高检校质量。检校时，需要在三维方向均匀分布一定数量的控制点，在像片上也应该尽量满幅而均匀。像主点坐标 (x_0, y_0) 解算不稳定，应尽量用固定焦距的多片空间后方交会解法解算。解算结果受初值的影响，若初值不好，空间后方交会解算将不会收敛或溢出。空间后方交会的控制点布设应避免在一个圆柱面上或一个平面内，否则会出现解不唯一的情况（张剑清和潘励，2009）。

4）基于直接线性变换的改进检校法

直接线性变换解法是建立像点的"坐标仪坐标"和相应物点的物方空间坐标直接的线性关系的解法。坐标仪坐标是指坐标仪上坐标的直接读数，无需划算到以像主点为原点。直接线性变换解法因无需内方位元素和外方位元素的初始值，所以特别适用于非量测相机的近景测量处理。

直接线性变换也是由共线条件方程式演绎而来，将共线条件方程式经过一系列变换后，可导出直接线性变换的基本关系式：

$$x + \frac{l_1 X + l_2 Y + l_3 Z + l_4}{l_9 X + l_{10} Y + l_{11} Z + 1} = 0$$
$$y + \frac{l_5 X + l_6 Y + l_7 Z + l_8}{l_9 X + l_{10} Y + l_{11} Z + 1} = 0$$

（2-5-18）

其中，$l_i(i = 1, 2, \cdots, 11)$ 是内外方位元素 $(x_0, y_0, f, X_S, Y_S, Z_S, \varphi, \omega, \kappa)$ 和像片线性误差（包括坐标轴不正交系数 d_b 和坐标轴比例不一系数 d_s）的函数。解算出 l_i 系数就相当于解算出该像片的内外方位元素与线性误差。

将上式变换为线性关系为：

$$\begin{cases} l_1 X + l_2 Y + l_3 Z + l_4 + 0 + 0 + 0 + 0 + x l_9 X + x l_{10} Y + x l_{11} Z + x = 0 \\ 0 + 0 + 0 + 0 + l_5 X + l_6 Y + l_7 Z + l_8 + y l_9 X + y l_{10} Y + y l_{11} Z + y = 0 \end{cases}$$

（2-5-19）

则由 n 个点可列出 $2n$ 个关于 l_i 系数的线性方程：

$$\begin{bmatrix} X_1 & Y_1 & Z_1 & 1 & 0 & 0 & 0 & 0 & x_1 X_1 & x_1 Y_1 & x_1 Z_1 \\ 0 & 0 & 0 & 0 & X_1 & Y_1 & Z_1 & 1 & y_1 X_1 & y_1 Y_1 & y_1 Z_1 \\ \vdots & \vdots & \vdots & \vdots & \vdots & \vdots & \vdots & \vdots & \vdots & \vdots & \vdots \\ X_n & Y_n & Z_n & 1 & 0 & 0 & 0 & 0 & x_n X_n & x_n Y_n & x_n Z_n \\ 0 & 0 & 0 & 0 & X_n & Y_n & Z_n & 1 & y_n X_n & y_n Y_n & y_n Z_n \end{bmatrix} \begin{bmatrix} l_1 \\ l_2 \\ \vdots \\ l_{11} \end{bmatrix} = \begin{bmatrix} -x_1 \\ -y_1 \\ \vdots \\ -x_n \\ -y_n \end{bmatrix}$$

（2-5-20）

当至少有 6 个已知物方坐标和像点坐标的控制点时，可用间接平差解算出 l_i 系数。因为 l_i 系数是像片内外方位元素的函数，所以当解算出 11 个 l_i 系数后，经推导可得由 $l_i(i = 1, 2, \cdots, 11)$ 计算内方位元素 (x_0, y_0, f) 的关系式为（冯文灏，2002）：

$$x_0 = -\frac{l_1 l_9 + l_2 l_{10} + l_3 l_{11}}{l_9^2 + l_{10}^2 + l_{11}^2}$$
$$y_0 = -\frac{l_5 l_9 + l_6 l_{10} + l_7 l_{11}}{l_9^2 + l_{10}^2 + l_{11}^2}$$

（2-5-21）

$$f_x{}^2 = -x_0{}^2 + \frac{(l_1{}^2 + l_2{}^2 + l_3{}^2)^2}{l_9^2 + l_{10}^2 + l_{11}^2}$$
$$f_y{}^2 = -y_0{}^2 + \frac{(l_5{}^2 + l_6{}^2 + l_7{}^2)^2}{l_9^2 + l_{10}^2 + l_{11}^2}$$

（2-5-22）

$$f = \frac{1}{2}(f_x + f_y)$$

由 $l_i(i = 1, 2, \cdots, 11)$ 解算三个外方位线元素的公式如下：

$$l_1 X_S + l_2 Y_S + l_3 Z_S = -l_4$$
$$l_5 X_S + l_6 Y_S + l_7 Z_S = -l_8$$
$$l_9 X_S + l_{10} Y_S + l_{11} Z_S = -1$$

（2-5-23）

各方向余弦的计算顺序和公式如下：

$$a_3 = \frac{l_9}{\sqrt{l_9^2 + l_{10}^2 + l_{11}^2}}$$

$$b_3 = \frac{l_{10}}{\sqrt{l_9^2 + l_{10}^2 + l_{11}^2}}$$

$$c_3 = \frac{l_{11}}{\sqrt{l_9^2 + l_{10}^2 + l_{11}^2}}$$

$$a_1 = \frac{1}{f_x}[\frac{l_1}{\sqrt{l_9^2 + l_{10}^2 + l_{11}^2}} + a_3 x_0]$$

$$b_1 = \frac{1}{f_x}[\frac{l_2}{\sqrt{l_9^2 + l_{10}^2 + l_{11}^2}} + b_3 x_0] \qquad (2\text{-}5\text{-}24)$$

$$c_1 = \frac{1}{f_x}[\frac{l_3}{\sqrt{l_9^2 + l_{10}^2 + l_{11}^2}} + c_3 x_0]$$

$$a_2 = \frac{1}{f_y}[\frac{l_5}{\sqrt{l_9^2 + l_{10}^2 + l_{11}^2}} + a_3 y_0]$$

$$b_2 = \frac{1}{f_y}[\frac{l_6}{\sqrt{l_9^2 + l_{10}^2 + l_{11}^2}} + b_3 y_0]$$

$$c_2 = \frac{1}{f_y}[\frac{l_7}{\sqrt{l_9^2 + l_{10}^2 + l_{11}^2}} + c_3 y_0]$$

由此三个外方位角元素为：

$$\tan\varphi = -\frac{a_3}{c_3}$$

$$\sin\omega = -b_3 \qquad (2\text{-}5\text{-}25)$$

$$\tan\kappa = \frac{b_1}{b_2}$$

对于非量测相机而言，其镜头畸变差较大，所以我们必须在直接线性变换解法中考虑光学畸变这种非线性误差。则（2-5-18）式可改为：

$$x + \Delta x + \frac{l_1 X + l_2 Y + l_3 Z + l_4}{l_9 X + l_{10} Y + l_{11} Z + 1} = 0$$

$$y + \Delta y + \frac{l_5 X + l_6 Y + l_7 Z + l_8}{l_9 X + l_{10} Y + l_{11} Z + 1} = 0 \qquad (2\text{-}5\text{-}26)$$

其中，$\Delta x, \Delta y$ 为基于采用的 Brown 畸变模型的改正数，根据（2-5-18）式，将 $\Delta x, \Delta y$ 表示为：

$$\Delta x = (x - x_0)r^2 k_1 + (x - x_0)r^4 k_2 + [r^2 + 2(x - x_0)^2]p_1 + 2(x - x_0)(y - y_0)p_2$$

$$\Delta y = (y - y_0)r^2 k_1 + (y - y_0)r^4 k_2 + 2(x - x_0)(y - y_0)p_1 + [r^2 + 2(y - y_0)^2]p_2 \qquad (2\text{-}5\text{-}27)$$

式中：$r^2 = (x - x_0)^2 + (y - y_0)^2$

分析上述公式，DLT 的 l_i 系数和畸变系数间有密切的相关性，如果直接联立求解可能会因方程相关性而造成误差或无法求解，故采用序贯法来求解（程效军，2001）。序贯法是为解求两组相关性较大的方程而采用的算法。以两组方程为基础求解未知数。这两组方程出现在不同的两个阶段。后一组方程在前一组方程的求解结果基础上进一步求解。这样做的优点是避免了因相关性造成的无法求解，而且解算步骤清晰、计算量减少。

基本公式为（2-5-26）式，将其分为两组方程，一组用来求解直接线性变换的系数，继而得到内外方位元素，另一组用来求解畸变参数。并且令：

$$
\begin{aligned}
A &= l_1 X + l_2 Y + l_3 Z + l_4 \\
B &= l_5 X + l_6 Y + l_7 Z + l_8 \\
C &= l_9 X + l_{10} Y + l_{11} Z + 1
\end{aligned}
\tag{2-5-28}
$$

对于求解直接线性变换的系数的方程，在有多余控制点的条件下，视畸变改正数为已知量，而 l_i 系数为未知数。假定 (x, y) 的改正数为 (V_x, V_y)，则可得误差方程式为：

$$
\begin{aligned}
V_x &= -\left(x + \Delta x + \frac{A}{C}\right) \\
V_y &= -\left(y + \Delta y + \frac{B}{C}\right)
\end{aligned}
\tag{2-5-29}
$$

将式（2-5-29）改为矩阵形式，将（2-5-27）式代入：

$$
V = ML - W \tag{2-5-30}
$$

其中：

$$
V = \begin{bmatrix} V_x & V_y \end{bmatrix}^{\mathrm{T}}
$$

$$
M = -\begin{bmatrix}
\dfrac{X}{C} & \dfrac{Y}{C} & \dfrac{Z}{C} & \dfrac{1}{C} & 0 & 0 & 0 & 0 & \dfrac{(x+\Delta x)X}{C} & \dfrac{(x+\Delta x)Y}{C} & \dfrac{(x+\Delta x)Z}{C} \\[3mm]
0 & 0 & 0 & 0 & \dfrac{X}{C} & \dfrac{Y}{C} & \dfrac{Z}{C} & \dfrac{1}{C} & \dfrac{(y+\Delta y)X}{C} & \dfrac{(y+\Delta y)Y}{C} & \dfrac{(y+\Delta y)Z}{C}
\end{bmatrix}
$$

$$
L = \begin{bmatrix} l_1 & l_2 & l_3 & l_4 & l_5 & l_6 & l_7 & l_8 & l_9 & l_{10} & l_{11} \end{bmatrix}^{\mathrm{T}}
$$

$$
W = \begin{bmatrix} \dfrac{x+\Delta x}{C} & \dfrac{y+\Delta y}{C} \end{bmatrix}^{\mathrm{T}}
$$

以上是求解转换系数的误差方程式，利用最小二乘法可求解。再将 l_i 系数视为已知量，而畸变差为未知数，可得求解畸变系数的误差方程式：

$$
V_d = G_d U_d - K_d \tag{2-5-31}
$$

其中：

$$
G_d = -\begin{bmatrix}
(x-x_0)r^2 & (x-x_0)r^4 & (x-x_0)r^6 & r^2+2(x-x_0)^2 & 2(x-x_0)(y-y_0) \\
(y-y_0)r^2 & (y-y_0)r^4 & (y-y_0)r^6 & 2(x-x_0)(y-y_0) & r^2+2(y-y_0)^2
\end{bmatrix}
$$

$$
U_d = \begin{bmatrix} k_1 & k_2 & k_3 & p_1 & p_2 \end{bmatrix}^{\mathrm{T}}
$$

$$
K_d = \begin{bmatrix} x+\dfrac{A}{C} & y+\dfrac{B}{C} \end{bmatrix}^{\mathrm{T}}
$$

反复迭代计算（2-5-30）式和（2-5-31）两类误差方程，直到 l_i 系数和畸变系数都收敛到限差内，即可获得直接线性变换参数和变形改正参数的正确解。

在得到 l_i 系数和畸变改正数后，可以不计算内外方位元素直接求解物方空间坐标 (X,Y,Z)。首先得到物方空间坐标的近似值。可将（2-5-18）式变换为：

$$(l_1 + xl_9)X + (l_2 + xl_{10})Y + (l_3 + xl_{11})Z + (l_4 + x) = 0$$
$$(l_5 + xl_9)X + (l_6 + xl_{10})Y + (l_7 + xl_{11})Z + (l_8 + x) = 0$$

（2-5-32）

为求解 (X,Y,Z) 三个未知数，至少要拍摄两张照片。利用间接平差可得物方空间坐标 (X,Y,Z) 的近似值。

当求解出畸变参数，计算实际的像平面坐标系的坐标，将改正了非线性误差的像点坐标代入（2-5-18）式，得到 (X,Y,Z) 的误差方程式：

$$v_x = -\frac{1}{A}[(l_1 + xl_9)X + (l_2 + xl_{10})Y + (l_3 + xl_{11})Z + (l_4 + x)]$$
$$v_y = -\frac{1}{A}[(l_5 + xl_9)X + (l_6 + xl_{10})Y + (l_7 + xl_{11})Z + (l_8 + x)]$$

（2-5-33）

当拍摄了 n 张像片时，误差方程式的矩阵形式为：

$$V = NS + Q$$

（2-5-34）

其中：

$$V = [v_{x1} \quad v_{y1} \quad \cdots \quad v_{xn} \quad v_{yn}]^T$$

$$N = \begin{bmatrix} -\dfrac{1}{A_1}(l_1 + xl_9) & -\dfrac{1}{A_1}(l_2 + xl_{10}) & -\dfrac{1}{A_1}(l_3 + xl_{11}) \\ -\dfrac{1}{A_1}(l_5 + yl_9) & -\dfrac{1}{A_1}(l_6 + yl_{10}) & -\dfrac{1}{A_1}(l_7 + yl_{11}) \\ \vdots & \vdots & \vdots \\ -\dfrac{1}{A_n}(l_1^n + x^n l_9^n) & -\dfrac{1}{A_n}(l_2^n + x^n l_{10}^n) & -\dfrac{1}{A_n}(l_3^n + x^n l_{11}^n) \\ -\dfrac{1}{A_n}(l_5^n + y^n l_9^n) & -\dfrac{1}{A_n}(l_6^n + y^n l_{10}^n) & -\dfrac{1}{A_n}(l_7^n + y^n l_{11}^n) \end{bmatrix}$$

（2-5-35）

$$S = \begin{bmatrix} X & Y & Z \end{bmatrix}^T$$

$$Q = \begin{bmatrix} -\dfrac{1}{A_1}(l_4 + x) & -\dfrac{1}{A_1}(l_8 + y) & \cdots & -\dfrac{1}{A_n}(l_4^n + x^n) & -\dfrac{1}{A_n}(l_8^n + y^n) \end{bmatrix}$$

式（2-5-35）中，A_n, l_i^n, x^n, y^n 为第 n 张像片的 A，l 系数，像点坐标。

解 l 系数的过程就相当于空间后方交会的过程，解 (X,Y,Z) 的过程则相当于空间前方交会的过程。直接线性变换解法与摄影测量中的空间后方交会-空间前方交会法在概念上相通。其实，两种算法的精度也极大的相似。影响直接线性变换解法精度的因素包括：像点坐标量测精度，控制点的数量、质量、分布，两像片主光轴的交会角，像片张数和非线性畸变误差的改正程度。利用 DLT 的标定方法控制点不能布设在同一平面，否则会引起解的不稳定；另外摄站点也不能与物方坐标系的原点重合，否则会导致解算的不稳定或不收敛。目前，DLT 解算方法有很多延伸，有由一般的三维引申至二维甚至一维处理，同时还出现了带有制约条件的 DLT 解法等扩展解法。

2.5.2　高速相机传感器网络同步性检校

高速视频测量的对象是处于高速运动状态下的物体，高速相机的同步性直接会影响高速视频测量的最终精度。因此，高速相机的同步性检校也是高速视频测量相机检校的一项重要内容。高速视频测量相机之间的同步性误差会引起立体像对的像点误差，特别是针对高帧频、高精度的视频测量，对相机同步性的要求更高。在本书中，我们采用同步控制器同步多个高速相机，因此需要对同步控制器的性能进行验证，以保证高速视频测量的精度。

同步控制器采用电子同步快门实现高速相机的同步，我们可以通过发光二极管（Light Emitting Diode，简称 LED）验证同步控制器的同步性能。例如，我们需要验证两台满幅最高帧频为 500 帧/s 的高速相机的同步性。首先，将两台高速相机和 LED 与同步控制器连接，并设置高速相机的帧频为 500 帧/s，LED 的频闪频率为 1 次/s；然后，通过同步控制器将两台高速相机均对 LED 进行拍摄；最后对比两个相机获取的像片，以 LED 灯亮的时刻为初始位置，设为第一帧，寻找下一次灯亮时所在像片的帧数，如果在第 500 帧两个相机拍摄的像片均有 LED 的亮点，则可认为同步控制器的同步性能符合高速视频测量要求。

第 3 章　视频序列影像处理方法

视频序列影像处理是高速视频测量理论方法的重要部分，是提取时序空间信息的关键技术。本章将针对视频序列影像处理方法的关键技术进行介绍，主要包括目标点识别与定位、左右影像目标立体匹配和前后序列影像目标跟踪等内容。

3.1　目标点识别与定位

视频序列影像目标点识别和跟踪的目的是确定目标点在其运动过程中的位置变化信息。目标点的跟踪与识别是视频序列影像处理的重要环节，在不同的研究领域，已经提出了大量的目标点的跟踪与识别的方法。目标识别的精度将直接影响该点位的三维重建精度。本节将针对不同类型的标志详细阐述目标点识别与定位方法。

3.1.1　椭圆目标点识别与定位

在椭圆目标点识别中，Markus（2001）通过点、线和轮廓等影像特征来确定目标点的位置。Ying 等（2006）采用数学形态学、区域增长融合法和轨迹估计实现了影像序列全区域的目标点跟踪。Chang 和 Ji（2007）设计 30mm×30mm 大小的 4 个黑白方格作为视频测量跟踪点，并采用影像形态学技术和 Harris 边缘检测技术实现目标点的识别与跟踪。Shen 和 An（2008）根据目标点的色彩、大小、形状和方向等要素特征实现了移动车辆、人群和其他移动物体的检测和跟踪。为了实现高效率、高精度的检测和跟踪椭圆目标点，本书提出了一套高效的椭圆人工目标点的识别与跟踪方法，主要包括影像分块技术，形态学边缘提取技术，基于特征的椭圆轮廓提取和最优化最小二乘法椭圆圆心拟合。图 3-1-1 描述了本书提出的基于椭圆形目标点的识别与跟踪流程图。

1. 影像分块技术

通常情况下，通过高速相机获取的影像序列的数据量非常庞大，如果对影像序列中的每张照片进行全区域处理，影像序列数据的处理效率将降低。因此，为了提高视频影像数据处理的效率，即提高目标点跟踪的效率，本书提出采用影像分块技术实现对影像序列数据的处理，包括如下 4 个步骤：

（1）获取初始相位视频影像的跟踪点的初始近似像素中心点位置 $I(x,y)$；

（2）综合被测物体移动速度、跟踪点标志的大小、高速相机分辨率的大小和视角大小等因素，以 $I(x,y)$ 为中心点向上下左右 4 个方向分别扩展 n 以确定影像块在影像上的范围 $\left[(x-n,x+n),(y-n,y+n)\right]$，提取影像块作为影像序列的跟踪区域以实现目标点的跟踪；

图 3-1-1　基于椭圆形目标点识别与跟踪流程图

（3）获取影像块中的椭圆形跟踪目标点的中心点像素坐标 $I_b(x_b, y_b)$；

（4）计算影像块中的椭圆形跟踪目标点的中心点像素坐标 $I_b(x_b, y_b)$ 在原影像中的像素坐标位置 $I_o(x_o, y_o)$，计算公式如（3-1-1）：

$$
\begin{aligned}
x_o &= x_b + x - n - 1 \\
y_o &= y_b + y - n - 1
\end{aligned}
\tag{3-1-1}
$$

（5）获取像素坐标 $I_o(x_o, y_o)$ 的整数部分作为下一相位视频影像的初始像素位置，通过步骤（2）～（5）循环计算所有跟踪点的像素坐标。

根据上述处理流程，在步骤（2）获取影像块之后，采用高斯平滑滤波器消除影像块的噪声，提高边缘检测的精度。因为高斯函数的傅里叶变换仍然是一个高斯函数，所以高斯函数包含了一个具有平滑功能的低通滤波器，其可以在频率域相乘实现高斯滤波。本书采用的是二维离散零均值高斯函数对影像块进行平滑处理，计算公式如下

$$
g(d) = \exp\left(-d^2 / 2\sigma^2\right)
\tag{3-1-2}
$$

其中，d 表示影像点到影像中心点像素距离，σ 表示高斯分布参数，其决定高斯函数的宽度。

2. 形态学边缘提取

传统的边缘检测方法基于空间运算，借助空域微分算子进行，通过将算子模板与图像进行卷积完成，根据模板的大小和元素值的不同有不同的微分算子，如 Robert 算子、Prewitt 算子、Sobel 算子和 Kirsch 算子等，这些空域边缘检测算子对噪声都比较敏感，且常常会在检测边缘的同时加强噪声，其边缘检测速度快，但得到的往往是断续的、不完整的结构信息。边缘检测技术中较为成熟的方法是线性滤波器，其中尤其是以拉普拉斯（Laplace of Gauss，简称 LOG）算子最为有名，LOG 算子较好地解决了频域最优化

和空域最优化之间的矛盾，计算方法也比较简单方便，另外，该算子在过零点检测中具有各向同性特点，保证了边缘的封闭性，符合人眼对自然界中大多数物体的视觉效果；不过 LOG 算子的边缘定位精度较差，而边缘定位精度和边缘的封闭性两者之间无法客观地达到最优化折中。

数学形态学是一门建立在集合论基础上的学科，是几何形态学分析和描述的有力工具（Serra，1982）。数学形态学基本思想是用具有一定形态的结构元素去度量和提取图像中的对应形状以达到对图像分析和识别的目的。形态算子实质上是表达物体或形状的集合与结构元素之间的相应作用。结构元素的形态就决定了这种运算所提出的形态信息（Robert and Stanley，1987）。结构元素是数学形态学中的一个最重要也是最基本的概念。结构元素的选取直接影响形态运算的结果。一般情况下，结构元素的选取必须考虑以下两个原则：①结构元素必须在几何上比原图像简单，且有界。其尺寸相对要小于所考察的物体，当选择性质相同或相似的结构元素时，以选取图像某些特征的极限情况为宜；②结构元素的形状最好具有某种凸性，如圆形、十字形、方形等。对非凸性子集，由于连线两点的线段大部分位于集合的外面，故用非凸性子集作为结构单元将得不到更多的有用信息。总的来说，形态学的主要应用的对象是二进制图像，并且大多数形态学的操作是通过简单的膨胀与收缩实现的。因此，在本书中，先把影像块灰度图转换成二进制影像，采用形态学方法实现影像块的边缘检测，以便提高检测效率。

数学形态学有两种基本的形态运算，即腐蚀（Erosion）和膨胀（Dilation），基于这两种基本的形态学运算可以建立具有各种功能的形态学变换和算法，它们构成了数学形态学的基础。同样，在本书中，采用数学形态学实现对影像块的边缘检测也是基于这两种基本的形态学变换实现的。

在二进制图像中，一幅图像可以定义为是欧几里得距离空间的子集 E，设 F 为二进制影像块，B 为结构算子，则二进制影像块 F 被结构算子 B 腐蚀可定义为将 B 的中心平移至 x，使 B 的元素能被包含于 F 的点 x 的集合，如公式（3-1-3），其实质是一种消除边界点，使边界向内部收缩的过程。可以用来消除小且无意义的物体。二进制影像块 F 被结构算子 B 膨胀可定义为将 B 的反射的中心平移到 x，使 B 交 F 不空的点 x 的集合，如公式（3-1-4），其实质是将与物体接触的所有背景点合并到该物体中，使边界向外部扩张的过程，可以用来填补物体中的空洞。

$$F \Theta B = \{x \in E \mid B_x \subseteq F\} \qquad (3\text{-}1\text{-}3)$$

$$F \oplus B = \left\{x \in E \mid \hat{B}_x \bigcap F \neq \varnothing\right\} \qquad (3\text{-}1\text{-}4)$$

其中，B_x 表示结构算子 B 平移至点 x，定义为 $B_x = \{b + x \mid b \in B\}, \forall x \in E$，$\hat{B}$ 表示为 B 的映像，可表示为 $\hat{B} = \{x \in E \mid -x \in B\}$。采用形态学腐蚀和膨胀运算得到的图像与原图像进行简单的加减运算，就可以实现对原图像的边界提取。一种是腐蚀法边缘 $E_e(F)$，实质是提取图像的外边缘，是原影像 F 与经过结构算子 B 腐蚀得到的影像相减得到的边缘，用公式（3-1-5）表示；另一种是膨胀法边缘 $E_d(F)$，是通过原影像 F 与结构算子 B 膨胀得到的影像相减得到的边缘，用公式（3-1-6）表示。

$$E_e(F) = F - F\ominus B \qquad\qquad (3\text{-}1\text{-}5)$$

$$E_d(F) = F \oplus B - F \qquad\qquad (3\text{-}1\text{-}6)$$

膨胀能使图像扩大而腐蚀可以使图像缩小，基于膨胀运算和腐蚀运算，可以延伸出两个重要的形态学操作：开运算和闭运算。开运算一般使对象的边缘更加平滑，断开狭窄的间断和消除细的突出物。与开运算一样，闭运算同样可以实现使轮廓线更为光滑，但是与开运算相反的是，它通常消除狭窄的间断和细长的鸿沟，消除小的孔洞，并填补轮廓线中的断裂。

采用结构算子 B 对集合 F 进行开运算，表示为 $F\circ B$，定义为：

$$F\circ B = (F\ominus B)\oplus B \qquad\qquad (3\text{-}1\text{-}7)$$

同样，采用结构算子 B 对集合 F 进行开运算，表示为 $F\cdot B$，定义为：

$$F\cdot B = (F\oplus B)\ominus B \qquad\qquad (3\text{-}1\text{-}8)$$

在影像块的处理过程中，开运算和闭运算的主要功能是消除图像边缘提取后产生的噪声边缘，采用开运算可以消除小的实体，采用闭运算可以消除小的孔洞。

3. 基于特征的椭圆识别

目标精确定位的方法主要有采用特征定位算子直接对人工标志定位、将影像二值化后求重心、对灰度影像运用边界定位算子提取边界再求其几何中心（Förstner and Gulch，1987；张祖勋，2012）。采用常规的边缘检测子检测特征边缘只能达到像素级的精度，但是通过设计相关算法提取特征的子像素边界可以进一步提高标志量测的精度（Layers and Mitchell，1988；Mitchell and Hutchinson，1994；Chen and Lin，2000；Horney et al.，2003）。目前椭圆的检测方法有很多，包括模板匹配法、Hough 变换法、小波变换法、基于对梯度矢量流（Gradient Vector Flow，简称 GVF）模型法和椭圆几何对称性法。模板匹配法可以精确地检测椭圆，但是由于其计算复杂，需要非常大的存储空间，非常耗时，降低了计算效率。Hough 变换法（Hough and Paul，1962）在检测直线、圆和椭圆中有广泛的应用，它是利用数据的积累提取几何图形的特征，其优点是对数据的健壮性要求不高，但是由于椭圆有 5 个参数，所以在检测椭圆的过程中，需要在 5 维空间内进行积累，对计算量和计算空间有很高的要求。为解决上述问题，许多研究者对标准 Hough 变换进行了改进，以提高计算效率，如 Xu 等（1990）提出随机 Hough 变换，通过多对一的映射，降低了标准 Hough 变换一对多映射的巨大计算量，使得该方法在处理简单图像时有着较好的效果。但是，在处理复杂图像时，由于引入较多的无效采样和积累，使得算法的效率大大降低。Yip 等（1992）采用二维累积阵列的 Hough 变换。尽管如此，当图像中存在多个目标时高维参数空间中的峰值检测是一个非常棘手的问题，迄今为止仍没有很好的解决方案，因此改进的 Hough 变换都不满足高速视频测量椭圆目标点检测和跟踪的要求。Ho 和 Chen（1995）提出采用椭圆几何对称性检测椭圆，首先定位椭圆或圆的中心的候选点，然后采用几何对称性提取实际的椭圆和圆。几何对称性提取椭圆的计算速度很快，但是由于其缺乏鲁棒性并且当椭圆目标点的大小不统一时，计算时间取决于提取的图像边缘的像素的数目。小波变换法具有去噪功能，在检测二维图像的"点奇异"上具有优势，但对于属于"线奇异"的类椭圆边缘检测却没有明显优势。基于 GVF 模型法能够实现准确的椭圆轮廓的提取，但存储量大、计算复杂且比较耗时。因此，在采用设计的圆形人工标志前提下，本书采用基于椭圆特征的方法实现椭圆轮廓的识别和提取。一般来说，椭圆特征包括周长、面积、圆形度等，通过其中几种方法的组合可以快速实现椭圆的识别和提取。由于在目标点跟踪的过程中，跟踪的影像块较小，并且圆形人工标志与背景对比比较明显，因此只需要根据椭圆的周长、面积和圆形度的属性特征就可以快速实现椭圆的识别与提取。

1）周长

一般来说，有两种方法可以描述边缘要素的周长 L，一种是累计边缘要素的像素的数目，如图 3-1-2（a），另一种是累计边缘要素相邻像素中心点的欧几里得距离，如图 3-1-2（b），与前面的方法相比，其反映了每个边缘要素的实际距离，本书即采用此种方法。

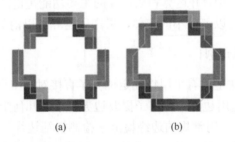

(a)　　　　　　　　　(b)

图 3-1-2　累计像素数目（a）和欧几里得距离（b）的周长示意图

设 d 表示欧几里得距离，则 $d(f_{i,j}, f_{m,n})$ 表示相邻像素 $f_{i,j}$ 和 $f_{m,n}$ 的欧几里得距离，其可以用公式（3-1-9）表示：

$$d(f_{i,j}, f_{m,n}) = \sqrt{(i-m)^2 + (j-n)^2}, \begin{cases} \sqrt{2} & \text{倾斜方向} \\ 1 & \text{水平或垂直方向} \end{cases} \qquad (3-1-9)$$

采用公式（3-1-9），我们可以获取由形态学边缘检测的影像块中的每个边缘要素的周长，通过设置阈值边缘要素周长最小值 L_{min} 和边缘要素周长最大值 L_{max}，根据 $L_{min} < L < L_{max}$ 周长大于 L_{max} 和小于 L_{min} 的边缘要素将会被删除。

2）面积

边缘要素的面积 S 是提取椭圆轮廓的另一个重要的属性，对于检测出来的影像块中的边缘要素，只有连通的边缘要素才有面积属性，去除非连通的边缘要素，然后填充连通的边缘要素，得到影像块中边缘要素的面积集合。设 S_{min} 和 S_{max} 分别是面积阈值的最小值和最大值，则可以通过公式 $S_{min} < S < S_{max}$ 消除不符合要求的边缘要素。

3）圆形度

圆形度 C 是反映一个椭圆接近圆形的程度的指标，值的范围属于[0，1]，其值越接近于 1，表明椭圆越接近于圆形。最常用的表示圆形度指标的公式如下：

$$C = 4\pi S / L^2 \tag{3-1-10}$$

S 表示连通边缘要素的填充面积，L 表示连通边缘要素的周长。设 T 表示圆形度的门限值，当边缘要素的圆形度 $C > T$，保留此边缘要素，删除圆形度小于 T 的边缘要素。

4. 椭圆圆心拟合

经过上述步骤，获得影像块中椭圆形边缘后，接下来需要完成的任务是椭圆圆心的亚像素定位。本书采用最优化的最小二乘法计算影像块中的椭圆跟踪点的中心点坐标，一般来说，椭圆方程可用如下公式表示：

$$\frac{(x - x_c)^2}{a^2} + \frac{(y - y_c)^2}{b^2} = 1 \tag{3-1-11}$$

(x_c, y_c) 表示椭圆的圆心坐标，a 和 b 分别表示椭圆的长半轴和短半轴。设 $M = [(x_1, y_1), (x_2, y_2), \cdots, (x_n, y_n)]$ 表示椭圆边缘的像素集合，则可以建立均方根误差方程，如下：

$$\varepsilon^2 = \sum_{i=1}^{n} \left[\frac{(x - x_c)^2}{a^2} + \frac{(y - y_c)^2}{b^2} - 1 \right]^2 \to \min \tag{3-1-12}$$

椭圆初始中心坐标设置为 $x_c = \dfrac{\max(x_i) + \min(x_i)}{2}$ 和 $y_c = \dfrac{\max(y_i) + \min(y_i)}{2}$，椭圆初始长半轴和短半轴分别设置为 $a = \dfrac{\max(x_i) - \min(x_i)}{2}$ 和 $b = \dfrac{\max(y_i) - \min(y_i)}{2}$。最后根据公式（3-1-12）采用非线性最优化 Levenberg-Marquardt 方法（Levenberg, 1944; Marquardt, 1963）进行非递归搜索，计算椭圆圆心 (x_c, y_c)，以达到亚像素精度。

5. 基于窗口的目标点自动匹配

目标点自动立体匹配是高速视频测量实现视频影像序列自动化处理的一个关键技术环节，其中心问题是如何快速、鲁棒性地实现像片对的对应点匹配。目前，立体视觉匹配算法主要有：相关窗口匹配、特征匹配和相位匹配。基于相关窗口的方法是解决基元对应问题最直观、简单的方法。基于特征的匹配方法是基于某些具有鉴别信息的特征，这些特征信息量少、处理方便，而且能表征物体的主要信息。相位匹配算法认为图像对应点的局部相位是相等的，信号在空间域上的平移产生频率域上等比例的相位平移，频率域相位信号分析在数学表达上更有助于区域分析。本书根据提出的基于影像块技术目标点识别与跟踪的特点，以影像块为匹配窗口实现跟踪点的立体匹配。假设 (x_{r1}, y_{r1}) 和 (x_{l1}, y_{l1}) 是视频影像序列初始相位左右像片同名点的像平面坐标，则基于窗口的目标点自动匹配准则如下：

（1）人工匹配视频影像序列初始相位同名点 (x_{r1}, y_{r1}) 和 (x_{l1}, y_{l1})，标记匹配符号。

（2）根据匹配符号中同名点 (x_{r1}, y_{r1}) 和 (x_{l1}, y_{l1}) 提取视频影像序列中下一帧立体像对的影像块作为搜索区域以检测和识别影像块中椭圆目标中心点 (x_{r2}, y_{r2}) 和 (x_{l2}, y_{l2})，自

动匹配点 (x_{r2}, y_{r2}) 和 (x_{l2}, y_{l2}) 。

（3）重复步骤（2），直至检测、匹配视频影像序列所有的跟踪点。

6. 算法验证

本书介绍的影像序列椭圆形人工标志识别和跟踪方法，可以实现圆形跟踪点的快速检测和椭圆中心点像素坐标的快速精确计算。下面介绍三次实验以验证提出的椭圆形人工标志点识别和跟踪的方法的精度和效率。

1）实验1

图 3-1-3 是多层框架结构抗震稳健性振动台视频测量左侧相机获取的影像序列的第一帧影像，图中红色矩形区域为选择的影像块数据。

图 3-1-3 多层框架结构抗震稳健性振动台视频测量左侧相机获取的第一帧影像

（a）影像块数据 （b）影像块增强处理

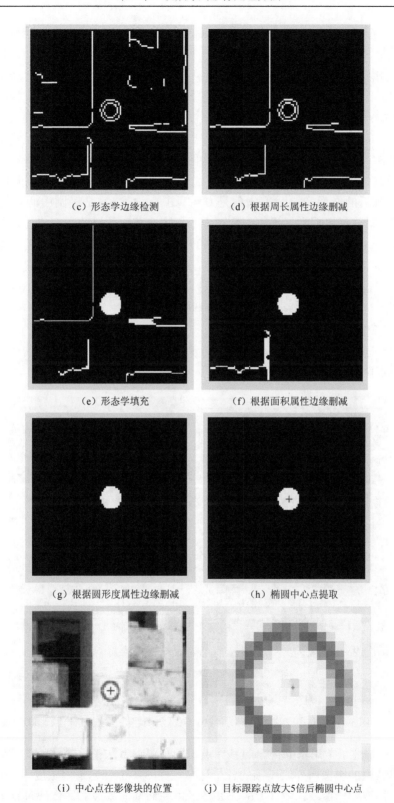

（c）形态学边缘检测　　　　　　　　（d）根据周长属性边缘删减

（e）形态学填充　　　　　　　　　（f）根据面积属性边缘删减

（g）根据圆形度属性边缘删减　　　　　　（h）椭圆中心点提取

（i）中心点在影像块的位置　　　　（j）目标跟踪点放大5倍后椭圆中心点

图 3-1-4　多层框架结构抗震稳健性振动台视频测量影像序列椭圆目标点识别和跟踪各个环节影像图

图 3-1-4 描述了采用本书提出的目标点识别与跟踪方法在多层框架结构抗震稳健性振动台视频测量左相机获取的影像序列第一帧的各个环节。图 3-1-4（a）是用宽度为 40 的像素从原始影像中提取的影像块；图 3-1-4（b）是采用高斯低通滤波对影像块进行图像增强后的影像；图 3-1-4（c）是采用形态学边缘检测对影像块进行边缘检测后的影像边缘要素数据；图 3-1-4（d）是根据周长属性删除周长极大值边缘要素周长和极小值边缘要素周长后的影像，门限值分别是 10 像素和 30 像素；图 3-1-4（e）是形态学填充后的影像；图 3-1-4（f）是根据面积属性删除面积极大值边缘面积要素和极小值边缘要素面积后的影像，门限值分别是 20 像素和 50 像素；图 3-1-4（g）是根据边缘要素椭圆度属性检测后的影像，椭圆度阈值是 0.9；图 3-1-4（h）是椭圆中心点提取位置；图 3-1-4（i）描述了根据本书提出的椭圆中心点拟合获取的椭圆中心点在影像块中的位置；图 3-1-4（j）描述的是根据图 3-1-4（i）中椭圆中心点放大 5 倍后的影像图，通过图 3-1-4（j），我们可以看出椭圆的中心点已经被精确地检测出来。本次实验中，采用 CPU 为 Intel Core (TM) 2 Duo T5800 和 2.0G DDR 内存的 DELL 1420 对 100 张影像中单个圆形目标点进行识别和跟踪，消耗的时间是 4.9s。

2）实验 2

图 3-1-5 是板式橡胶支座振动台视频测量左侧相机获取的影像序列的第一帧影像，图中红色矩形区域为选择的影像块数据。

图 3-1-5　板式橡胶支座振动台视频测量左侧相机获取的第一帧影像

图 3-1-6 描述了采用本书提出的目标点识别与跟踪方法在板式橡胶支座振动台视频测量左相机获取的影像序列第一帧的各个环节。图 3-1-6（a）是用宽度为 40 的像素从原始影像中提取的影像块；图 3-1-6（b）是采用高斯低通滤波对影像块进行图像增强后的影像；图 3-1-6（c）是采用形态学边缘检测对影像块进行边缘检测后的影像边缘要素

（a）影像块数据　　　　　　（b）影像块增强处理

（c）形态学边缘检测　　　（d）根据周长属性边缘删减

（e）形态学填充　　　　（f）根据面积属性边缘删减

（g）根据圆形度属性边缘删减　　　（h）椭圆中心点提取

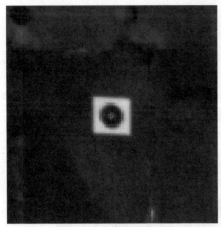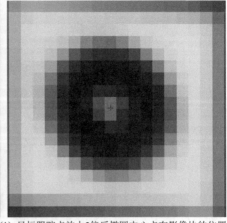

　　　　　　（i）中心点在影像块的位置　　　　　　　　（j）目标跟踪点放大5倍后椭圆中心点在影像块的位置

图 3-1-6　板式橡胶支座振动台视频测量影像序列椭圆目标点识别和跟踪各个环节影像图

数据；图 3-1-6（d）是根据周长属性删除周长极大值边缘要素周长和极小值边缘要素周长后的影像，门限值分别是 10 像素和 30 像素；图 3-1-6（e）是形态学填充效果图；图 3-1-6（f）是根据面积属性删除面积极大值边缘要素面积和极小值边缘要素面积后的影像，门限值分别是 20 像素和 50 像素；图 3-1-6（g）是根据边缘要素椭圆度属性检测后的影像，椭圆度阈值是 0.9；图 3-1-6（h）是椭圆中心点提取位置；图 3-1-6（i）描述了根据本书提出的椭圆中心点拟合获取的椭圆中心点在影像块中的位置；图 3-1-6（j）描述的是根据图 3-1-6（i）中椭圆中心点放大 5 倍后的影像图。通过图 3-1-6（i）和图 3-1-6（j），我们可以看出椭圆的中心点已经被精确检测出来。本次实验中，采用 CPU 为 Intel Core (TM) 2 Duo T5800 和 2.0G DDR 内存的 DELL 1420 对 100 张影像中单个圆形目标点进行识别和跟踪，消耗的时间是 4.8s。与实验 1 相比，消耗的时间少了 0.1s，原因是多层框架结构抗震稳健性振动台视频测量中的影像块的背景比板式橡胶支座振动台视频测量的影像块的背景复杂。

　　3）实验 3

　　为了验证本书提出的椭圆识别和提取算法的精度与速度，选择随机 Hough 变换（Random Hough Transform，简称 RHT）和模板变换（Template Transformation，简称 TM）对实验 2 中的跟踪点进行了对比分析。其中随机 Hough 变换的搜索半径阈值设定在 3 个像素和 6 个像素之间，影像块的延伸范围分别是 30 个像素和 50 个像素，影像序列为 100 张。图 3-1-7（a）和（b）描述了采用随机 Hough 变换、模板变换和本书提出的椭圆识别和检测方法（MA）在 100 张影像中的在 X 和 Y 方向的曲线变化图，其中影像块延伸范围为 50 个像素。通过图 3-1-7，我们可以发现通过上述三种方法获取的椭圆中心在 X 和 Y 方向上大部分的差值小于 0.02 个像素，又因在高速视频测量过程中单个像素代表的实际距离一般小于 5mm，即实际距离的差值小于 0.1mm。因此通过采用上述三种方法获取的椭圆中心计算目标点的三维空间坐标的精度是一致的。表 3-1-1 描述了采用上述三种方法分别对 100 张影像中同一目标点进行检测和识别所耗费的时间，采用的计算机是 DELL 1420，CPU 为 Intel Core（TM）2 Duo T5800，内存为 2GB。结果显示采用本书提出的椭圆检测和识别方法可以提高椭圆检测和识别的效率，同时，选择较小的影像块也可以提高椭圆检测和识别的效率。

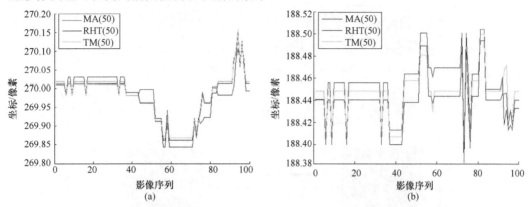

图 3-1-7　影像块延伸范围为 50 个像素的三种椭圆中心拟合在 X 和 Y 方向的曲线变化图

表 3-1-1　采用 RHT、TM 和 MA 方法检测和识别目标点（100 帧）所耗费的时间对照表

	RHT（30）	TM（30）	MA（30）	RHT（50）	TM（50）	MA（50）
时间/s	128.533	108.823	10.266	463.484	338.234	15.187

3.1.2　目标点自动识别与定位

1. 深度学习目标识别与定位

为了实现高效率、高精度地对目标点进行识别和定位，本书采用深度学习技术实现了高速视频测量目标点自动识别方法，主要包括训练数据集的建立，基于 Faster-RCNN 的目标识别分类器的训练以及基于滑动窗口的目标识别与定位。图 3-1-8 描述了本书提出的基于深度学习的目标自动识别流程图。

1）影像数据集制作

训练样本的数量和多样性决定识别模型的效果。目前，还没有针对高速视频测量目标点识别的数据集。因此，目标点的自动识别首先需要建立一个针对目标点的影像数据集。本书利用已完成的高速视频测量实验的影像数据建立了高速视频测量影像数据集。由于深度学习中的卷积神经网络含有大量的训练参数，需要大量的训练影像对其训练。但是，目前建立的高速视频测量影像无法完全覆盖多种实验场景，必然会影响最终的分类器识别精度。为解决这一问题，本书提出采用模拟不同的拍摄环境来建立大量训练图像以及减少 CNN 分类器的可能过度拟合的最有效方法。本书通过使用几何变换和模糊化方法对原有的训练影像进行增强。基于平移、反射和旋转的几何变换模拟拍摄图像的方向和角度的变化，模糊化处理模拟了光线不足和未聚焦的镜头下成像相机的不稳定性。图 3-1-9 显示了用于数据增强的图像修改的示例。采用上述方法，训练数据的数量可以增加十倍以上。另外，目标识别与定位的过程中需要对目标进行精准的定位，因此，训练样本过程需要对训练集影像中的目标点的位置进行标注，其标注结果如图 3-1-10 所示。

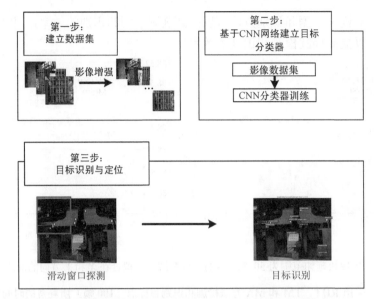

图 3-1-8 高速视频测量影像目标点自动识别流程图

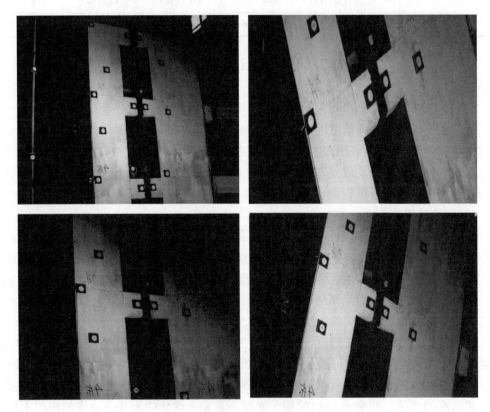

图 3-1-9 用于数据增强的图像修改示例

2）深度学习目标识别与定位技术

考虑到目标识别对精度和运算效率的需求，本书采用基于 Faster-RCNN 目标识别框架实现高速相机圆形目标点的自动识别。构建识别模型过程如下：首先，输入图片表

图 3-1-10　影像标注示例

示为 Height×Width×Depth 的张量（多维数组）形式，经过 CNN 模型的处理，得到卷积特征图，即将 CNN 作为特征提取器。然后，使用 RPN 对提取的卷积特征图进行滑动处理，每当滑动网络完全连接到特征图上的 $n*n$ 窗口，就将其映射到低维矢量。最后，将这个低维矢量发送到两个完全连接的层，即 bbox 回归层（reg）和 box 分类层（cls）。滑动窗口处理确保 reg 层和 cls 层与 conv5-3 的整个特征空间相关联。其中，reg 层的作用是预测建议框对应的 (x, y, w, h)，即对目标进行定位，在定位的过程中，基于 anchor 机制和边框回归可以得到多尺度多长宽比的 Region Proposal，以用于寻找可能包含目标的预定义数量的区域；cls 层的作用是判断该建议框中的物体是前景（Object）还是背景（Non-Object），即对定位框中的目标进行分类。

遵循多任务损失函数（Multi-Task Loss）定义，最小化目标函数，Faster R-CNN 中对图像的函数定义如下：

$$L(\{p_i\}, \{u_i\}) = \frac{1}{N_{\text{cls}}} \sum_i L_{\text{cls}}\left(p_i, \ p_i^*\right) \frac{1}{N_{\text{reg}}} \sum_i p_i^* L_{\text{reg}}\left(t_i, \ t_i^*\right) \qquad (3\text{-}1\text{-}13)$$

其中：p_i 为 anchor 预测为目标的概率；数据标签：$p_i^* = \begin{cases} 0 \ \text{negativelable} \\ 1 \ \text{positivelable} \end{cases}$；$t_i = \{t_x, t_y, t_w, t_h\}$ 是一个向量，表示预测的候选框的 4 个参数化坐标；t_i^* 是与 positive anchor 对应的训练样本上的坐标向量；$L_{\text{cls}}\left(p_i, \ p_i^*\right)$ 是两个类别（目标和非目标）的对数损失：$L_{\text{cls}}\left(p_i, \ p_i^*\right) = -\log\left[p_i p_i^* + (1 - p_i)(1 - p_i^*)\right]$；$L_{\text{reg}}\left(t_i, \ t_i^*\right)$ 是边界框回归损失，用 $L_{\text{reg}}\left(t_i, \ t_i^*\right) = R\left(t_i - t_i^*\right)$ 来计算，R 为 smooth L_1 函数。

$p_i^* L_{\text{reg}}\left(t_i, \ t_i^*\right)$ 代表着只有含有目标的 anchor（$p_i^* = 1$）才有回归损失，其他情况则没有回归损失。cls 层和 reg 层的输出分别由 $\{p_i\}$ 和 $\{u_i\}$ 组成，这两个分别由 N_{cls} 和 N_{reg} 以及一个平衡权重的归一化值计算所得。

Faster-RCNN 由于使用了 RPN 和 Fast-RCNN 两个训练网络，通过这两个训练的任务交替微调卷积神经网络，交替过程实现卷积特征共享，因此不需要重复的卷积计算，共享卷积特征也让两个网络快速地收敛，所以大幅提高了网络的训练和测试速度。

3）滑动窗口目标探测

高速视频测量目标点自动识别不同于其他深度学习的识别对象，为了尽可能的降低目标点对测量结构的影响，一般要保证目标点尽可能小，而卷积神经网络对这种小目标往往不够敏感。因此，本书使用了滑动窗口的目标探测方法，通过一个固定大小的滑动窗口，以一种类似于影像切割的方式将影像分块传入识别网络。通过这种方法，可以提高目标点的识别精度。图 3-1-11 显示了直接对影像进行识别和通过滑动窗口的方式对目标进行识别的结果，可以明显看出使用滑动窗口方法对目标点的提取精准度有着很大的提高。

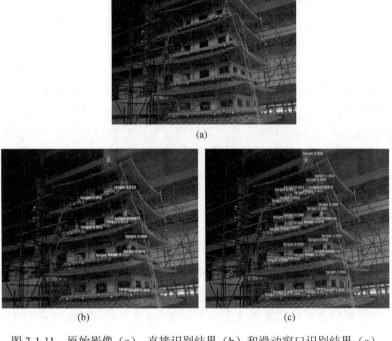

图 3-1-11　原始影像（a），直接识别结果（b）和滑动窗口识别结果（c）

2. 算法验证

为了检验本书所用的深度识别目标自动识别模型的精度，选择 5 张未参与模型训练的含有目标点的影像数据对模型的精度进行评定。如图 3-1-12 所示，红色框代表正确识别的目标点及其位置，右上方的数值表示模型预测其为目标点的概率，黄色框代表未被识别的目标点及其位置。通过深度学习目标识别评定指标正确率对模型进行评定，如下：

$$Accuracy = \frac{TP + TN}{TP + TN + FP + FN} \tag{3-1-14}$$

其中，FN 代表实际上为目标点但并未被识别出；FP 代表实际不为目标点但被模型判定为目标点；TN 代表实际不为目标点，模型判定其为负样本；TP 代表实际为目标点，同时也被模型识别为目标点。

由测试集的识别结果可以得出，上述目标点识别模型的识别准确率为 90.09%。尽管使用的测试集与实际训练的训练集中的影像数据相差较大，但也能够得到较好的识别效果，说明模型的鲁棒性较强，能够应用到多种类型的高速视频测量。

图 3-1-12　测试集识别结果

3.1.3　编码目标点识别与定位

1. 编码标志介绍

高速视频测量经常要使用大量的人工标志，这些标志往往具有相同的大小和颜色，加上测量现场复杂的背景，使得手工选取影像上这些数量众多的同名点需要花费大量的时间，而且增大了出错的概率。此外，高速相机每秒拍摄的像片数量通常都较大，造成人工选取同名点非常耗时和低效率。因此，实现人工标志的自动化识别和匹配变得十分有意义。采用编码标志是实现人工标志的自动化识别的有效途径之一。编码标志自身携带有特定的编码信息，通过图像处理可以实现摄影测量中人工标志的自动化识别和自动化匹配。常见的编码标志类型主要有点分布型和同心圆环型（Ganci and Handley，1998；Hattori et al.，2000；Hattori et al.，2002；马扬飚等，2006；卢成静等，2008）。同心圆环型编码标志 [如图 3-1-13（a）所示] 通常采用二进制编码原理进行编码，具有编码原理简单和易于识别的优点，但是限于本身的尺寸，编码带较小，因而编码容量通常较少。点分布型编码标志 [如图 3-1-13（b）的两个图形所示] 编码原理相对较复杂，但是识别的稳定性较高，编码容量通常较大。

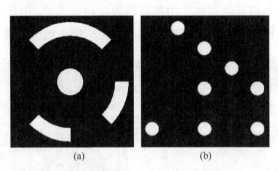

图 3-1-13　编码标志中同心圆环型编码标志（a）和分布型编码标志（b）

2. 点分布型编码标志的设计

一般而言，测量背景的复杂性和测量角度的不确定性，要求编码标志具有稳定的识别能力，所以编码标志通常具有特殊的结构。一般应该满足以下几点要求（邾继贵和叶声华，2005）：

（1）满足一定程度的旋转和尺度的不变性。在一定的测量角度和测量比例尺下，保持识别能力的稳定性。

（2）编码信息的唯一性。每个编码标志对应唯一的编码值。

（3）具有足够的编码容量。编码容量是指一套编码标志拥有唯一编码值的编码的数量，应该能够满足实际测量中不同尺度和不同被测物所需要的足够数量。

（4）具有唯一的模板点。模板点是由一组点组成的，用来确定编码标志的设计坐标系。

（5）易于识别而且有较好的稳定性。通过使用编码标志实现标志点的自动化识别和同名点的自动匹配，所以要求编码标志容易识别而且准确识别，有较好的稳定性。

点分布型编码标志通常是由一组圆形点按照一定规则排列而成，分为模板点和编码点两类。模板点用于确定设计坐标系，编码点用于计算编码标志的唯一编码值。以卢成静设计的一款点分布型编码标志为例，该点状编码标志由 8 个大小相同的圆点组成（如图 3-1-14 所示），其中 5 个点为模板点，分别为 A、B、C、D 和 E，这五个点定义了编码标志的坐标系，其余三个点用来描述编码的设计点位，称为编码点，这 3 个编码点分布在 20 个设计位置上，每个编码点根据其在设计坐标系中设计点位的不同分别对应一个唯一的数字标识，通过编码点在设计坐标系中设计点位的数字标识按照一定的算法对编码标志进行编码，比如利用每一个编码点的数字标识数作为数字 2 的幂产生一个数字，所有三个编码点产生的数字之和作为该编码标志的编码值（卢成静等，2008）。同时需要验证所采用的算法产生的所有情况对应的编码数值有没有重复，可以通过程序实现穷举进行检验。如图 3-1-14 中，左边图像的三个编码点对应于右边设计坐标系中设计点位的数字标识分别为 3、10 和 19，因此，此编码标志的数字编码值为

$$Code\_Num = 2^3 + 2^{10} + 2^{19} = 525\,320 \qquad (3\text{-}1\text{-}15)$$

假若采用 3 个编码点对应数字标识的平方和作为编码值，就会出现这种情况：

$$Code\_Num = 1^2 + 10^2 + 15^2 = 326 \qquad (3\text{-}1\text{-}16)$$

$$Code\_Num = 1^2 + 6^2 + 17^2 = 326 \qquad (3\text{-}1\text{-}17)$$

造成编码点 1，10 和 15 与编码点 1，6 和 17 产生的编码值相冲突，导致编码失效，应当避免这种情况的发生，所以采用穷举法验证所采用的编码算法的可行性是必要的。解码则是编码的逆向过程，通过恢复编码点的设计位置信息而得到点的数字标识，实现解码。需要注意的是为了避免在解码过程中对于模板点和编码点的误识别，3 个编码点中任意两个点都以不相邻为宜。

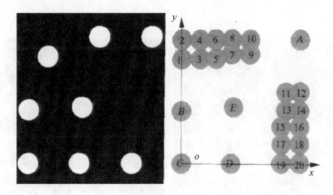

图 3-1-14　一种点分布型编码标志的设计示意图（卢成静等，2008）

为了让编码标志能够作为跟踪点应用于高速视频测量实验中，本书根据点分布型编码标志的设计原则和高速视频测量的特点设计了一种实用的点分布型编码标志。如图 3-1-15 所示，此编码标志由 8 个点组成，其中 6 个点为模板点，分别为 A、B、C、D、E 和 F，这 6 个点定义了编码标志的设计坐标系—以 B 为设计坐标系的原点，EF 为 X 轴，BC 为 Y 轴，其余 2 个点为编码点，本书设计了 28 个编码点的点位。模板点 B、C 均距离 A 点 70mm，CD、BE 和 BF 之间的距离均为 50mm。除了定位点 A 的半径设计为 15mm，其余 5 个模板点和 2 个编码点的半径均设计为 10mm。

一般情况下，采用 2 个点作为编码点基本可以满足实际需求，所以本书后续解码实验中，编码标志均采用 2 个点作为编码点，编码原理为 2 个编码点标识数值四次方的和作为该编码标志的唯一编码值，即当某编码标志编码点位的编码标识数分别为 m 和 n 时，该编码标志的编码值为

$$Code\_Num = m^4 + n^4 \qquad (3\text{-}1\text{-}18)$$

所有编码点的设计点位均在两个红色圆线组成的环形内，设计了 4 套编码点点位，

为了便于区分采用不同的颜色表示，分别为蓝色对应的 10 个点位，红色对应的 8 个点位，粉色对应的 6 个点位，黄色对应的 4 个点位，总数为 28 个点位，若采用两个点作为编码点，编码总数为 378 种。编码点的选取可以从 6 种组合（如图 3-1-17 所示）分别为蓝色和粉色组合，蓝色和黄色组合，蓝色和红色组合，粉色和黄色组合，粉色和红色组合，黄色和红色中选取，每种颜色选择一个点或是仅从一种颜色中选点。图 3-1-17 显示了所有编码点位的详细设计坐标，其中每个方格表示 10mm，所有编码点的点位（每个编码点对应的圆心）在方格的顶点或是方格边长的中心（除了第 13、14、15 和 16 这 4 个点位在方格边长的中心，其他所有编码点均在方格的顶点，所有编码点的设计点位的坐标均为 5 的倍数）。此编码标志的设计可以看成在一个普通跟踪点的基础上进行的延伸，这也是该编码标志设计的主要目的之一，能够作为普通跟踪点应用于高速视频测量振动台实验中，这样的跟踪点就可以自动化地识别和跟踪计算。由于除了定位点的半径为 15mm 外，其余 7 个点的半径均为 10mm，所以根据半径大小只能找到定位点，让所有的编码点的设计点位均在图 3-1-16 所示的红色外圆内，是为了便于后续通过模板点和编码点到定位点的距离来判断模板点和编码点，这种设计也可以快速定位和识别模板点与编码点。

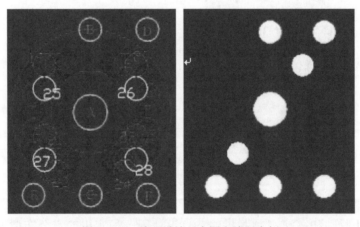

图 3-1-15 编码设计示意图和编码实例

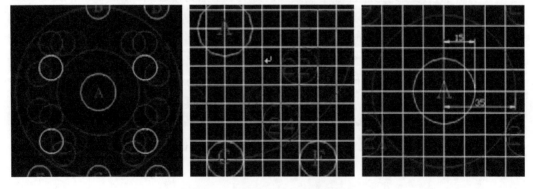

图 3-1-16 编码设计图局部放大图

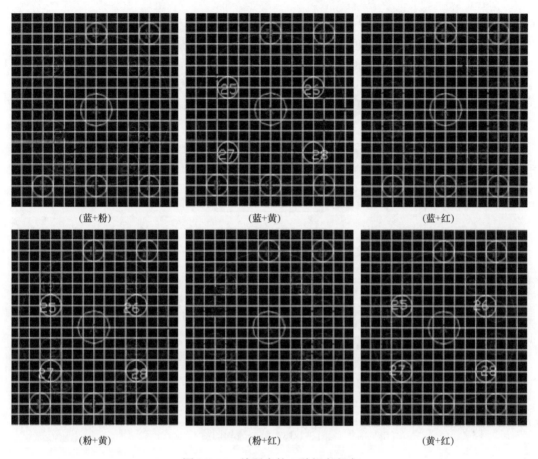

（蓝+粉）　　　　　　（蓝+黄）　　　　　　（蓝+红）

（粉+黄）　　　　　　（粉+红）　　　　　　（黄+红）

图 3-1-17　编码点的 6 种组合方式

3. 点分布型编码标志的解码

点分布型编码标志解码过程中涉及到仿射变换，下面对仿射变换进行简单的介绍。

1）仿射变换

仿射变换是两个坐标系之间的映射关系，可通过下式表示：

$$\begin{pmatrix} x \\ y \end{pmatrix} = R * \begin{pmatrix} x' \\ y' \end{pmatrix} + T \tag{3-1-19}$$

其中，

$$R = \begin{pmatrix} m_{11}, & m_{12} \\ m_{21}, & m_{22} \end{pmatrix}$$

$$T = \begin{pmatrix} n_1 \\ n_2 \end{pmatrix}$$

R 为仿射矩阵，表征两个坐标系之间的旋转和缩放，T 为平移矩阵，表征两个坐标系之间的平移。$m_{11}, m_{12}, m_{21}, m_{22}, n_1, n_2$ 这 6 个参数称之为仿射参数，决定唯一的一个仿射变换。标志点的成像过程是中心投影，由于编码标志在图像上成像尺寸较小，编码标志的尺寸远远小于摄像机与编码标志之间的距离，一般要小于 1/10 称之为仿射近似条件（Mahmoud and Mohamed，2001；雷琳等，2008），摄影变换可以用仿射变换来近似的代替，所以可以建立起从编码标志的真实图像中的像素坐标系到编码标志的设计坐标系之间的仿射关系（邾继贵和叶声华，2005），根据仿射变换关系恢复编码点的设计坐标对应的编码标识，计算出该编码标志的编码值，从而完成解码工作。

2）解码流程

整个编码标志的解码流程主要分为 7 个部分，如图 3-1-18 所示。下面结合解码的实验结果详细介绍解码的过程。

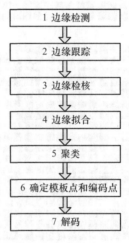

图 3-1-18　解码流程图

选取一组编码标志，在简单背景大比例尺下的实验［如图 3-1-19（a）］和在复杂背景小比例尺下的实验［如图 3-1-19（b）］，采用 Canny 算子得到图像的二值边缘信息（如图 3-1-20）。通过边缘像素数（周长 L）、纵横像素数和类圆这三个形状条件进行边缘的检核，结果如图 3-1-21 所示。

(a) (b)

图 3-1-19　解码实验图片

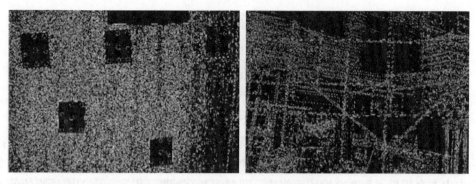

图 3-1-20　解码实验图片的边缘检测结果

图 3-1-21　解码实验图片边缘检核后的结果

对检核后合格的边缘进行椭圆拟合，包括两部分：

（1）初步椭圆拟合：对于合格的边缘要素，初步拟合出椭圆。

（2）椭圆优化：计算每个边缘像素的误差，剔除误差较大的像素，再利用剩余像素进行二次拟合，如此迭代进行。实验结果如图 3-1-22 和图 3-1-23 所示。

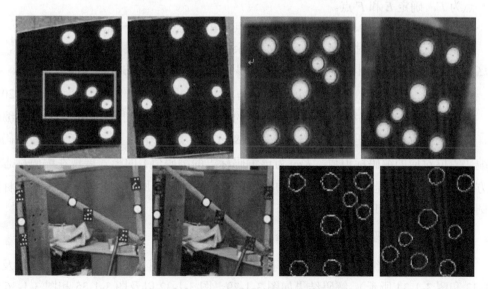

图 3-1-22　解码实验图片椭圆拟合效果图

图 3-1-23　解码实验图片椭圆拟合局部放大图

边缘拟合完成后，得到所有编码标志模板点和编码点对应的椭圆。聚类就是要在众多的椭圆中找到属于每一个编码标志的 8 个椭圆，每一个编码标志归为一类。每一个编码标志由 6 个模板点和 2 个编码点组成，即对应 8 个椭圆，设定一定的距离阈值就可以找到所有由 8 个椭圆组成的类。聚类完成后，下一步就是确定每一类中的模板点和编码点，其步骤如下：

（1）每一类椭圆都按照长半轴的长度排序，长半轴最大的椭圆为模板点 A，剩下的 7 个点分别与 A 点求距离，距离 A 点最小的 2 个点为编码点，分别编号为编码 1 和编码 2，其余的点为 B、C、D、E 和 F。

（2）B、C、D、E 和 F 分别与 A 求距离，距离 A 较远的 3 个点为 D、E 和 F；距离 A 较近的点为 B 和 C。

（3）对于 B 和 C，假设其中一点为 B，那么此点与 D、E 和 F 求距离，必须满足 2 个距离值小于 AB，一个距离值大于 AB（设计尺寸满足：$BD>AB$，$BE<AB$，$BF<AB$），否则此点为 C，且满足 2 个距离值大于 AC，一个距离值小于 AC（设计尺寸满足：$CD<AC$，$CE>AC$，$CF>AC$），确定 B 和 C 点。

（4）C 与 D、E 和 F 求距离，最小距离值对应的点为 D（设计尺寸满足：$CD<CE=CF$），确定 D 点。

（5）D 与 E 和 F 求距离，距离值大的对应的点为 E（设计尺寸满足：$DF<DE$），另外一点为 F，确定 E 和 F 点。

至此，A、B、C、D、E 和 F 以及编码点 1 和编码点 2 已全部确定。

由模板点计算出仿射变换参数，计算其余的 2 个编码点在设计坐标系中的坐标，恢复这两个编码标志在设计坐标系中的编码标识，根据编码标识的数值按照编码算法

$$Code\_Num = m^4 + n^4 \tag{3-1-20}$$

（m 和 n 分别为编码标志编码点位对应的编码标识数），求出编码标志对应的编码值，实现编码标志的解码。解码的结果以 $m \& n Code\_Num : Key$（m 和 n 分别为编码标志编码点位对应的编码标识数，Key 为该编码标志的编码值）的形式展现在编码标志的下方，同时把编码标志每个点拟合出的椭圆以红色点线画在原图上并以红色十字丝标出椭圆的中心，如图 3-1-24 所示。

4. 点分布型编码标志的解码实验

本书针对设计的编码标志做了不同环境下的实验（如图 3-1-25～图 3-1-28 以及图 3-1-33 和图 3-1-34 所示），解码结果如图 3-1-29～图 3-1-32 以及图 3-1-35 和图 3-1-36 所示，图 3-1-37 对图 3-1-36 的解码结果进行了局部放大显示。

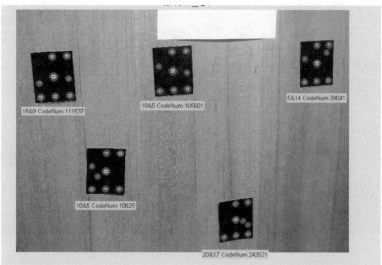

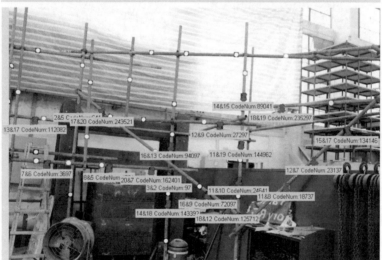

图 3-1-24　编码实验解码结果

图 3-1-25　编码实验图片

图 3-1-26　编码实验图片

图 3-1-27　编码实验图片

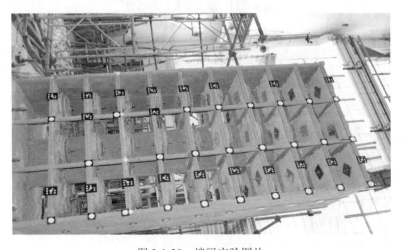

图 3-1-28　编码实验图片

图 3-1-29　编码实验结果

　　表 3-1-2～表 3-1-7 展现了所有实验图片的解码结果：其中，标志序号指每幅图里每个编码标志按照解码的顺序进行的编号，每个编码标志有 2 个编码点随机命名为 1 号和 2 号。1 号和 2 号编码点在设计坐标系中的坐标分别为设计_x1、设计_y1、设计_x2 和设计_y2，1 号和 2 号编码点在解码计算时通过仿射关系计算出的其在设计坐标系中的坐标分别为计算_x1、计算_y1、计算_x2 和计算_y2。1 号和 2 号编码点通过仿射关系计算出的其在设计坐标系中的坐标与其对应的在设计坐标系中的原始设计坐标的偏差分别为 $\Delta x1$、$\Delta y1$、$\Delta x2$ 和 $\Delta y2$。设计编号 1 和设计编号 2 指 1 号和 2 号编码点对应的编码标识。编码值即该 1 号和 2 号编码点对应的编码标志通过编码算法得到的编码值。

图 3-1-30　编码实验结果

图 3-1-31　编码实验结果

根据表 3-1-2～表 3-1-7 展现的所有实验图片的解码结果，可以做如下的总结：

（1）本书的点分布型编码标志在不同的实验背景下均有稳定的识别率，显示出较好的适应性。

（2）实验中两种方案对应的编码点的设计点位，1 至 20 和 1 至 28 号点位都做了测

图 3-1-32　编码实验结果

图 3-1-33　编码实验图片

图 3-1-34　编码实验图片

图 3-1-35　编码实验结果

试，表明所有编码点的设计点位均满足设计要求。被测试的编码标志的粘贴姿态是随意的，有竖直的，有倾斜的，也有倒立的，均能够正确识别，表明所提出的编码设计和解码方案是可靠而稳定的。

图 3-1-36　编码实验结果

（3）表 3-1-2～表 3-1-7 展现的所有实验图片的解码结果表明所有编码标志通过解码计算得到的其在设计坐标系中的坐标计算值与对应的设计值的偏差均在 0.5mm 以内，绝大多数坐标偏差在 0.2mm 以内，远远小于安全值（根据计算值恢复设计点位时引起判断错误的极限值）2.5mm，证明所采用的解码算法是可靠的。

图 3-1-37　编码实验结果局部放大图

表 3-1-2　图 3-1-29 的解码结果

标志序号	$\Delta x1$	$\Delta y1$	$\Delta x2$	$\Delta y2$	计算_x1	计算_y1	计算_x2	计算_y2	设计_x1	设计_y1	设计_x2	设计_y2	设计编号1	设计编号2	编码值
单位	mm	mm	mm	mm	mm	mm	mm	mm	mm	mm	mm	mm	\	\	\
1	0.06	0.32	0.10	0.07	−14.94	55.32	20.10	50.07	−15	55	20	50	9	2	6577
2	−0.19	0.21	−0.02	−0.02	−25.19	35.21	24.98	34.98	−25	35	25	35	10	11	24 641
3	−0.12	0.14	0.12	0.14	−20.12	20.14	20.12	50.14	−20	20	20	50	3	2	97
4	−0.08	0.15	0.18	−0.21	−25.08	35.15	20.18	49.79	−25	35	20	50	10	2	10 016
5	−0.15	0.04	−0.24	0.23	−15.15	55.04	−25.24	35.23	−15	55	−25	35	9	10	16 561
6	0.15	−0.01	−0.14	−0.14	20.15	19.99	−20.14	19.86	20	20	−20	20	4	3	337
7	0.17	0.01	−0.12	0.04	25.17	50.01	−25.12	50.04	25	50	−25	50	6	5	1921
8	−0.11	0.07	−0.07	0.26	24.89	35.07	−15.07	55.26	25	35	−15	55	11	9	21 202
9	−0.10	−0.27	0.05	−0.11	19.90	49.73	20.05	19.89	20	50	20	20	2	4	272
10	0.23	−0.13	−0.16	−0.17	−19.77	49.87	−20.16	19.83	−20	50	−20	20	1	3	82
11	0.13	−0.38	−0.15	0.20	25.13	49.62	24.85	20.20	25	50	25	20	6	8	5392
12	−0.13	0.05	−0.10	−0.10	−20.13	20.05	−15.10	54.90	−20	20	−15	55	3	9	6642
13	−0.23	0.09	−0.30	−0.07	−25.23	20.09	24.70	19.93	−25	20	25	20	7	8	6497
14	0.12	−0.30	−0.02	0.57	−24.88	49.70	24.98	20.57	−25	50	25	20	5	8	4721
15	0.37	0.03	−0.07	−0.02	−19.63	50.03	19.93	19.98	−20	50	20	20	1	4	257
16	−0.25	−0.26	0.03	0.26	19.75	49.74	−19.97	50.26	20	50	−20	50	2	1	17
17	0.10	0.06	0.27	−0.02	−19.90	20.06	25.27	34.98	−20	20	25	35	3	11	14 722
18	−0.23	−0.02	0.15	0.19	−15.23	54.98	20.15	20.19	−15	55	20	20	9	4	6817
19	−0.14	−0.17	−0.40	−0.26	24.86	34.83	−20.40	49.74	25	35	−20	50	11	1	14 642
20	0.13	0.42	−0.28	−0.11	20.13	20.42	−25.28	34.89	20	20	−25	35	4	10	10 256

表 3-1-3　图 3-1-30 的解码结果

标志序号	Δx1	Δy1	Δx2	Δy2	计算_x1	计算_y1	计算_x2	计算_y2	设计_x1	设计_y1	设计_x2	设计_y2	设计编号1	设计编号2	编码值
单位	mm	mm	mm	mm	mm	mm	mm	mm	mm	mm	mm	mm	\	\	\
1	0.09	0.06	−0.02	0.01	−24.91	35.06	19.98	50.01	−25	35	20	50	10	2	10016
2	0.04	0.09	−0.04	−0.03	−14.96	55.09	19.96	49.97	−15	55	20	50	9	2	6577
3	0.00	0.05	−0.06	0.00	20.00	50.05	−20.06	20.00	20	50	−20	20	2	3	97
4	0.00	−0.06	0.05	−0.04	20.00	19.94	−19.95	19.96	20	20	−20	20	4	3	337
5	0.06	0.11	0.07	−0.07	−14.94	55.11	25.07	34.93	−15	55	25	35	9	11	21202
6	−0.09	0.12	−0.07	0.08	−15.09	55.12	−25.07	35.08	−15	55	−25	35	9	10	16561
7	−0.16	0.08	0.33	0.05	−25.16	35.08	25.33	35.05	−25	35	25	35	10	11	24641
8	0.09	−0.16	−0.18	−0.13	−24.91	49.84	24.82	49.87	−25	50	25	50	5	6	1921
9	−0.07	−0.04	0.00	0.00	19.93	49.96	20.00	20.00	20	50	20	20	2	4	272
10	−0.02	0.09	−0.12	−0.05	−20.02	50.09	−20.12	19.95	−20	50	−20	20	1	3	82
11	0.10	0.11	−0.01	0.06	−24.90	20.11	24.99	20.06	−25	20	25	20	7	8	6497
12	−0.09	0.11	0.03	0.10	24.91	20.11	−24.97	50.10	25	20	−25	50	8	5	4721
13	−0.01	−0.16	−0.04	0.05	24.99	49.84	24.96	20.05	25	50	25	20	6	8	5392
14	0.03	0.06	0.05	0.21	−19.97	20.06	−14.95	55.21	−20	20	−15	55	3	9	6642
15	−0.04	0.02	−0.01	−0.03	19.96	20.02	−20.01	49.97	20	20	−20	50	4	1	257
16	−0.03	−0.06	−0.07	0.06	19.97	49.94	−20.07	50.06	20	50	−20	50	2	1	17
17	0.02	0.12	−0.04	0.16	−14.98	55.12	19.96	20.16	−15	55	20	20	9	4	6817
18	0.12	−0.06	−0.07	0.08	−19.88	19.94	24.93	35.08	−20	20	25	35	3	11	14722
19	0.01	0.05	−0.01	−0.03	25.01	34.95	−20.01	49.97	25	35	−20	50	11	1	14642
20	0.02	0.06	−0.01	−0.02	−24.98	35.06	19.99	19.98	−25	35	20	20	10	4	10256

表 3-1-4　图 3-1-31 的解码结果

标志序号	Δx1	Δy1	Δx2	Δy2	计算_x1	计算_y1	计算_x2	计算_y2	设计_x1	设计_y1	设计_x2	设计_y2	设计编号1	设计编号2	编码值
单位	mm	mm	mm	mm	mm	mm	mm	mm	mm	mm	mm	mm	\	\	\
1	0.05	−0.17	−0.01	−0.09	−24.95	49.83	24.99	19.91	−25	50	25	20	5	8	4721
2	−0.01	−0.09	0.05	−0.05	24.99	19.91	−24.95	19.95	25	20	−25	20	8	7	6497
3	−0.02	−0.02	−0.02	0.01	24.98	19.98	24.98	50.01	25	20	25	50	8	6	5392
4	−0.04	−0.02	−0.07	0.00	19.96	19.98	−15.07	55.00	20	20	−15	55	4	9	6817
5	−0.02	−0.07	−0.05	−0.15	−15.02	54.93	24.95	34.85	−15	55	25	35	9	11	21202
6	0.01	−0.08	−0.01	−0.02	−19.99	49.92	19.99	49.98	−20	50	20	50	1	2	17
7	0.00	−0.01	0.05	−0.03	−20.00	19.99	−19.95	49.97	−20	20	−20	50	3	1	82
8	0.09	−0.08	−0.02	−0.13	20.09	19.92	−25.02	34.87	20	20	−25	35	4	10	10256
9	−0.01	−0.08	0.09	−0.14	−20.01	49.92	25.09	34.86	−20	50	25	35	1	11	14642

表 3-1-5 图 3-1-32 的解码结果

标志序号	$\Delta x1$	$\Delta y1$	$\Delta x2$	$\Delta y2$	计算_x1	计算_y1	计算_x2	计算_y2	设计_x1	设计_y1	设计_x2	设计_y2	设计编号1	设计编号2	编码值
单位	mm	mm	mm	mm	mm	mm	mm	mm	mm	mm	mm	mm	\	\	\
1	−0.06	0.03	−0.06	−0.03	24.94	35.03	−20.06	49.97	25	35	−20	50	11	1	14642
2	−0.15	−0.14	−0.03	−0.02	−25.15	34.86	19.97	49.98	−25	35	20	50	10	2	10016
3	−0.09	0.03	−0.17	−0.12	24.91	35.03	−15.17	54.88	25	35	−15	55	11	9	21202
4	0.02	−0.02	0.13	−0.13	−19.98	19.98	−19.87	49.87	−20	20	−20	50	3	1	82
5	−0.05	−0.13	−0.13	0.02	−25.05	34.87	19.87	20.02	−25	35	20	20	10	4	10256
6	−0.24	−0.11	−0.09	−0.09	−20.24	19.89	19.91	19.91	−20	20	20	20	3	4	337
7	−0.07	0.07	−0.02	−0.01	24.93	35.07	−20.02	19.99	25	35	−20	20	11	3	14722
8	−0.04	−0.05	0.05	0.09	−20.04	19.95	20.05	50.09	−20	20	20	50	3	2	97
9	−0.09	0.05	−0.04	−0.02	19.91	20.05	19.96	49.98	20	20	20	50	4	2	272
10	0.11	−0.16	−0.03	−0.01	−19.89	49.84	19.97	49.99	−20	50	20	50	1	2	17
11	−0.12	−0.09	−0.03	−0.05	−25.12	34.91	−15.03	54.95	−25	35	−15	55	10	9	16561
12	0.09	−0.06	0.01	−0.01	−19.91	49.94	20.01	19.99	−20	50	20	20	1	4	257
13	−0.05	−0.04	−0.10	0.06	−15.05	54.96	19.90	50.06	−15	55	20	50	9	2	6577
14	0.00	−0.09	0.02	0.06	−15.00	54.91	−19.98	20.06	−15	55	−20	20	9	3	6642
15	−0.02	−0.03	−0.10	0.16	−15.02	54.97	19.90	20.16	−15	55	20	20	9	4	6817
16	0.01	−0.19	0.00	−0.07	−24.99	49.81	25.00	49.93	−25	50	25	50	5	6	1921
17	0.03	0.02	0.06	0.02	25.03	20.02	25.06	50.02	25	20	25	50	8	6	5392
18	−0.05	0.00	0.02	0.08	−25.05	35.00	25.02	35.08	−25	35	25	35	10	11	24641
19	−0.10	0.03	0.17	−0.08	24.90	20.03	−24.83	19.92	25	20	−25	20	8	7	6497
20	0.11	−0.25	0.01	−0.03	−24.89	49.75	25.01	19.97	−25	50	25	20	5	8	4721

表 3-1-6 图 3-1-35 的解码结果

标志序号	$\Delta x1$	$\Delta y1$	$\Delta x2$	$\Delta y2$	计算_x1	计算_y1	计算_x2	计算_y2	设计_x1	设计_y1	设计_x2	设计_y2	设计编号1	设计编号2	编码值
单位	mm	mm	mm	mm	mm	mm	mm	mm	mm	mm	mm	mm	\	\	\
1	0.11	−0.04	0.10	−0.21	40.11	49.96	−39.90	109.79	40	50	−40	110	22	19	364577
2	0.17	0.13	0.24	−0.06	20.17	30.13	50.24	69.94	20	30	50	70	10	6	11296
3	0.19	−0.08	−0.18	0.02	30.19	29.92	−40.18	30.02	30	30	−40	30	18	27	636417
4	0.20	−0.03	−0.06	0.12	30.20	109.97	−40.06	30.12	30	110	−40	30	12	27	552177
5	−0.25	0.04	−0.03	0.39	49.75	70.04	−40.03	110.39	50	70	−40	110	6	19	131617
6	−0.28	−0.05	0.37	−0.15	39.72	49.95	−49.63	69.85	40	50	−50	70	22	5	234881
7	0.23	−0.28	−0.28	0.27	40.23	109.72	−50.28	40.27	40	110	−50	40	20	7	162401
8	−0.13	0.23	−0.13	0.28	−50.13	40.23	−50.13	100.28	−50	40	−50	100	7	3	2482
9	0.11	−0.01	0.14	0.19	40.11	89.99	−49.86	85.19	40	90	−50	85	26	13	485537
10	0.27	−0.09	−0.23	0.10	40.27	89.91	−40.23	30.10	40	90	−40	30	26	27	988417
11	−0.03	−0.04	−0.19	0.07	−30.03	109.96	−50.19	55.07	−30	110	−50	55	11	15	65266
12	0.46	0.16	−0.08	0.01	−39.54	50.16	49.92	100.01	−40	50	50	100	21	4	194737
13	0.02	−0.11	−0.27	0.26	−19.98	109.89	−50.27	70.26	−20	110	−50	70	1	5	626
14	−0.01	−0.34	0.00	0.03	−40.01	89.66	40.00	30.03	−40	90	40	30	25	28	1005281
15	−0.02	0.16	0.22	−0.39	−40.02	50.16	40.22	109.61	50	40	110	21	20	354481
16	0.06	−0.08	0.13	−0.21	20.06	109.92	−19.87	29.79	20	110	−20	30	2	9	6577
17	0.01	−0.13	0.14	−0.29	−29.99	29.87	30.14	109.71	−30	30	30	110	17	12	104257
18	−0.09	0.09	−0.08	0.10	49.91	100.09	49.92	40.10	50	100	50	40	4	8	4352

表 3-1-7 图 3-1-36 的解码结果

标志序号	$\Delta x1$	$\Delta y1$	$\Delta x2$	$\Delta y2$	计算_$x1$	计算_$y1$	计算_$x2$	计算_$y2$	设计_$x1$	设计_$y1$	设计_$x2$	设计_$y2$	设计编号1	设计编号2	编码值
单位	mm	mm	mm	mm	mm	mm	mm	mm	mm	mm	mm	mm	\	\	\
1	0.20	−0.21	0.19	−0.10	40.20	49.79	−39.81	109.90	40	50	−40	110	22	19	364577
2	0.32	−0.26	0.15	−0.46	20.32	29.74	50.15	69.54	20	30	50	70	10	6	11296
3	0.18	0.07	0.21	0.17	30.18	30.07	−39.79	30.17	30	30	−40	30	18	27	636417
4	−0.27	−0.15	0.01	−0.14	49.73	69.85	−39.99	109.86	50	70	−40	110	6	19	131617
5	0.06	0.05	0.18	−0.33	40.06	50.05	−49.82	69.67	40	50	−50	70	22	5	234881
6	0.15	0.06	−0.06	0.04	30.15	110.06	−40.06	30.04	30	110	−40	30	12	27	552177
7	−0.31	−0.01	−0.25	0.10	−50.31	39.99	−50.25	100.10	−50	40	−50	100	7	3	2482
8	0.13	−0.28	0.01	−0.04	40.13	109.72	−49.99	39.96	40	110	−50	40	20	7	162401
9	0.06	−0.02	0.26	−0.07	40.06	89.98	−49.74	84.93	40	90	−50	85	26	13	485537
10	0.09	−0.20	0.24	0.09	40.09	89.80	−39.76	30.09	40	90	−40	30	26	27	988417
11	−0.09	−0.02	0.08	0.00	−30.09	109.98	−49.92	55.00	−30	110	−50	55	11	15	65266
12	0.16	−0.06	0.07	−0.08	−39.84	49.94	50.07	99.92	−40	50	50	100	21	4	194737
13	0.05	−0.09	0.01	−0.01	−19.95	109.91	−49.99	69.99	−20	110	−50	70	1	5	626
14	0.07	−0.43	0.06	−0.31	−39.93	89.57	40.06	29.69	−40	90	40	30	25	28	1005281
15	0.14	0.16	−0.13	−0.06	−19.86	30.16	19.87	109.94	−20	30	20	110	9	2	6577
16	−0.01	0.12	−0.03	0.05	−40.01	50.12	39.97	110.05	−40	50	40	110	21	20	354481
17	0.05	0.09	0.23	−0.07	−29.95	30.09	30.23	109.93	−30	30	30	110	17	12	104257
18	−0.16	−0.17	−0.02	−0.19	49.84	39.83	49.98	99.81	50	40	50	100	8	4	4352

3.1.4 散斑目标点识别与定位

1. 散斑影像

散斑影像的生成是非接触式光学应用中最为简单的方式。如图 3-1-38，在物体表面上喷涂散斑图案能够提供充足的纹理信息，便于实施可靠且精确的影像匹配。具体过程如下：①试样块的观测表面需进行打磨至平整；②在观测表面喷涂白色的哑光漆，并进行风干；③在观测表面随机并均匀地喷洒黑色哑光漆或黑色墨水，以此来形成散斑影像。其中，哑光漆的作用是为了克服光反射造成的影像质量退化问题。因此，黑白散斑影像能够提高影像对比度与影像匹配精度。

2. 规则格网法

规则格网法需进行兴趣区框定和目标点位确定，其中目标点选取过程类似于采样过程，而采样的间隔可根据实验的需求而制定。例如，将左相机拍摄的第一张影像（即首帧影像）作为参考影像，先以人工方式选取兴趣区，再通过一定的长度间隔（采样间隔）选取目标点位。采样间隔越小则目标点数量越多，其示意图如图 3-1-39 所示。

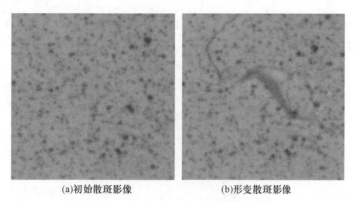

(a)初始散斑影像　　　　　(b)形变散斑影像

图 3-1-38　目标表面散斑影像喷涂

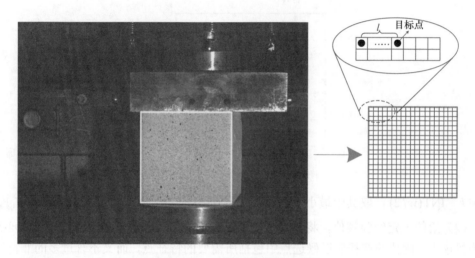

图 3-1-39　规则格网采样示意图

3. 特征点识别法

基于特征点提取算法的高速视频测量，影像特征点的提取质量直接影响后续的影像匹配跟踪的结果，特征点的提取算法就十分重要。特征主要指明显点，如角点、圆点等。提取点特征的算子称为兴趣算子或有利算子，即运用某种算法从影像中提取我们所感兴趣的，即有利于某种目的的点。现在已提出了一系列算法各异，且具有不同特色的兴趣算子。本节将对其中比较知名的算子如：Moravec 算子、Forstner 算子等进行介绍，之后以岩石影像作为数据源，比较不同算子获取的特征结果，进而确定在岩石破裂实验中使用的特征算子。

1）Moravec 算子

Moravec 在 1981 年提出了 Moravec 角点检测算子，并将它应用于立体匹配。它是一种基于灰度方差的角点检测方法。该算子计算图像中某个像素点沿着水平、垂直、对角线、反对角线 4 个方向的灰度方差，其中的最小值选为该像素点的角点响应（Corner Response Function，简称 CRF），再通过局部非极大值抑制来检测是否为角点。其步骤为：

（1）计算各像元的兴趣值（Interest value，简称 IV）。在以像素 (c, r) 为中心的 $w \times w$

的影像窗口中（如 5×5 的窗口），计算图 3-1-40 所示 4 个方向相邻像素灰度差的平方和（耿则勋等，2010）：

$$\begin{cases} V_1 = \sum_{i=-k}^{k-1} (g_{c+i,r} - g_{c+i+1,r})^2 \\ V_2 = \sum_{i=-k}^{k-1} (g_{c+i,r+i} - g_{c+i+1,r+i+1})^2 \\ V_3 = \sum_{i=-k}^{k-1} (g_{c,r+i} - g_{c,r+i+1})^2 \\ V_4 = \sum_{i=-k}^{k-1} (g_{c+i,r+i} - g_{c+i-1,r+i-1})^2 \end{cases} \qquad (3\text{-}1\text{-}21)$$

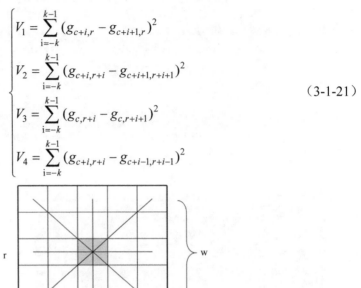

图 3-1-40　Moravec 算子原理图

其中 $k = \text{INT}(w/2)$，取其中最小者作为该像素 (c,r) 的兴趣值：$\text{IV}_{c,r} = \min\{V_1, V_2, V_3, V_4\}$。

（2）给的一定经验阈值，将兴趣值大于该阈值的点（即兴趣值计算窗口的中心点）作为候选点。阈值的选择应以候选点中包括所需要的特征点，而又不含过多的非特征点为原则。

（3）选取候选点中的极值点作为特征点。在一定大小的窗口内（可不同于兴趣值计算窗口，例如 5×5，7×7 或 9×9 像元），将候选点中兴趣值不是最大者均去掉，仅留下一个兴趣值最大者，该像素即为一个特征点。有的文章中称此步骤为"抑制局部非最大"。

综上所述，Moravec 算子是在 4 个主要方向上，选择具有最大-最小灰度方差的点作为特征点。

2）Forstner 算子

Forstner 算子是从影像中提取点（角点、圆点等）特征的一种较为有效的算子。该算子通过计算各像素的 Robert 梯度和像素 (c,r) 为中心的一个窗口（如 5×5）的灰度协方差矩阵，在影像中寻找具有尽可能小而接近误差椭圆的点作为特征点（张祖勋，2012），其步骤为：

（1）计算各像素的 Robert 的梯度（图 3-1-41）。

$$g_u = \frac{\partial g}{\partial u} = g_{i+1,j+1} - g_{i,j}$$

$$g_v = \frac{\partial g}{\partial v} = g_{i,j+1} - g_{i+1,j} \qquad (3\text{-}1\text{-}22)$$

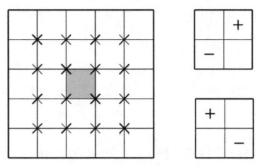

图 3-1-41   Robert 梯度

（2）计算 $l \times l$ 窗口中灰度的协方差。

$$Q = N^{-1} = \begin{bmatrix} \sum g_u^2 & \sum g_u g_v \\ \sum g_v g_u & \sum g_v^2 \end{bmatrix}^{-1} \tag{3-1-23}$$

其中：

$$\sum g_u^2 = \sum_{i=c-k}^{c+k-1} \sum_{j=r-k}^{r+k-1} (g_{i+1,j+1} - g_{i,j})^2$$

$$\sum g_v^2 = \sum_{i=c-k}^{c+k-1} \sum_{j=r-k}^{r+k-1} (g_{i,j+1} - g_{i+1,j})^2 \tag{3-1-24}$$

$$\sum g_u g_v = \sum_{i=c-k}^{c+k-1} \sum_{j=r-k}^{r+k-1} (g_{i+1,j+1} - g_{i,j})(g_{i,j+1} - g_{i+1,j})$$

$$k = \mathrm{INT}(l/2)$$

（3）计算兴趣值 q 与 w。

$$q = \frac{4DetN}{(trN)^2} Q$$

$$w = \frac{1}{trQ} = \frac{DetN}{trN} \tag{3-1-25}$$

其中 $DetN$ 代表矩阵 $\boldsymbol{N}$ 之行列式；trN 代表矩阵 $\boldsymbol{N}$ 之迹。

可以证明，q 即像素 (c,r) 对应误差椭圆的圆度：

$$q = 1 - \frac{(a^2 - b^2)^2}{(a^2 + b^2)^2} \tag{3-1-26}$$

其中 a 与 b 为椭圆之长、短半轴。如果 a，b 中任一个为 0，则 $q = 0$，表明该点可能位于边缘上；如果 $a = b$，则 $q = 1$，表明为一圆。w 为该像元的权。

（4）确定待选点。

如果兴趣值大于给定的阈值，则该像元为待选点。阈值为经验值，可参考下列值：

$$\begin{cases} T_q = 0.5 \sim 0.75 \\ T_w = \begin{cases} f\bar{w}(f = 0.5 \sim 1.5) \\ cw_c(c = 0.5) \end{cases} \end{cases} \tag{3-1-27}$$

其中 $\bar{w}$ 为权平均值；w_c 为权的中值。

当 $q > T_q$ 同时 $w > T_w$ 时，该像元为待选点。

（5）选取极值点。

以权值 w 为依据，选择极值点，即在一个适当窗口中选择 w 最大的待选点，而去掉其余的点。

3）Susan 算子

Susan 算法由 Smith SM 在 1997 年提出，是 Small univalue segment assimilating nucleus 的缩写，即同化核分割最小值。如图 3-1-42 所示，假设有一个圆形的区域，称其为掩模。它的中心有一个核，假设这个核的灰度值与黑色区域的灰度值相近。在整个区域内移动这个掩模，它与黑色区域将有不同的接触情况。为了不失一般性，在图中表示了其中的 4 种情况：在掩模所处的区域内，这些点与掩模核的灰度值如果相近的话，就称这些点构成的区域是同化核分割相同值区域（Univalue Segment Assimilating Nucleus，简称 USAN），即根据这一定义可知由掩模所确定的 USAN，如图 3-1-42 所示。

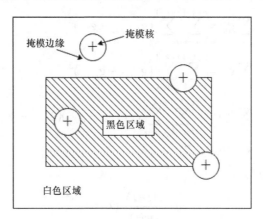

图 3-1-42　图形掩模图

图 3-1-43 是图 3-1-42 中相应掩模位置的 USAN 标识图。图中黑色区域即为 USAN。可以看到 USAN 包含了图像结构的重要信息。掩模核及掩模完全包含在图像（黑色区域）中时，USAN 的值最大；掩模核处在图像的一条直线边缘附近时，USAN 值接近其最大

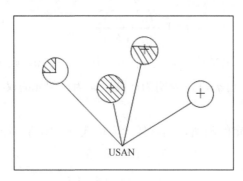

图 3-1-43　USAN 标识图

值的一半；掩模核若在图像的一个角点处，则 USAN 值接近最大值的 1/4。在一幅图像中搜索图像的角点或边缘点，实际上就是搜索 USAN 最小（小于一定值）的点，即搜索最小化同化核分割相同值，这样可得到特征点检测的 SUSAN 算法。

构造一个（圆形）掩模，遍历图像的每一个点。判断掩模所掩盖的区域内的点与掩模的相似程度，采用以下相似比较函数：

$$C(x,y) = \exp\left\{-\left[\frac{I(x,y) - I(x_0,y_0)}{t}\right]^6\right\} \tag{3-1-28}$$

式中，(x_0, y_0) 为掩模核在图像中的坐标；(x, y) 为掩模区域其他点的坐标；$I(x, y)$，$I(x_0, y_0)$ 分别为点 (x_0, y_0) 和 (x, y) 的灰度值；阈值 t 决定了 2 个点相似的最大差异；C 为输出结果。

掩模区域的 USAN 值可以由式 3-1-29 计算出，其中 n 为 USAN 中像素个数，它给出了 USAN 值。

$$n(x_0, y_0) = \sum_{(x,y) \neq (x_0,y_0)} C(x, y) \tag{3-1-29}$$

将 n 与某固定阈值相比较，得到 SUSAN 算法对图像角点的响应函数为：

$$R(x_0, y_0) = \begin{cases} g - n(x_0, y_0) & n(x_0, y_0) < g \\ 0 & n(x_0, y_0) \geqslant g \end{cases} \tag{3-1-30}$$

其中 $g = n\max / 2$（$n\max$ 为 n 的最大值），恰好是理想边缘的 USAN 区大小，而对于实际有噪声影响的图像，边缘的 USAN 区一般都大于 g。为提高抗噪声干扰能力，在利用 USAN 值进行阈值比较时，不仅设定一个上限 g，有时还设定一个下限 g，下限的设定是为了排除孤立噪声点的干扰，通常情况下取 2～10 个像素。同时，利用 USAN 重心与核心点连线上像素点的边缘初始值要相近的条件来消除错误的角点。

4）Harris 算子

Harris 角点提取算子是 Chris Harris 和 Mike Stephens 在 Moravec 算子基础上发展出的利用自相关的角点提取算法。这种算子利用信号处理中自相关特性，利用了与自相关函数相联系的矩阵 M（张祖勋，2012）：

$$M = \begin{bmatrix} g_x & g_x g_y \\ g_x g_y & g_y \end{bmatrix} \tag{3-1-31}$$

其中 g_x 是灰度 g 在 x 方向的梯度，g_y 是 y 方向的梯度。

矩阵 M 的特征值是自相关函数的一阶曲率，如果两个曲率值很高，那么就认为该点是角点特征。

Harris 提取算法的步骤为：

（1）首先确定一个 $n \times n$ 大小的影像窗口，对窗口内的每一个像素点进行一阶差分运算，求得在 x, y 方向的梯度 g_x, g_y。

（2）对梯度值进行高斯滤波：

$$g_x = G \otimes g_x$$
$$g_y = G \otimes g_y$$
（3-1-32）

其中，G 为高斯卷积模板，σ 取 $0.3 \sim 0.9$。

（3）根据式，计算 $\boldsymbol{M}$，然后计算兴趣值：

$$I = \det(\boldsymbol{M}) - k \cdot \mathrm{tr}^2(\boldsymbol{M})$$
（3-1-33）

其中，$\det$ 是矩阵的行列式，tr 是矩阵的迹，k 是默认常数，一般取 $k = 0.04$。

（4）选取兴趣值的局部极值点，在一定窗口内取最大值。局部极值点的数目往往很多，也可以根据特征点数提取的数目要求，对所有的极值点排序，根据要求选出兴趣值最大的若干个点作为最后的结果。

Harris 角点给出的兴趣值作为衡量特征点显著性，可以控制特征点提取的输出。在一块区域内，可以按照兴趣值大小输出所需要的特征点数目。在有些情况下，需要特征点分布均匀，则可以通过一定网格内最大值实现均匀特征点的输出。由于它能给出特征点的类型且精度较高，因此其在实际处理过程中很受欢迎（张祖勋，2012）。

5）特征点提取对比实验

为了确定在岩石破裂实验中应该选取何种特征点算子来提取特征点，需要对上述特征点提取算子进行对比，并根据最终提取岩石影像的特征情况，选取最合适的一种特征点提取算子。此次对比实验数据源是岩石破裂影像，见图 3-1-44，采用的过程为用不同的特征点提取算子对影像中的岩石块进行特征点提取，其结果见图 3-1-45～图 3-1-48 所示。

（1）Moravec 算子提取结果：共提取 264 个特征点（包含 16 个错误特征点）。

（2）Forstner 算子提取结果：共提取 669 个特征点（包含 16 个错误特征点）。

（3）Susan 算子提取结果：共提取 520 个特征点（包含 43 个错误特征点）。

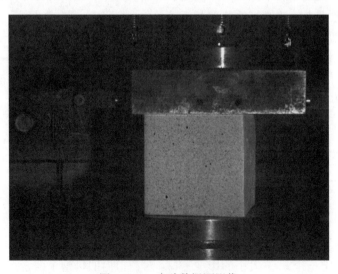

图 3-1-44　实验数据源影像

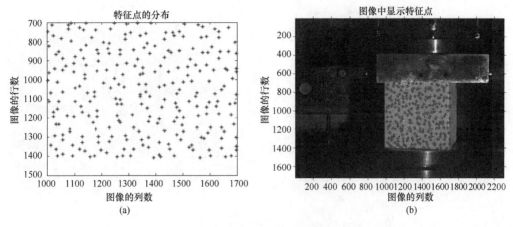

图 3-1-45　Moravec 算子特征提取结果

（a）特征点分布图；（b）实际特征点图

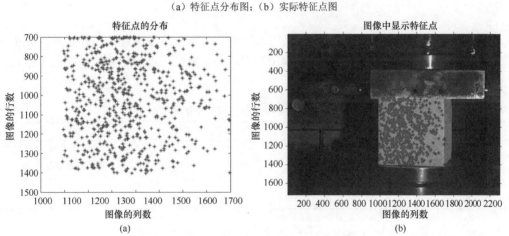

图 3-1-46　Forstner 算子特征提取结果

（a）特征点分布图；（b）实际特征点图

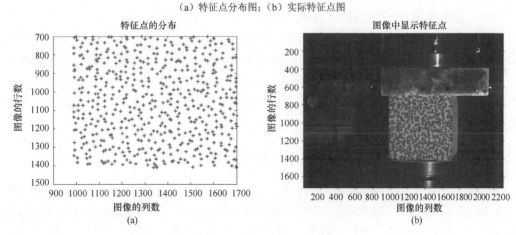

图 3-1-47　Susan 算子特征提取结果

（a）特征点分布图；（b）实际特征点图

（4）Harris 算子提取结果：共提取 783 个特征点（包含 11 个错误特征点）。

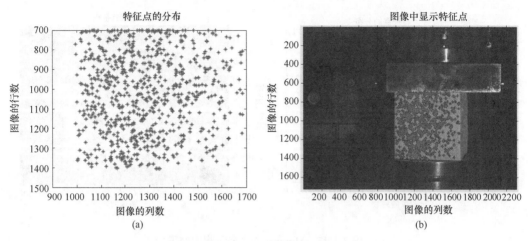

图 3-1-48　Harris 算子特征提取结果

（a）特征点分布图；（b）实际特征点图

　　为了比较各个算子提取特征点的优劣，采用人工查看的方法对上述各种角点的正确率进行了统计。因此，在此次岩石破裂压缩实验中，Harris 算子的特征提取效果最佳。统计结果如表 3-1-8 所示。

表 3-1-8　实验中各特征点提取算子的提取结果

算子	总特征点个数	错误特征点个数	正确率/%
Moravec	264	16	93.94
Forstner	669	16	97.60
Susan	520	43	91.73
Harris	783	11	98.60

3.2　左右影像目标立体匹配

　　影像匹配是高速视频测量关键核心技术之一，其精度和速度直接影响着形变结果的质量和解算效率。左右影像目标立体匹配是通过同名影像间的目标匹配以精确获取立体像对的视差，进而恢复出目标在空间中的三维信息。本节主要介绍了目标点的左右点集配准、亚像素级灰度匹配与鲁棒的立体匹配策略。其中左右点集配准主要应用于公共视场内少量点对的配准，而基于灰度的亚像素级匹配主要应用于散斑同名影像的大量同名点对配准。

3.2.1　左右点集配准

　　根据上述目标点识别与定位方法分别从立体像对上确定出目标点的位置后，还需要建立目标点在立体影像间的同名关系。如果采用编码标志，通过解码的编号可以辅助自动的目标点匹配，但对于大跨度成像范围和中低分辨率相机的情况，需要将编码标志做得较大因而并不适用（Luhmann et al.，2016）。因此，需要考虑有效的影像处理算法来实现左右影像目标的立体匹配。通常会采用特征描述算子和特征匹配方法，然而由于相似的人工标志和无纹理的模型材料会导致特征描述子无法区分，而且立体影像间的大夹角也使得特征匹配变得困难。

点集配准算法是一种有效的方式来实现复杂情况下的左右影像目标立体匹配，与基于描述子的特征匹配方法仅依赖于影像的强度信息不同，结合几何约束和统计信息来实现两个点集的最优匹配。其中，保持全局与局部结构特征的点集配准方法（Point Set Registration by Preserving Global and Local Structures，简称 PR-GLS）采用高斯混合模型（Gaussian Mixture Model，简称 GMM）进行建模（Ma et al.，2016），结合基于局部特征的软指派策略，可以高效地估计点集的对应关系并减少变形和噪声等畸变的影响。需要注意的是，在首帧立体影像上利用点集配准算法确定的目标点同名关系对整个影像序列都同样适用。

1. 保持全局与局部结构特征的点集配准方法

令 $X = (x_1, \cdots, x_N)$ 和 $Y = (y_1, \cdots, y_M)$ 分别为模板点集与目标点集，我们的目标是恢复出变换函数 f 从而将模板点集变形对齐到目标点集上。PR-GLS 方法采用 GMM 来建模，将点集对应关系与变换函数两个变量公式化到一个目标函数中。引入一系列隐变量 $Z = \{z_m \in IN_{N+1} : m \in IN_M\}$ 来表示点集对应关系，如果 $z_m = n$，$1 \leqslant n \leqslant N$，表示目标点 y_m 与模板点 x_n 对应，如果 $z_m = N+1$，表示目标点 y_m 为离群点。GMM 概率密度函数可定义为

$$P(y_m) = \sum_{n=1}^{N+1} P(z_m = n) P(y_m \mid z_m = n) \tag{3-2-1}$$

对于点集配准问题，可以对 GMM 的所有组成部分采用同一的各向同性的协方差 $\sigma^2 I$，且离群点的分布可以假设为均匀分布 $1/\alpha$。令 $\theta = \{f, \sigma^2, \gamma\}$ 表示未知参数，其中 $\gamma \in [0,1]$ 为离群点比例；令 π_{mn} 表示 GMM 每个组成部分的混合系数，且 $\sum_{n=1}^{N} \pi_{mn} = 1$。混合模型具有如下形式

$$P(y_m \mid \theta) = \frac{\gamma}{a} + (1-\gamma) \sum_{n=1}^{N} \frac{\pi_{mn}}{(2\pi\sigma^2)^{D/2}} e^{-\frac{y_m - f(x_n)}{2\sigma^2}} \tag{3-2-2}$$

PR-GLS 方法通过融入局部邻域结构信息来初始化 π_{mn}，对每一个点计算其形状上下文局部特征描述子，然后采用匈牙利算法结合 χ^2 度量作为匹配方法，基于粗略匹配两个点集的特征描述子来初始化 π_{mn}（马佳义，2014）：

（1）对于目标点 y_m，

$$\pi_{mn} = \begin{cases} \dfrac{\tau}{|I|}, & x_n \in I \\[3mm] \dfrac{1-\tau}{M-|I|}, & x_n \notin I \end{cases} \tag{3-2-3}$$

其中，I 表示目标点对应的模板点集，参数 $\tau(0 \leqslant \tau \leqslant 1)$ 作为特征匹配的可信度，$|\cdot|$ 表示

集合的势。

（2）如果目标点 y_m 没有对应的模板点，则对所有的 GMM 组成部分采用等概率进行赋值，即 $\pi_{mn} = \dfrac{1}{N}$ 。

可以通过期望最大化（Expectation-maximization，简称 EM）算法来估计模型参数，其分为 E 步和 M 步两步进行迭代。E 步采用当前的参数值来求解隐变量的后验分布，M 步确定修正参数。PR-GLS 方法的具体流程为（Ma et al，2016）：

①改造 Gram 矩阵，并初始化未知参数。

②计算目标点集 Y 的特征描述子。

③E 步：计算变形后模板点集 $f(X)$ 的特征描述子；匹配 $f(X)$ 与 Y 间的对应关系，并基于对应关系初始化 π_{mn} ；根据 Bayes 规则更新隐变量的后验概率矩阵。

④M 步：根据完全数据的对数似然函数的后验期望分别更新 $f(X)$ ，σ^2 ，γ 等未知参数。

⑤迭代 E 步和 M 步直至收敛。

2．点集配准方法实例验证

根据目标点识别与定位得到的标志点中心，采用保持全局与局部结构特征的点集配准方法确定在两个影像序列间的对应关系。如图 3-2-1 所示，圆圈代表左影像的标志点，十字代表右影像的标志点，控制点和跟踪点分别用蓝色和红色表示。图 3-2-1（a）中，左右影像的标志点的影像坐标由于成像视角不同存在明显差异，采用点集配准方法估计

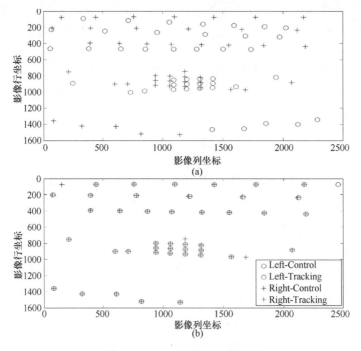

图 3-2-1　点集配准方法效果图

（a）点集配准前左右影像标志点的影像坐标；（b）点集配准后左右影像标志点的影像坐标

两个点集间的变换函数，并确定左右影像标志点的对应性，如图 3-2-1（b）所示，经过点集配准后，同名的标志点几乎重合在一起。

3.2.2　基于灰度相关的立体匹配策略

立体匹配通常应用于同名影像序列的初始时刻，主要有两个目的：①计算左右散斑影像对中的同名像点坐标；②为后续的影像序列跟踪提供点位的像方初始位置。在影像匹配中，由粗到精的匹配方法适用于同名影像序列中的同名匹配。粗匹配是利用最大归一化相关系数在同名影像搜索区域获取整像素级粗略点位，精匹配则通过最小二乘匹配方法来确定亚像素级精确点位。其中最小二乘匹配方法以相关系数最大为目标并将影像变形视为仿射变换，利用窗口内的灰度信息和位置信息进行最小二乘迭代平差处理，从而可达到 1/10 其至 1/100 像素的匹配精度（Ackermann，1984），其目标函数方程如公式（3-2-4）。

$$g_0(x,y) + n_0(x,y) = h_0 + h_1 g_i(a_0 + a_1 x + a_2 y, b_0 + b_1 x + b_2 y) + n_i(x,y) \qquad (3\text{-}2\text{-}4)$$

其中，$g_0(x,y)$ 表示初始帧目标影像灰度分布，$g_i(x,y)$ 表示后续帧目标影像灰度分布，$n_0(x,y)$ 与 $n_i(x,y)$ 分别表示 g_0 与 g_i 中存在的随机噪声，h_0 与 h_1 表示影像线性辐射畸变参数，$(a_0, a_1, a_2, b_0, b_1, b_2)$ 表示影像几何畸变参数。

下面的归一化相关函数不但是粗匹配的相似评价标准，而且也用于最小二乘匹配迭代的截止条件。

$$\text{NCC}(f,g) = \frac{\sum_{i=-M}^{M} \sum_{j=-M}^{M} \left(f_{i,j} - \overline{f}\right)\left(g_{i,j} - \overline{g}\right)}{\sqrt{\sum_{i=-M}^{M} \sum_{j=-M}^{M} \left(f_{i,j} - \overline{f}\right)^2 \cdot \sum_{i=-M}^{M} \sum_{j=-M}^{M} \left(g_{i,j} - \overline{g}\right)^2}} \qquad (3\text{-}2\text{-}5)$$

在上述公式中，目标影像块的窗口尺寸可设为 $(2M+1) \times (2M+1)$；$f_{i,j}$ 和 $g_{i,j}$ 分别是目标影像和同名影像中坐标为 (i,j) 的灰度值；$\overline{f}$ 和 $\overline{g}$ 分别是目标影像块与待匹配影像块的平均灰度值。在影像相关评价中，NCC 相似评价方法能够克服灰度线性变化所带来的误相关难题。最小二乘匹配的计算流程如图 3-2-2 所示。

3.2.3　基于核线约束的立体匹配策略

立体匹配若没有任何先验的几何约束，在寻找每个目标的同名点时都将采用全局搜索匹配。这种搜索方法不仅效率十分低，而且非常容易受纹理缺失、重复纹理等因素造成错误的匹配点位。因此，利用核线几何约束则可以减小搜索范围，是一种计算效率高且可靠的同名匹配策略。高速视频测量中，核线是核平面与两张影像的交线，核平面是物方点与两个相机透视中心共同所在的平面，而核线约束则描述的是两张影像上的同名投影像点一定在同一个核平面上。由此可推论出，左影像上每个目标点的同名点一定在该目标点所在核平面与右影像的交线（即核线）上。核线约束将原先二维的搜索空间缩小至一维的核线空间，大大的减小了搜索范围。

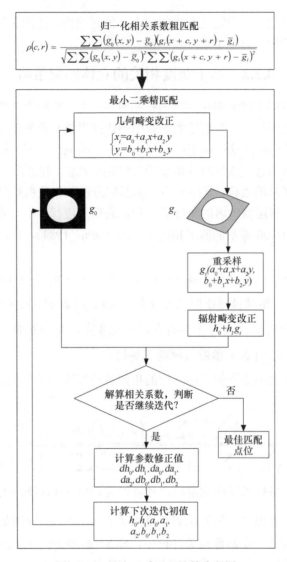

图 3-2-2 最小二乘匹配计算流程图

核线约束的描述如图 3-2-3 所示，在左影像中同一个核面相交的核线上所有目标点位都对应右影像上的同一条核线，由此形成以核线为单位的对应关系。在立体匹配中，如果能够找出所有的对应核线对，那么匹配过程将变得十分简单。在高速视频测量中，可通过核线纠正来完成这一步骤。具体步骤如下，首先通过标定好的相机参数，将影像投影纠正至与基线平行的平面上；然后保证两个相机的主光轴相互平行，使得核平面与两张影像的交线位于同一个扫描行；最后同一条核线将对应于立体影像的同一行，即同名点对的行号相等而列号不同。核线纠正如图 3-2-4 所示。

核线纠正之后的图像同名点只存在列号的差异，这种差异就称为视差（行方向视差可通过纠正消除）。换而言之，视差即等于同名点在左影像上的列号减去在右影像上的列号。

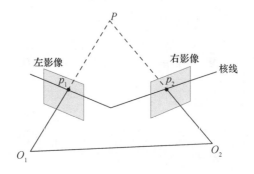

图 3-2-3　核线约束示意图

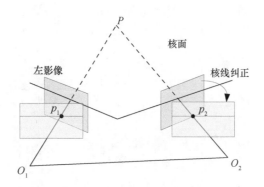

图 3-2-4　核线纠正示意图

3.2.4　基于可信度引导的立体匹配策略

　　在精匹配过程中，立体匹配与目标跟踪采用相同的亚像素级匹配方法。在众多亚像素级匹配方法中，本书采用最小二乘匹配方法，该方法在解算过程中能够考虑目标影像块的几何畸变且计算效率优于传统的牛顿-拉夫逊相关方法（Newton- Raphson method，简称 NR）。此外，凭借灰度不变性的优势，本书将采用零均值归一化互相关以评估影像块间的相似程度。而在粗匹配过程中，立体匹配将介绍一种有效的可信度引导匹配策略以精确确定目标点的同名位置（Pan，2009）。

　　为了达到自动化解算的目的，可信度引导匹配策略主要完成两个计算步骤：①所有目标点将以归一化互相关值作为依据逐个实施立体匹配；②每个目标点的搜索窗口将由已匹配的相邻点位所提供。如图 3-2-5 所示，当一个目标点（黑色圆）被成功匹配时，它相邻点位（即 L1，L2，L3 和 L4）的搜索窗口将由该目标点的同名点位（灰色圆）来提供。因此，在整个匹配过程的初期，需要提供至少一对已知种子点来保证该算法的成功运行。图 3-2-5 右侧展示了目标点位的立体匹配顺序。其中，具有最高归一化互相关值的目标相邻点位将被优先匹配，并且该目标影像块的形变参数能够被直接提供给它的相邻点位以作为最小二乘匹配的迭代初值。通过上述可信度引导匹配策略与最小二乘匹配方法，可在序列影像的初始时刻计算出密集且精确的同名点位。

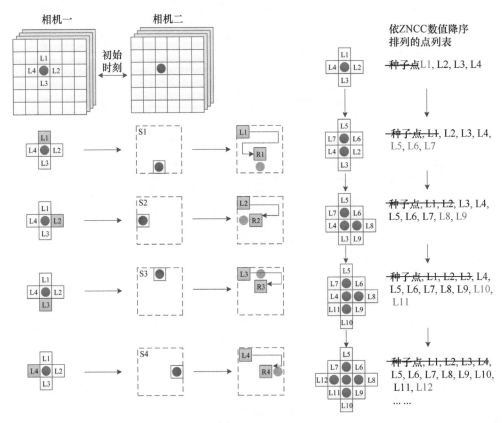

图 3-2-5 可信度引导匹配策略

在数字散斑立体影像中，也可采用可信度引导匹配策略以完成立体匹配过程，如图 3-2-6 所示，两台高速相机采集的立体同名影像。如图 3-2-7 所示，在人工设定的散斑兴趣区内随意选取一对种子点，进而可通过可信度引导匹配策略完成密集匹配，其中目标点选取的间隔为 5 像素，目标影像块的窗口边长为 30 像素。

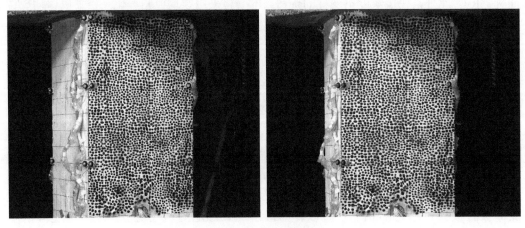

图 3-2-6 同名散斑影像

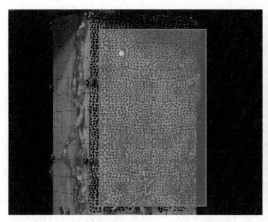

图 3-2-7　同名种子点选取

3.3　前后序列影像目标跟踪

前后序列影像目标跟踪是通过序列影像间的跟踪匹配，精确获取目标点位置随时间变化的运动信息。本节将主要阐述基于灰度的亚像素级匹配方法和基于相位相关的亚像素级匹配方法。其中，基于灰度的影像匹配是一种经典方法，在数字影像形变监测中能够达到非常高的跟踪精度；而基于相位信息的影像匹配方法，通过傅里叶变换将影像转换到频域，利用相位差信息进行匹配，克服了空域灰度匹配容易在灰度数值差较大的区域产生误匹配的缺陷，具有匹配速度快，鲁棒性强和受辐射差异影像小等特点。

3.3.1　基于灰度的亚像素级匹配方法

一般地，振动台的振动幅度有一定的范围，以同济大学振动台为例，X 方向的最大振动位移为 100mm。相应地，建筑结构物或是构筑物模型上的标志点的最大位移会在一定的范围内。针对振动台的运动规律，本书提出的目标点跟踪方法包括两个关键部分：整像素位移值的获取和亚像素位移值的估计。图 3-3-1 为目标点跟踪方法流程图。

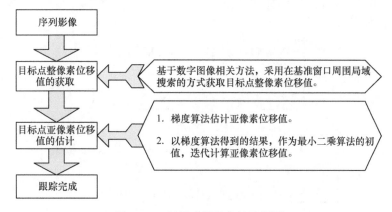

图 3-3-1　目标点跟踪方法流程图

1. 整像素位移值的获取

给定一个相关系数阈值，在目标图像中以基准窗口为中心的一定范围的正方形区域内进行搜索，计算模板窗口与每个搜索窗口的相关系数值，若是相关系数值超过阈值则搜索完毕，此时整像素位移 u 和 v 的获取就转换成了相关系数峰值的求取。当找到相关系数峰值时，对应的 u 和 v 即是整像素位移。

2. 基于数字图像相关方法的亚像素位移值的估计

1）基于梯度算法的亚像素位移估计（潘兵，2005）

根据物体表面上的同一点在变形前后图像上的灰度保持不变的假设，对于子集 A（基准图像）上的点 $Q(x_i, y_j)$ 的灰度值为 $f(x_i, y_j)$ 和在子集 B（目标图像）上的对应点 v 的灰度值为 $g(x'_i, y'_j)$，有灰度关系可以表示为：

$$f(x_i, y_j) = g(x'_i, y'_j) = g(x_i + u + \Delta x, y_j + v + \Delta y) \tag{3-3-1}$$

其中

$$x'_i = x_i + u + \Delta x$$
$$y'_j = y_j + v + \Delta y$$

u, v 分别为基准图像中点 (x_0, y_0) 对应的整像素位移，$\Delta x, \Delta y$ 分别为与 x_i, y_j 方向整像素位移所对应的亚像素位移。将式（3-3-1）对 $\Delta x, \Delta y$ 进行一阶泰勒展开并舍去高阶小量，可得

$$g(x_i + u + \Delta x, y_j + v + \Delta y) = g(x_i + u, y_j + v) + \Delta x * g_{x_i}(x_i + u, y_j + v) + \Delta y * g_{y_j}(x_i + u, y_j + v)$$

$$\tag{3-3-2}$$

其中：g_{x_i}, g_{y_j} 为点 (x_i, y_j) 在 x_i, y_j 方向的灰度梯度。对于真实的微小位移 $\Delta x, \Delta y$ 应使下面的最小平方距离相关函数取驻值。

$$s(\Delta x, \Delta y) = \sum_{i=-k}^{k} \sum_{j=-k}^{k} \left[f(x_i, y_j) - g(x_i + u + \Delta x, y_j + v + \Delta y) \right]^2 \tag{3-3-3}$$

即 $\dfrac{\partial s}{\partial \Delta x} = 0, \dfrac{\partial s}{\partial \Delta y} = 0$，经计算可得

$$\begin{bmatrix} \Delta x \\ \Delta y \end{bmatrix} = \begin{bmatrix} \displaystyle\sum_{i=-k}^{k} \sum_{j=-k}^{k} (g_{x_i})^2 & \displaystyle\sum_{i=-k}^{k} \sum_{j=-k}^{k} (g_{x_i} * g_{y_j}) \\ \displaystyle\sum_{i=-k}^{k} \sum_{j=-k}^{k} (g_{x_i} * g_{y_j}) & \displaystyle\sum_{i=-k}^{k} \sum_{j=-k}^{k} (g_{y_j})^2 \end{bmatrix}^{-1}$$

$$* \begin{bmatrix} \displaystyle\sum_{i=-k}^{k} \sum_{j=-k}^{k} \{[f(x_i, y_j) - g(x_i + u, y_j + v)] * g_{x_i}\} \\ \displaystyle\sum_{i=-k}^{k} \sum_{j=-k}^{k} \{[f(x_i, y_j) - g(x_i + u, y_j + v)] * g_{y_j}\} \end{bmatrix} \tag{3-3-4}$$

点 (x_i, y_j) 在 x_i, y_j 方向的灰度梯度为 g_{x_i}, g_{y_j}。基于梯度的亚像素位移估计算法当采用 Barron 算子计算其灰度梯度时抗噪声能力较强，精度较高。本书采用 Barron 算子计算灰度梯度：

$$g_{x_i} = \frac{1}{12}*g(x_i-2,y_j) - \frac{8}{12}*g(x_i-1,y_j) + \frac{8}{12}*g(x_i+1,y_j) - \frac{1}{12}*g(x_i+2,y_j)$$

$$g_{y_j} = \frac{1}{12}*g(x_i,y_j-2) - \frac{8}{12}*g(x_i,y_j-1) + \frac{8}{12}*g(x_i,y_j+1) - \frac{1}{12}*g(x_i,y_j+2)$$

2）基于最小二乘算法的亚像素位移估计（耿则勋等，2010）

基本思想：模板窗口与搜索窗口内影像灰度差的平方和达到极小。考虑了变形后图像子区形状的改变，同时考虑了模板窗口与搜索窗口内影像亮度的偏移和对比度的变化。

假设基准图像中的图像子区 A 内的 Q 点坐标为 (x_i, y_j)，灰度为 $f(x_i, y_j)$，在变形后的目标图像子区 B 中的位置为 $Q'(x_i', y_j')$。灰度为：

$$g(p_0 + p_1*x_i' + p_2*y_j', q_0 + q_1*x_i' + q_2*y_j') \tag{3-3-5}$$

且存在如下对应关系：

$$f(x_i, y_j) = \lambda_0 + \lambda_1*g(p_0 + p_1*x_i' + p_2*y_j', q_0 + q_1*x_i' + q_2*y_j') \tag{3-3-6}$$

其中，$x_i' = x_i + u, y_j' = y_j + v$，$\lambda_0$ 为亮度偏移参数，λ_1 为对比度拉伸参数，对于目标窗口中的非整像素灰度值，通过内插函数获取。

设

$$F(\lambda_0, \lambda_1, p_0, p_1, p_2, q_0, q_1, q_2) = \lambda_0 + \lambda_1*g(p_0 + p_1*x_i' + p_2*y_j', q_0 + q_1*x_i' + q_2*y_j') - f(x_i, y_j) \tag{3-3-7}$$

对式（3-3-7）按泰勒级数展开，取至一次项，有

$$F(\lambda_0, \lambda_1, p_0, p_1, p_2, q_0, q_1, q_2) = F^0 + \frac{\partial F}{\partial \lambda_0}*d\lambda_0 + \frac{\partial F}{\partial \lambda_1}*d\lambda_1 + \sum_{i=0}^{2}\frac{\partial F}{\partial p_i}*dp_i + \sum_{i=0}^{2}\frac{\partial F}{\partial q_i}*dq_i \tag{3-3-8}$$

其中，$F^0 = \lambda_0^0 + \lambda_1^0*g(p_0^0 + p_1^0*x_i' + p_2^0*y_j', q_0^0 + q_1^0*x_i' + q_2^0*y_j') - f(x_i, y_j)$

可得到误差方程

$$V = F^0 + k_1*d\lambda_0 + k_2*d\lambda_1 + k_3*dp_0 + k_4*dp_1 + k_5*dp_2 + k_6*dq_0 + k_7*dq_1 + k_8*dq_2 \tag{3-3-9}$$

其中，

$$k_1 = 1$$
$$k_2 = g(p_0 + p_1*x_i' + p_2*y_j', q_0 + q_1*x_i' + q_2*y_j')$$
$$k_3 = \lambda_1*\frac{\partial g}{\partial x}$$
$$k_4 = \lambda_1*\frac{\partial g}{\partial x}*x_i'$$

$$k_5 = \lambda_1 * \frac{\partial g}{\partial x} * y'_j$$

$$k_6 = \lambda_1 * \frac{\partial g}{\partial y}$$

$$k_7 = \lambda_1 * \frac{\partial g}{\partial y} * x'_i$$

$$k_8 = \lambda_1 * \frac{\partial g}{\partial y} * y'_j$$

$\frac{\partial g}{\partial x}$ 和 $\frac{\partial g}{\partial y}$ 为目标窗口对应于 x 和 y 方向的灰度梯度,采用 *Barron* 算子计算。

3)亚像素级跟踪匹配算法对比实验

如图 3-3-2,以 Kobe 地震波(实验中仅沿着一个方向)激励实验模型,用两台高速相机同步采集序列影像。在基于数字图像相关方法的亚像素位移测量中,计算窗口的选择对测量结果的精度和效率有着很大的影响。以左相机的序列影像中的 7 号标志点中心像素坐标(1607.455,936.038)为例,按照上述方法,考察整像素位移和梯度算子窗口大小对结果的影响。最小二乘亚像素位移估计算法,对整像素位移初值的依赖很大,当位移初值不够准确时,可能不收敛,所以本书采用梯度法亚像素位移估计的结果作为最小二乘亚像素位移估计算法的初值,收到很好的效果。当某一帧亚像素位移估计不收敛时,采用梯度算法的结果替代。

图 3-3-2　堰塞湖堆积坝体振动台实验目标点编号

为了便于计算和比较,提取的椭圆中心像素坐标取整后作为基准窗口的中心,比如左相机 7 号标志点中心取为(1607,936),以 PhotoModeler Scanner 的跟踪结果为参考值,最小二乘算法的跟踪结果为观测值,计算中误差。这样,最小二乘算法的跟踪结果会与 PhotoModeler Scanner 的跟踪结果有一个恒定的偏移(取整产生的)。以 7 号标志点为例,最小二乘算法的计算中误差应该接近 0.455 像素。计算结果如表 3-3-1 和表 3-3-2 所示。其中梯度算法的计算中误差为 σ_1,最小二乘的计算中误差为 σ_2。

对左相机序列影像中的 4 号标志点,即像素坐标为(1415.163,946.450),整像素搜索窗口边长为 71 像素,梯度算子窗口边长为 21 像素,其亚像素的计算结果与

表 3-3-1　计算子窗口对计算结果的影响（梯度算法的计算中误差 σ_1，单位：像素）

搜索窗口	计算子窗口									
	5×5	11×11	21×21	31×31	41×41	51×51	61×61	71×71	81×81	91×91
31×31	0.607	0.436	0.452	0.462	\	\	\	\	\	\
41×41	0.607	0.436	0.452	0.462	0.463	\	\	\	\	\
51×51	0.608	0.437	0.452	0.462	0.463	0.468	\	\	\	\
61×61	0.608	0.437	0.452	0.462	0.463	0.468	0.477	\	\	\
71×71	0.589	0.431	0.452	0.461	0.462	0.466	0.475	0.480	\	\
81×81	0.587	0.431	0.452	0.461	0.462	0.466	0.475	0.480	0.479	\
91×91	0.589	0.431	0.452	0.461	0.462	0.466	0.475	0.480	0.479	0.478

表 3-3-2　计算子窗口对计算结果的影响（最小二乘算法的计算中误差 σ_2，单位：像素）

搜索窗口	计算子窗口									
	5×5	11×11	21×21	31×31	41×41	51×51	61×61	71×71	81×81	91×91
31×31	0.487	0.465	0.458	0.460	\	\	\	\	\	\
41×41	0.489	0.465	0.460	0.461	0.462	\	\	\	\	\
51×51	0.489	0.469	0.460	0.462	0.462	0.462	\	\	\	\
61×61	0.497	0.470	0.462	0.463	0.463	0.464	0.465	\	\	\
71×71	0.483	0.460	0.457	0.458	0.458	0.458	0.459	0.458	\	\
81×81	0.487	0.460	0.459	0.460	0.460	0.460	0.461	0.460	0.460	\
91×91	0.473	0.464	0.458	0.462	0.462	0.463	0.463	0.462	0.462	0.462

PhotoModeler Scanner 的计算结果如图 3-3-3～图 3-3-6 所示。设 σ_1 为初始偏移值（取整产生），σ_2=0.163 像素。通过与基准值对比，梯度算法的跟踪结果偏差值约为 0.02 像素，最小二乘匹配算法的跟踪结果偏差值约为 0.03 像素。因此，该实验验证了所提出的跟踪方法具有较高的跟踪精度。

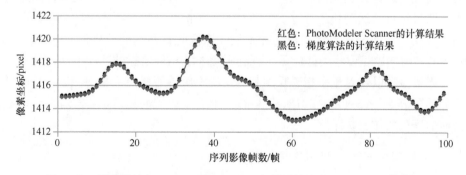

图 3-3-3　梯度算法与 PhotoModeler Scanner 的计算结果（σ_1=0.160 像素）

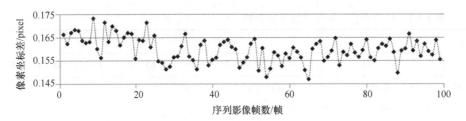

图 3-3-4　梯度算法与 PhotoModeler Scanner 的计算结果相减差值图

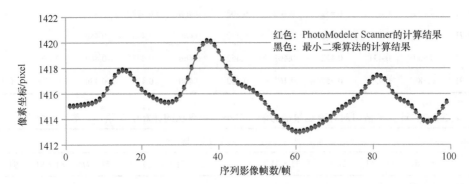

图 3-3-5　最小二乘算法与 PhotoModeler Scanner 的计算结果（σ_2=0.163 像素）

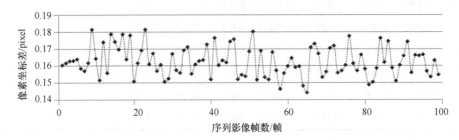

图 3-3-6　最小二乘算法与 PhotoModeler Scanner 的计算结果相减差值图

3.3.2　基于相位相关的亚像素级匹配方法

为了实现高速视频测量在时间域上的位移计算，需要实现影像序列间目标点的跟踪匹配来获取目标点的运动轨迹。对于振动监测等影像间窗口变形不大的应用，视觉测量系统通常采用基于影像相关的模板匹配来估计影像间目标点的偏移值（Sutton et al.，2009；Pan，2011）。相位相关匹配是一种利用频率域相位信息的匹配方法，具有理论精度高、计算效率高以及对频率相关噪声和对比度不敏感等优点。其中，基于稳健平面拟合的相位相关方法（Ye et al.，2018）可以得到亚像素级的高精度，非常适用于高速视频测量的前后序列影像目标跟踪。

1．基于稳健平面拟合的相位相关方法

相位相关的理论基础是傅里叶变换的平移特性，即空域下的平移在频域下显示为线性相位差。假设两幅影像 $f(x, y)$ 和 $g(x, y)$ 存在水平方向偏移 x_0 和垂直方向偏移 y_0，即

$g(x, y) = f(x - x_0, y - y_0)$。傅里叶变换的平移特性表示为：

$$G(u,v) = F(u,v)\exp\{-i(ux_0 + vy_0)\} \tag{3-3-10}$$

式中，i 表示虚数，$F(u,v)$ 和 $G(u,v)$ 是 $f(x,y)$ 和 $g(x,y)$ 傅里叶变换后相应的结果。计算两幅影像间的归一化互功率谱矩阵来提取相位信息：

$$Q(u,v) = \frac{F(u,v)G(u,v)^*}{\left|F(u,v)G(u,v)^*\right|} = \exp\{i(ux_0 + vy_0)\} \tag{3-3-11}$$

结合复变函数的欧拉公式，式（3-3-11）可以推导出：

$$\varphi(u,v) = \angle Q(u,v) = ux_0 + vy_0 \tag{3-3-12}$$

式中，$\varphi(u,v)$ 表示相位角。可以看出在连续情况下互功率谱的相位角理论上符合一个二维平面模型，而水平垂直方向的亚像素偏移值 x_0 和 y_0 对应为平面的斜率。

据此，基于平面拟合的相位相关方法通过掩膜后的相位差数据采用最小二乘法拟合二维平面参数计算亚像素偏移值（Stone et al，2001）。主要实施步骤为：

①采用 Blackman 窗函数减弱边缘效应的影响；②通过傅里叶变换计算两幅影像间的互功率谱矩阵；③排除落在离中心超过半径 R 的高频频率成分，半径 R 选取为 $0.6N/2$，N 为影像大小；④滤除两幅影像的频谱幅值小于特定阈值的成分。根据频谱幅值选取特定成分包括两种方式。第一种方式，计算中心峰值附近 5×5 范围内的频率成分幅值的均方根 p_{RMS}，排除频谱幅值小于 $\alpha \cdot p_{RMS}$ 的成分；第二种方式，根据频谱幅值进行排序，只保留最大的 K 个频率成分。⑤根据掩膜后互功率谱的相位角数据，利用最小二乘法估计平面模型的斜率，对应影像间的亚像素偏移值。

然而，上述方法的频域掩膜操作仍不足以完全消除混叠和噪声等干扰因素对理论平面模型的影响，并且控制频域掩膜操作的参数对不同情况需要调整以获取最佳结果，过小的阈值无法保证算法结果的准确性，而过高的阈值又损失了过多的信息，减少了偏移值可计算范围。因此，基于稳健平面拟合的相位相关方法附加采取了影像梯度表达、频域滤波、稳健估计以及稳健迭代等措施来提高亚像素偏移值计算的精度与稳健性。

（1）采用影像梯度作为影像表达形式。影像梯度表达只保留了影像显著特征的频率响应，因此，对于匹配无帮助的弱纹理区域有更好地处理。

（2）在频域掩膜操作的基础上，采用频域滤波进一步削减混叠和噪声等干扰因素对后续相位解缠和平面拟合等操作的影响。直接对相位角数据平滑会受到相位缠绕的不连续性影响，因此，分别对互功率谱数据的实数部分和虚数部分采用二维均值滤波进行平滑，相当于对相位角数据的余弦和正弦函数进行平滑。应选择较小的滤波邻域大小（例如，3×3-9×9）以便不改变相位角平面的斜率。

（3）采用稳健估计算法（Robust Estimation using Higher than Minimal Subset Sampling，简称 HMSS）代替最小二乘法来计算平面模型的斜率（Tennakoon et al.，2016）。HMSS 算法属于假设-验证结构类型的算法，相对于传统 RANSAC 算法，主要的改进包括两点。一方面，由于测量噪声的存在，即使全为内点的最小随机采样数据样本集也无法保证正确的模型假设，因此采用高于最小要求样本大小的数据样本集，验证了随机采样最小要求样本大小加 2 的数据样本集会有更好的效果，然而选择一个全为内点的样本集的概率会随着样本大小增加而大幅降低，因此，直接应用到现有的方法并不可行。HMSS 算法提出一种新的计算上有效的算法来实现使用高于最小要求样本大小的数据样本集，代价函数选择 Least K-th Order Statistics（LKOS）估计：

$$F(\theta) = r_{i_{k,\theta}}^2(\theta) \tag{3-3-13}$$

式中，$r_i^2(\theta)$ 表示根据模型参 θ 数的第 i 个残差的平方，$i_{k,\theta}$ 表示根据模型参数 θ 的第 k 个排序的残差平方的序号，k 为模型内点最小可接受的大小。初始随机采样后，模型参数的更新过程为：

$$\theta_{l+1} = \text{LeastSquareFit}([x_{i_{m,\theta_l}}]_{m=k-h+1}^k) \tag{3-3-14}$$

式中，h 为样本集大小，等于最小要求样本大小加 2。采用 LkOS 使得用于判断内点的阈值能够自适应确定，而不需要用户输入和固定（Moisan et al.，2012）。

另外，HMSS 算法提出了一种新的停止条件，一旦模型满足就停止计算：

$$F_{\text{stop}} = \left[r_{i_{k,\theta_l}}^2(\theta_l) < \frac{1}{h} \sum_{j=k-h+1}^k r_{i_{j,\theta_{l-1}}}^2(\theta_l) \right] \wedge \left[r_{i_{k,\theta_l}}^2(\theta_l) < \frac{1}{h} \sum_{j=k-h+1}^k r_{i_{j,\theta_{l-2}}}^2(\theta_l) \right] \tag{3-3-15}$$

停止条件判断前两次迭代的数据样本集的平均残差是否仍然小于第 k 个排序残差，如果满足说明最后三次迭代的模型结构一致，算法可以结束。为了避免陷入局部极值，HMSS 算法可采用类似 RANSAC 算法的多次随机采样方式来重新初始化，但重新初始化次数一般不超过 10 次，远远小于传统 RANSAC 算法。上述两点改进保证了 HMSS 算法在稳健模型估计上具有高精度、高稳定性和对数据和参数不敏感等优点，使得 HMSS 算法适用于亚像素相位相关算法来提供精确和稳定的模型估计。

（4）亚像素相位相关方法的稳健性和可靠性可以通过稳健迭代操作来进一步提高（Leprince et al.，2007）。一旦获取了第一次的偏移值 (x_0^1, y_0^1)，根据傅里叶变换平移特性，新的归一化互功率谱定义为：

$$Q^2(u,v) = Q^1(u,v) \exp\{-i(ux_0^1 + vy_0^1)\} \tag{3-3-16}$$

式（3-3-16）可看作是在频域空间中补偿获取偏移值的影像重采样。残余的偏移值 (x_0^2, y_0^2) 可以根据 $Q^2(u,v)$ 计算出来，上述稳健迭代可以一直进行直到残余的偏移值低于某个阈值，而最终的偏移值估计等于所有迭代获取的偏移值之和。实际中，考虑到稳健性提升和计算效率的权衡，进行一次稳健迭代已经足够。

另外，如果不考虑相位的解缠，偏移值计算范围只能是[−0.5，0.5]像素，需要准确的初始整像素匹配过程。二维相位解缠是一个不适定问题，虽然采用最小费用网络流（Costantini，1998）等方法可以获取较好的解缠结果，但计算效率较差而且易受噪声等干扰因素的影响。实际上，相位相关的相位解缠过程理论上是可分的（Foroosh et al.，2004），可通过两个独立连续的沿着不同频率轴向的一维相位解缠实现，明显减少计算时间。

基于稳健平面拟合的相位相关方法的流程图如图 3-3-7 所示。①采用二阶中心差分计算影像梯度表达；②采用升余弦窗减弱边缘效应的影响，并计算两幅影像的归一化互功率谱矩阵；③采用频域掩膜操作以及小窗口的频域滤波削减噪声等干扰因素对相位差数据的影响；④对处理后数据在两个方向上进行独立连续的一维相位解缠；⑤采用HMSS 稳健估计算法计算解缠后相位平面的参数和内点，根据获取的内点进行最小二乘来优化平面模型参数，平面模型的斜率对应影像间的亚像素偏移值；⑥根据初始获取的偏移值更新归一化互功率谱，进行一次稳健迭代重复执行频域掩膜和滤波以及 HMSS稳健估计来精化亚像素偏移值。

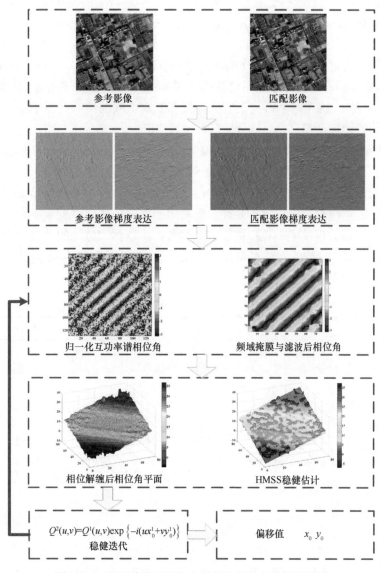

图 3-3-7 基于稳健平面拟合的相位相关方法的流程图

2. 亚像素相位相关方法对比实验

为了验证提出的基于稳健平面拟合的亚像素相位相关方法的有效性，设计了已知真实偏移的模拟实验来对比不同亚像素相位相关方法的结果。

采用两幅高速相机拍摄的影像作为基础影像，通过平移和降采样的方式生成模拟影像对，两个方向整像素平移范围从 1 到 5 个像素，降采样倍数设为 5，因此最终的亚像素偏移值为[0.2，0.4，0.6，0.8，1]，总共生成了 50 对模拟影像对。考虑三种相关窗的大小：32×32，64×64 和 128×128 来分析窗口大小的影响，在每对影像上各产生 2106、425 和 60 个匹配结果。与本书基于稳健平面拟合的方法对比的亚像素傅里叶相关匹配方法包括 Foroosh 方法（Foroosh et al.，2002），PEF 方法（Nagashima et al.，2006），UCC 方法（Guizar-Sicairos et al.，2008），Hoge 方法（Hoge，2003），Stone 方法（Stone et al.，2001）和 CCFO 方法（Heid and Kääb，2012）。此外，考虑 Stone 方法加上不同改进的 4 个变种来强调各改进部分的作用：Stone 方法和梯度表达（Stone_GR）、Stone 方法和相位滤波（Stone_PF）、Stone 方法和稳健估计（Stone_RE）以及 Sotne 方法和稳健迭代（Stone_RI）。以各方法在两个方向上的估计值和真实值间的绝对误差的均方根（RMS）以及估计值的平均标准差（MeanStd）作为评估测度。

表 3-3-3 列出了不同方法的对比结果。可以看出，本书提出的基于稳健平面拟合方法取得了一致最优的结果，并且相比原始 Stone 方法提高了匹配效果。PEF 和 Hoge 方法跟踪总体表现取得了次优的效果。4 种改进的变种都取得了相比原始 Stone 方法更优的效果，验证了 4 种改进措施的有效性，而提出的方法的优越性受益于集成 4 种附加措施来减弱干扰因素对理论平面模型的影响。另外，所以测试方法的效果都随着窗口大小的减小而变差，其中 UCC 方法对窗口大小变化最敏感，而 Foroosh 方法在窗口大小变化情况下效果最稳定。

表 3-3-3　模拟实验中不同方法的对比结果　　　　　　　（单位：像素）

	尺寸	方法	Foroosh	PEF	UCC	Hoge	Stone	CCF-O
行	32	RMS	0.1238	0.0636	0.3008	0.0595	0.1305	0.0881
		MeanStd	0.0675	0.0631	0.1227	0.0558	0.1264	0.0578
	64	RMS	0.1125	0.0261	0.1766	0.0281	0.0709	0.0673
		MeanStd	0.0457	0.0258	0.0908	0.0277	0.0702	0.0314
	128	RMS	0.1101	0.0103	0.0504	0.0163	0.0263	0.0598
		MeanStd	0.0363	0.0098	0.0179	0.0157	0.0252	0.0179
列	32	RMS	0.1456	0.0772	0.3191	0.0902	0.1480	0.1239
		MeanStd	0.0873	0.0764	0.1368	0.0827	0.1398	0.0921
	64	RMS	0.1309	0.0291	0.2616	0.0471	0.0778	0.0786
		MeanStd	0.0591	0.0287	0.1180	0.0437	0.0754	0.0516
	128	RMS	0.1208	0.0112	0.0779	0.0197	0.0264	0.0614
		MeanStd	0.0474	0.0106	0.0391	0.0179	0.0251	0.0308

续表

尺寸		方法	Stone_GR	Stone_PF	Stone_RE	Stone_RI	本书方法
行	32	RMS	0.1173	0.0877	0.0594	0.0806	**0.0436**
		MeanStd	0.1113	0.0834	0.0459	0.0770	**0.0330**
	64	RMS	0.0616	0.0408	0.0229	0.0335	**0.0123**
		MeanStd	0.0591	0.0403	0.0197	0.0332	**0.0098**
	128	RMS	0.0210	0.0134	0.0085	0.0117	**0.0040**
		MeanStd	0.0195	0.0130	0.0079	0.0116	**0.0033**
列	32	RMS	0.1326	0.1008	0.0790	0.0977	**0.0583**
		MeanStd	0.1240	0.0918	0.0624	0.0894	**0.0518**
	64	RMS	0.0667	0.0428	0.0253	0.0374	**0.0187**
		MeanStd	0.0634	0.0414	0.0215	0.0365	**0.0152**
	128	RMS	0.0215	0.0138	0.0096	0.0124	**0.0048**
		MeanStd	0.0198	0.0127	0.0089	0.0118	**0.0041**

3.3.3　序列影像目标点跟踪策略

1. 目标影像序列间的匹配策略

针对人工标志目标跟踪与匹配，本节依然采用由粗到精的匹配策略。匹配策略如图 3-3-8 所示，先使用归一化相关系数测度在搜索区进行粗匹配，然后在相关系数最大的地方使用最小二乘匹配方法进行精匹配。在同名匹配中，已经确定了初始影像中目标跟踪点的位置，因此将初始帧的目标影像作为基准影像（即匹配模板），后续的各帧影像应与该基准影像依次进行匹配，这样的处理方式可以有效地避免误差的积累。经过目标跟踪和匹配，可以获取同名像点的序列二维影像坐标。

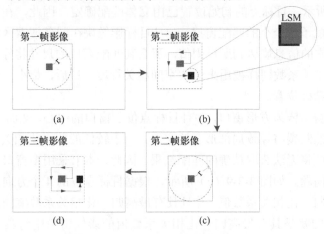

图 3-3-8　跟踪匹配示意图

2. 散斑影像序列间的自适应窗口匹配

目标跟踪中每个目标点都能够通过自适应窗口匹配策略获取一个最佳的匹配窗口。传统方法中，目标影像块的窗口尺寸经常由实验经验来指定，并且所有目标点的窗口类型与窗口尺寸是相同的。然而匹配窗口的大小将直接影响实验结果的精度，小尺寸目标窗口由于影像信息的缺失将导致误匹配，而大尺寸目标窗口将无法探测细微的变形。因此，通过本章节的自适应窗口匹配策略能够获取最佳的目标窗口。由于散斑点位的随机性，黑色散斑点并非均匀地分布在白色的物体表面上，因此每个目标点的窗口尺寸需要分别解算。通常情况下，在初始时刻（时刻 0）的目标影像块将被视为参考影像块，以此来匹配后续时刻的目标点位。在本书中，目标窗口的尺寸将根据空间相关性和信息熵来确定。针对于空间相关性，每个目标影像块应该在局部相邻区域中保证唯一性。因此，唯一空间相关约束的目的是为了避免由相似纹理导致的误匹配问题。而且这个约束条件也能在一定程度上避免由灰度信息缺失导致的误匹配问题。此外，与传统计算机视觉领域中的立体匹配不同，最小二乘匹配在迭代收敛过程中需要足够的纹理信息来实现高精度定位的目的。因此作为一种常规纹理特征，影像信息熵能够评价纹理的复杂度。根据公式（3-3-17），影像纹理越复杂，信息熵值将会越大。相反地，当影像灰度更均匀时，信息熵值将会越小。因此，在自适应窗口匹配策略中，窗口尺寸的不断扩大将导致影像纹理信息的增加，此时信息熵将同样变大。此外，在目标跟踪匹配之前，信息熵的阈值（δ）需要被设定，并且不同的阈值将会导致不同的匹配结果。

$$\text{Entropy}(f) = -\sum_{i=0}^{255} p(i) \cdot \log\big[p(i)\big] \tag{3-3-17}$$

其中 $\begin{cases} p(i) = N(i)/N_{\text{sum}} \\ p(i) \cdot \log\big[p(i)\big] = 0 & if\ p(i) = 0 \end{cases}$。

式（3-3-17）为信息熵方程。在该方程中，$N(i)$ 为灰度值为 i 的像素个数；N_{sum} 为窗口内总的像素个数。在本书中，逻辑函数（log）的底一般被设为 2。

如图 3-3-9 所示，目标点的初始位置已由立体匹配确定。因此，在目标跟踪初期，每个目标点将被赋予一个小的匹配窗口。一旦目标影像块在同名搜索区域找到唯一的同名影像块，并且它的信息熵达到所设阈值，那么其匹配窗口的尺寸将停止增加。在整个过程中，归一化相关系数同样被用来评估空间相关程度。最后，最小二乘匹配被用来解算每个跟踪点的精确位置。

本书中目标窗口皆为方形窗口，并且目标点位于窗口的中心。然而，在实际实验中，非刚性材料的突然断裂将导致局部形变的突变。由于较低的归一化相关系数数值，在突变区域的目标点位将无法获取精确的匹配结果。因此，本书采用多窗口匹配方法解决形变边缘的误匹配问题。如图 3-3-9（c）所示，根据目标点位的 4 个方向，采用四个不同的目标窗口解算归一化相关系数值，并且具有最高归一化相关系数值的窗口将被保留下来。该方法的目的就是具有最高归一化相关系数值的影像窗口中将具备相同的形变参

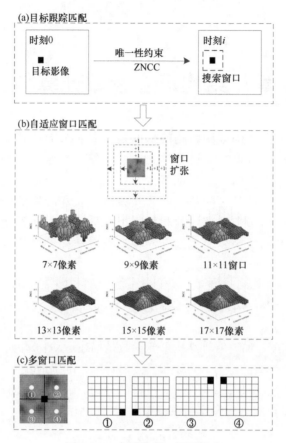

图 3-3-9　自适应窗口匹配策略

数。因此，在精确匹配中，目标窗口的形变参数将直接由具有最大归一化相关系数数值方向的相邻点位所提供。

第4章 结构形变参数计算与分析

高速视频测量用于结构健康监测的目的是获取其关键位置的动态响应信息，分析结构的稳定性和损伤机理。通过整体光束法平差，高速视频测量可以获取准确的结构目标跟踪点的三维坐标信息。本章主要介绍位移、变形、速度、加速度、频谱和应变参数的解算方式以及时序数据的降噪方法，获取准确的结构目标点的三维动态响应信息，构建位移场和应变场数学模型以获取结构表面形变场，并通过构建时序序列时频分析模型和结构表面裂纹探测模型获取结构关键位置的损伤情况和结构表面的整体变化。

4.1 结构形变参数计算

位移、变形、速度、加速度等结构形变参数是描述运动物体动态响应过程的重要参数，通过一个或几个参数的组合，可以很直观、详细、准确地获取运动物体的动态响应过程，从而对物体的运动过程进行合理、准确的分析。求解各类动态形变参数的源数据是通过高速视频测量获取的影像序列中跟踪点的三维空间坐标。

4.1.1 位移参数计算

跟踪点的位移是指跟踪点在影像序列某一相位的当前空间位置与该跟踪点初始相位的距离差。一般情况下，定义跟踪点初始相位的位移值为 0mm，则该跟踪点在相位 n 的 X，Y 和 Z 的位移值计算公式如下：

$$\begin{cases} S_{X_n} = X_n - X_1 \\ S_{Y_n} = Y_n - Y_1 \\ S_{Z_n} = Z_n - Z_1 \end{cases} \tag{4-1-1}$$

其中，S_{X_n}，S_{Y_n} 和 S_{Z_n} 分别表示跟踪点在 X，Y 和 Z 方向的相位 n 的位移值；X_1，Y_1 和 Z_1 分别表示跟踪点在 X，Y 和 Z 方向初始相位的坐标值；X_n，Y_n 和 Z_n 分别表示跟踪点在 X，Y 和 Z 方向相位 n 的坐标值。

4.1.2 变形参数计算

变形是指跟踪点在物体运动过程中由于外力的作用产生的形状和尺寸的改变。在高速视频测量中，跟踪点的变形是指跟踪点在相位 n 的实际空间位置与其预期位置之间的距离差值。一般情况，在不会发生变形的区域选取一个目标点作为参考点计算跟踪点的变形。例如，如图 4-1-1，建筑模型固定在振动台上，跟踪点 O_1 粘贴在与振动台相邻的建筑模型的底座，所以在振动台视频测量实验中，跟踪点 O_1 不会发生变形，故可认为是参考点计算其余跟踪点的变形。

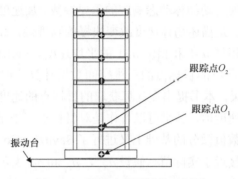

图 4-1-1　跟踪点变形计算示例图

假设 ΔX_n，ΔY_n 和 ΔZ_n 表示跟踪点在 X，Y 和 Z 方向相位 n 的变形，可以通过下面的公式计算获取：

$$\begin{cases} \Delta X_n = X_{n,O_m} - X_{n,O_1} - \Delta x \\ \Delta Y_n = Y_{n,O_m} - Y_{n,O_1} - \Delta y \\ \Delta Z_n = Z_{n,O_m} - Z_{n,O_1} - \Delta z \end{cases} \qquad (4\text{-}1\text{-}2)$$

其中，X_{n,O_m}，Y_{n,O_m} 和 Z_{n,O_m} 表示跟踪点 O_m 在相位 n 的 X，Y 和 Z 方向的三维空间坐标；X_{n,O_1}，Y_{n,O_1} 和 Z_{n,O_1} 表示跟踪点 O_1 在相位 n 的 X，Y 和 Z 方向的三维空间坐标；Δx，Δy 和 Δz 表示跟踪点 O_1 和跟踪点 O_m 在初始相位 X，Y 和 Z 方向上的坐标差值。

4.1.3　速度参数计算

速度是描述质点运动快慢和方向的物理量，等于位移和发生此位移所用时间的比值。跟踪点相位 n 的速度是指跟踪点在相位 n-1 和相位 n+1 之间的平均速度。数值微分作为一个内在噪音消除方法已经成功的应用于计算视频测量获中目标点的速度信息（Alexander and Colbourne，1980；Kienle et al.，2008）。计算公式如下：

$$\begin{cases} V_{X_n} = \left(X_{n+1} - X_{n-1} \right)/2\Delta T \\ V_{Y_n} = \left(Y_{n+1} - Y_{n-1} \right)/2\Delta T \\ V_{Z_n} = \left(Z_{n+1} - Z_{n-1} \right)/2\Delta T \end{cases} \qquad (4\text{-}1\text{-}3)$$

其中，V_{X_n}，V_{Y_n} 和 V_{Z_n} 表示跟踪点在相位 n 的 X，Y 和 Z 方向的速度；X_{n+1}，Y_{n+1} 和 Z_{n+1} 表示跟踪点在相位 n+1 的 X，Y 和 Z 方向三维的空间坐标；X_{n-1}，Y_{n-1} 和 Z_{n-1} 表示跟踪点在相位 n–1 的 X，Y 和 Z 方向三维的空间坐标；ΔT 表示影像序列相邻相位的时间间隔。

4.1.4　加速度参数计算

加速度是另一个反映运动物体动态响应的重要参数。加速度是速度变化量与发生这一变化所用时间的比值，是描述物体速度改变快慢的物理量，高速视频测量中，跟踪点的加速度是指跟踪点在相位 $n–1$ 和相位 $n+1$ 的平均速度。Leifer（2011）采用二次数值微分的方法对视频测量获取的目标点的三维空间数据计算获取运动物体目标点的加速度值，获取了较好的结果。本书提出在计算获取的目标点的速度的基础上直接采用数值微分直接计算目标点的速度值，其也可以看作是对目标点三维坐标数据的二次微分，不过参与计算的速度值在数值微分的基础上又进行了 Savitzky-Golay 平滑滤波处理，以使计算获取的加速度值更接近于实际值。假设 a_{X_n}，a_{Y_n} 和 a_{Z_n} 表示跟踪点在相位 n 的加速度，计算公式如下：

$$\begin{cases} a_{X_n} = \left(V_{X_{n+1}} - V_{X_{n-1}}\right)/2\Delta T \\ a_{Y_n} = \left(V_{Y_{n+1}} - V_{Y_{n-1}}\right)/2\Delta T \\ a_{Z_n} = \left(V_{Z_{n+1}} - V_{Z_{n-1}}\right)/2\Delta T \end{cases} \tag{4-1-4}$$

其中，$V_{X_{n+1}}$，$V_{Y_{n+1}}$ 和 $V_{Z_{n+1}}$ 表示跟踪点在相位 $n+1$ 的 X，Y 和 Z 方向的速度；$V_{X_{n-1}}$，$V_{Y_{n-1}}$ 和 $V_{Z_{n-1}}$ 表示跟踪点在相位 $n–1$ 的 X，Y 和 Z 方向的速度；ΔT 表示影像序列相邻影像的时间间隔。

4.1.5　频谱参数计算

振动频谱参数同样是描述物体振动特性的参数之一。将单维序列数据进行傅里叶变换，可以获得该序列数据（或称信号）$f(x)$ 在不同频率下的简谐波分量。每一个分量的幅值代表了该分量的强弱，因而将所有频率分量的强弱展示出来，即可获得信号的频谱。

$$\begin{cases} f(x) = \dfrac{a_0}{2} + \sum_{n=1}^{\infty}\left[a_n \cos nx + b_n \sin nx\right] \\ a_n = 1/\pi \int_{-\pi}^{\pi} f(x)\cos(nx)\mathrm{d}x, n \geqslant 0 \\ b_n = 1/\pi \int_{-\pi}^{\pi} f(x)\sin(nx)\mathrm{d}x, n \geqslant 1 \end{cases} \tag{4-1-5}$$

在上述式（4-1-5）中，假设函数周期为 2π，一般函数 $f(x)$ 的傅里叶级数则既含有正弦项，又含有余弦项；$a_0/2$ 为函数直流分量，a_n 为余弦项的傅里叶系数，b_n 为正弦项的傅里叶系数。因此，每个频率的幅值为 $\sqrt{a_n^2 + b_n^2}$。

4.1.6　应变参数计算

在力学性能测试及分析中，往往最关注的是材料结构表面发生变形时的应变场信息。在传统的 N-R 方法中，可以直接获得位移的梯度值 $\left(u_x, u_y, v_x, v_y\right)$ 用作应变参数的计算（Bruck et al.，1989），然而成像过程中的噪声（如散粒噪声、热噪声等）影响会直接导致位移梯度不稳定，难以求解精确的应变参数。并且，这种应变求取方法只能适用于单相机序列影像。因此，在通常情况下，需要对获得到的位移场进行平滑处理后再求其梯度值得到应变。本书将介绍位移场的局部平滑方法，该方法主要是选取一个计算窗口，对该窗口内的位移值进行最小二乘拟合，根据拟合结果计算点位的应变值。

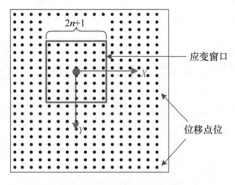

图 4-1-2　应变计算方法

如图 4-1-2 所示，某一点的应变值可由周围的位移数据计算而成，因而可以将各个目标点为中心，在其周围选取一个位移窗口进行应变值解算。通常选取 $(2n+1)\times(2n+1)$ 为应变计算窗口，在该应变窗口中，通过多项式最小二乘方法拟合位移参量。例如，一次多项式拟合函数如下：

$$\begin{cases} u(x,y) = a_0 + a_1 x + a_2 y \\ v(x,y) = b_0 + b_1 x + b_2 y \end{cases} \tag{4-1-6}$$

$u(x,y)$ 与 $v(x,y)$ 分别是计算点位在两个方向上的位移值，$a_{i=0,1,2}, b_{i=0,1,2}$ 是一次多项式的待定系数。将 $(2n+1)\times(2n+1)$ 个点的位移值代入式（4-1-6）中，形成目标函数：

$$\begin{bmatrix} 1 & -n & -n \\ 1 & -n+1 & -n \\ \vdots & \vdots & \vdots \\ 1 & 0 & 0 \\ \vdots & \vdots & \vdots \\ 1 & n-1 & n \\ 1 & n & n \end{bmatrix} \cdot \begin{bmatrix} a_0 \\ a_1 \\ a_2 \end{bmatrix} = \begin{bmatrix} u(-n,-n) \\ u(-n+1,-n) \\ \vdots \\ u(0,0) \\ \vdots \\ u(n-1,n) \\ u(n,n) \end{bmatrix} \tag{4-1-7}$$

利用最小二乘法求解上述公式中的系数矩阵 (a_0, a_1, a_2) 与 (b_0, b_1, b_2)。在序列影像中，微小时间间隔内的微小变形可按下式计算：

$$\begin{cases} \varepsilon_x = \dfrac{\partial u}{\partial x} = a_1 \\[2mm] \varepsilon_y = \dfrac{\partial v}{\partial y} = b_2 \\[2mm] \gamma_{xy} = \dfrac{\partial u}{\partial y} + \dfrac{\partial v}{\partial x} = a_2 + b_1 \end{cases} \tag{4-1-8}$$

该位移窗口尺寸的大小可根据需求进行确定，如果窗口尺寸较大，也可用高次多项式来表示位移分布。但一般来讲，该位移窗口的尺寸应凭借实验需求选取适中，从式（4-1-7）和（4-1-8）来看，最少已知 3 个点的平面坐标便可求解其应变分量。因此该应变参数求解方法的优点在于计算程序简单、计算效率很高，并且针对任意形状的计算区域都有效。

4.1.7　时序数据降噪

高速视频测量应用过程中，高速相机的帧频一般较高，即影像序列中相邻像片中的时间间隔 ΔT 较短。例如，视频测量过程高速相机的帧频设为 200 帧/s，则相邻像片之间的时间间隔 ΔT 是 0.005s，则根据公式（4-1-9）计算获取的跟踪点的速度值取决于像片 $n-1$ 和像片 $n+1$ 中跟踪点坐标差值的小数点的后两位，根据公式（4-1-10）获取的跟踪点的加速度取决于像片 $n-1$ 和像片 $n+1$ 中跟踪点速度差值的小数点的后两位。在数值微分计算的过程中会有高频噪声的产生（Kienle et al.，2008）。因此需要对通过数值微分计算获取的速度进行平滑处理以消除高频噪声。

$$\begin{cases} V_{X_n} = \left(X_{n+1} - X_{n-1}\right)/2\Delta T \\[2mm] V_{Y_n} = \left(Y_{n+1} - Y_{n-1}\right)/2\Delta T \\[2mm] V_{Z_n} = \left(Z_{n+1} - Z_{n-1}\right)/2\Delta T \end{cases} \tag{4-1-9}$$

$$\begin{cases} a_{X_n} = \left(V_{X_{n+1}} - V_{X_{n-1}}\right)/2\Delta T \\[2mm] a_{Y_n} = \left(V_{Y_{n+1}} - V_{Y_{n-1}}\right)/2\Delta T \\[2mm] a_{Z_n} = \left(V_{Z_{n+1}} - V_{Z_{n-1}}\right)/2\Delta T \end{cases} \tag{4-1-10}$$

Savitzky-Golay 滤波器是一种特殊的低通滤波器，又称 Savitzky-Golay 平滑器，最初由 Savitzky 和 Golay 于 1964 年提出，被广泛地运用于数据流平滑除噪，是一种在时域内基于多项式，通过移动窗口利用最小二乘法进行最佳拟合的方法（Savitzky and Golay，1964）。Savitzky-Golay 滤波器的明显用途是平滑噪声数据，而数据平滑能消除所有带有较大误差障碍的数据点，或者从图形中作出初步而又粗糙的简单参数估算（蔡天净和唐瀚，2011）。Savitzky-Golay 滤波器与其他的类型的滤波器不同之处在于其直接处理来自时间域内数据平滑问题，而不需要先在频域中定义特性后再转换到时间域，这样可以不仅能保证原始数据的不失真，而且更能保留相对极大值、极小值和宽度等分布特性。Savitzky-Golay 滤波器整个处理过程相对简单、快速，适合大数据量的快速处理，近年来，Savitzky-Golay 滤波器在许多领域得到了广泛应用（Jian et al.，2005；Staggs，2005；Pollakrit et al.，2011）。

　　Savitzky-Golay 滤波器的原理是采用简单的多项式卷积方法对数据进行平滑处理。Steinier（1972）对 Savitzky 和 Golay 提出的 Savitzky-Golay 滤波器的算法中的错误进行了改正，增强了 Savitzky-Golay 滤波器的可应用性。令一数据组为 $x(i)$，i 的取值范围在 $2m+1$ 个连续的数值，则可以构造一个多项式拟合上述数据

$$f_i = b_{n0} + b_{n1}i + b_{n2}i^2 + \cdots + b_{nn}i^n = \sum_{k=0}^{n} b_{nk}i^k \tag{4-1-11}$$

设 $E = \sum_{i=-m}^{m} [f_i - x(i)]^2$ 为各点的误差平方和，为使 E 最小，可对公式（4-1-11）中的各系数进行求导，得

$$\frac{\partial E}{\partial b_{nr}} = \frac{\partial \sum_{i=-m}^{m}[f_i - x(i)]^2}{\partial b_{nr}} = 2\sum_{i=-m}^{m}\left[\sum_{k=0}^{n} b_{nk}l^k - x(i)\right]i^r = 0 \quad r = 0,1,\cdots,n \tag{4-1-12}$$

即

$$\sum_{k=0}^{n} b_{nk} \sum_{i=-m}^{m} i^{k+r} = \sum_{r=-m}^{m} x(i)i^r \tag{4-1-13}$$

令 $S = \sum_{i=-m}^{m} i^{k+r}$，$F = \sum_{r=-m}^{m} x(i)i^r$，假设给定需要拟合单边点数 m，拟合多项式的阶数 n 和待定点数据 $x(i)$，则可求出 F，将 S 代入 F 可以获取多项式 f_i 各系数的值，从而确定多项式 f_i 的值。

表 4-1-1　卷积系数表

点	13	11	9	7
−6	110			
−5	−198	18		
−4	−160	−45	15	
−3	110	−10	−55	5
−2	390	60	30	−30
−1	600	120	135	75
0	677	143	179	131
1	600	120	135	75
2	390	60	30	−30
3	110	−10	−55	5
4	−160	−45	15	
5	−198	18		
6	110			
	2431	429	429	231

Savitzky 和 Golay 根据上述算法，制定了卷积系数表（表 4-1-1），通过使用卷积系数表中的卷积系数来计算出多项式系数的大小，方便而且迅速。

采用上述卷积系数表，并不是直接计算获取 f_i 各系数 b_{nl} 的值，设通过卷积系数表计算获取的值为 a_{nl}，则 a_{nl} 和 b_{nl} 存在如下关系式：

$$a_{nl} = l! b_{nl}$$

通过对比分析对通过数值微分获得的速度进行平滑的多种形式 Savitzky-Golay 滤波，7 点 Savitzky-Golay 滤波器不仅能最大程度的平滑了速度曲线，而且还能保留速度变化的极大值和极小值。因此，本书对速度的平滑处理采用是 7 点 Savitzky-Golay 滤波器，7 个速度值的中心点速度可以通过公式（4-1-14）获取。

$$V_i' = \frac{5V_{i-3} - 30V_{i-2} + 75V_{i-1} + 131V_i + 75V_{i+1} - 30V_{i+2} + 5V_{i+3}}{231} \tag{4-1-14}$$

其中 V_i' 是目标点 i 的速度平滑值，$V_{i-3}, \cdots, V_{i+3}$ 是通过数值微分获取的连续 7 个速度值。

相对于通过数值微分获取的速度值，通过数值微分获取的加速度含有更多的高频噪声，通过对比分析对通过数值微分获得的加速度进行平滑的多种形式 Savitzky-Golay 滤波，9 点 Savitzky-Golay 滤波器能在平滑加速度曲线同时，还能保留加速度变化的极大值和极小值。因此，本书采用 9 点 Savitzky-Golay 滤波器对加速度进行平滑处理，9 个加速度值的中心点加速度可以通过公式（4-1-15）获取。

$$a_i' = \frac{15a_{i-4} - 55a_{i-3} + 30V_{i-2} + 135a_{i-1} + 179a_i + 135a_{i+1} + 30a_{i+2} - 55a_{i+3} + 15a_{i+4}}{429} \tag{4-1-15}$$

其中，a_i' 是目标点 i 的加速度平滑值，$a_{i-4}, \cdots, a_{i+4}$ 是采用公式（4-1-12）对 7 点 Savitzky-Golay 平滑滤波获取的速度值获取的连续 9 个加速度值。

为了验证 Savitzky-Golay 滤波器在高速视频测量中速度和加速度，本书选用 Moving Average 平滑滤波和 Butterworth 滤波进行了对比。图 4-1-3 是某高速视频测量实验通过

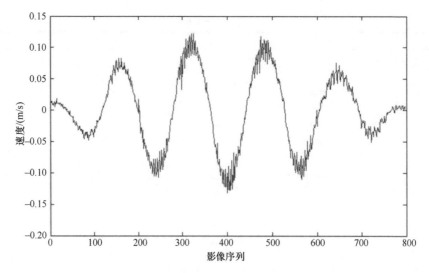

图 4-1-3　通过数值微分计算获取的速度曲线

数值微分计算获取的速度曲线，图 4-1-4 是采用 Moving Average 平滑滤波和 Butterworth 滤波与 7 点 Savitzky-Golay 滤波器对速度进行平滑处理的对比图。通过此图我们发现三种平滑滤波方法的结果具有一直的变化曲线，但是 Savitzky-Golay 滤波器在能平滑峰值的前提下，更能保留相对极大值和极小值。图 4-1-5 是通过数值微分对 7 点 Savitzky-Golay 滤波器获取的速度值计算获取的加速度曲线，图 4-1-6 是采用 Moving Average 平滑滤波和 Butterworth 滤波与 9 点 Savitzky-Golay 滤波器对速度进行平滑处理的对比图。通过此图我们发现 Savitzky-Golay 滤波器对加速度的平滑效果更好，且仍保留相对极大值和极小值。

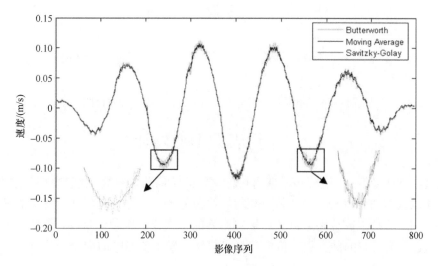

图 4-1-4　不同数据平滑方法对速度平滑处理对比图

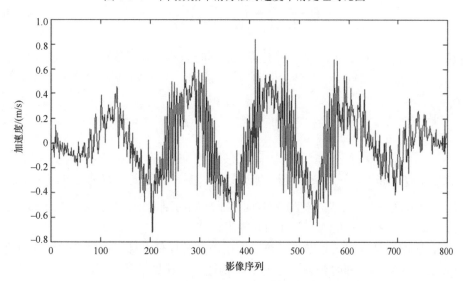

图 4-1-5　通过数值微分计算获取的加速度曲线

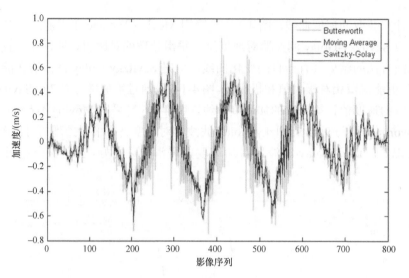

图 4-1-6　不同数据平滑方法对加速度平滑处理对比图

4.2　结构表面形变场计算

通过序列影像解析，能够轻松获得目标材料的结构动态参数。获取序列三维点云后，通过后续点云与初始点云的坐标差可获得三维位移场。根据材料测试的特殊需求，瞬态速度场和加速度场能够分别通过位移场对时间的一次或二次微分获取。此外，在获取位移场之后，最为关心的并且更有价值的是材料结构发生变形时的应变场信息。本节将针对上述内容进行介绍。

4.2.1　位移场计算

位移场是指目标点云在时间序列上某一时刻的当前位置与该目标点云初始时刻的距离差。由此便可知跟踪点初始时刻的位移为 0。例如，三维点位移数据的位移公式如下：

$$\begin{cases} D_{X_n} = X_n - X_1 \\ D_{Y_n} = Y_n - Y_1 \\ D_{Z_n} = Z_n - Z_1 \end{cases} \qquad (4\text{-}2\text{-}1)$$

其中，D_{X_n}，D_{Y_n} 和 D_{Z_n} 分别表示目标点云在 X，Y 和 Z 方向在时刻 n 的位移；X_1，Y_1 和 Z_1 分别表示目标点云在 X，Y 和 Z 方向上于初始时刻的坐标值；X_n，Y_n 和 Z_n 分别表示目标点云在 X，Y 和 Z 方向上于时刻 n 的坐标值。

此外，速度场是位移场和发生此位移所用时间的比值。目标点云于时刻 n 的速度是指目标点云在时刻 $n{-}1$ 和时刻 $n{+}1$ 之间的平均速度。计算公式如下：

$$\begin{cases} V_{X_n} = \left(X_{n+1} - X_{n-1} \right) / 2\Delta T \\ V_{Y_n} = \left(Y_{n+1} - Y_{n-1} \right) / 2\Delta T \\ V_{Z_n} = \left(Z_{n+1} - Z_{n-1} \right) / 2\Delta T \end{cases} \qquad (4\text{-}2\text{-}2)$$

其中，V_{X_n}，V_{Y_n} 和 V_{Z_n} 表示目标点云在时刻 n 的 X，Y 和 Z 方向的速度；X_{n+1}，Y_{n+1} 和 Z_{n+1} 表示目标点云在时刻 $n+1$ 的 X，Y 和 Z 方向三维的空间坐标；X_{n-1}，Y_{n-1} 和 Z_{n-1} 表示目标点云在时刻 $n-1$ 的 X，Y 和 Z 方向三维的空间坐标；ΔT 表示相邻时刻的时间间隔。

加速度场是速度场与发生这一变化所用时间的比值。跟踪点的加速度是指跟踪点在时刻 $n\ 1$ 和时刻 $n+1$ 的平均加速度。计算公式如下：

$$
\begin{cases}
A_{X_n} = \left(V_{X_{n+1}} - V_{X_{n-1}}\right)/2\Delta T \\
A_{Y_n} = \left(V_{Y_{n+1}} - V_{Y_{n-1}}\right)/2\Delta T \\
A_{Z_n} = \left(V_{Z_{n+1}} - V_{Z_{n-1}}\right)/2\Delta T
\end{cases}
\tag{4-2-3}
$$

其中，假设 A_{X_n}，A_{Y_n} 和 A_{Z_n} 表示跟踪点在时刻 n 的加速度，$V_{X_{n+1}}$，$V_{Y_{n+1}}$ 和 $V_{Z_{n+1}}$ 表示目标点云在时刻 $n+1$ 的 X，Y 和 Z 方向的速度；$V_{X_{n-1}}$，$V_{Y_{n-1}}$ 和 $V_{Z_{n-1}}$ 表示目标点云在时刻 $n-1$ 的 X，Y 和 Z 方向的速度；ΔT 表示相邻时刻的时间间隔。

4.2.2　应变场计算

作为力学分析中的主要结构参数，目标结构的全场三维应变需要通过位移场的局部微分解算。如公式（4-2-4），采用二次多项式拟合位移场。

$$
\begin{cases}
U_{(X,Y,Z)} = \alpha_0 + \alpha_1 X + \alpha_2 Y + \alpha_3 Z + \alpha_4 XY + \alpha_5 YZ + \alpha_6 XZ + \alpha_7 X^2 + \alpha_8 Y^2 + \alpha_9 Z^2 \\
V_{(X,Y,Z)} = \beta_0 + \beta_1 X + \beta_2 Y + \beta_3 Z + \beta_4 XY + \beta_5 YZ + \beta_6 XZ + \beta_7 X^2 + \beta_8 Y^2 + \beta_9 Z^2 \\
W_{(X,Y,Z)} = \gamma_0 + \gamma_1 X + \gamma_2 Y + \gamma_3 Z + \gamma_4 XY + \gamma_5 YZ + \gamma_6 XZ + \gamma_7 X^2 + \gamma_8 Y^2 + \gamma_9 Z^2
\end{cases}
\tag{4-2-4}
$$

$$
\begin{cases}
\varepsilon_{XX} = \dfrac{\partial U}{\partial X} + \dfrac{1}{2}\left(\left(\dfrac{\partial U}{\partial X}\right)^2 + \left(\dfrac{\partial V}{\partial X}\right)^2 + \left(\dfrac{\partial W}{\partial X}\right)^2\right) \\[2mm]
\varepsilon_{YY} = \dfrac{\partial V}{\partial Y} + \dfrac{1}{2}\left(\left(\dfrac{\partial U}{\partial Y}\right)^2 + \left(\dfrac{\partial V}{\partial Y}\right)^2 + \left(\dfrac{\partial W}{\partial Y}\right)^2\right) \\[2mm]
\varepsilon_{ZZ} = \dfrac{\partial W}{\partial Z} + \dfrac{1}{2}\left(\left(\dfrac{\partial U}{\partial Z}\right)^2 + \left(\dfrac{\partial V}{\partial Z}\right)^2 + \left(\dfrac{\partial W}{\partial Z}\right)^2\right) \\[2mm]
\varepsilon_{XY} = \dfrac{1}{2}\left(\dfrac{\partial U}{\partial Y} + \dfrac{\partial V}{\partial X}\right) + \dfrac{1}{2}\left(\left(\dfrac{\partial U}{\partial X}\dfrac{\partial U}{\partial Y}\right) + \left(\dfrac{\partial V}{\partial X}\dfrac{\partial V}{\partial Y}\right) + \left(\dfrac{\partial W}{\partial X}\dfrac{\partial W}{\partial Y}\right)\right) \\[2mm]
\varepsilon_{YZ} = \dfrac{1}{2}\left(\dfrac{\partial V}{\partial Z} + \dfrac{\partial W}{\partial Y}\right) + \dfrac{1}{2}\left(\left(\dfrac{\partial U}{\partial Y}\dfrac{\partial U}{\partial Z}\right) + \left(\dfrac{\partial V}{\partial Y}\dfrac{\partial V}{\partial Z}\right) + \left(\dfrac{\partial W}{\partial Y}\dfrac{\partial W}{\partial Z}\right)\right) \\[2mm]
\varepsilon_{ZX} = \dfrac{1}{2}\left(\dfrac{\partial W}{\partial X} + \dfrac{\partial U}{\partial Z}\right) + \dfrac{1}{2}\left(\left(\dfrac{\partial U}{\partial Z}\dfrac{\partial U}{\partial X}\right) + \left(\dfrac{\partial V}{\partial Z}\dfrac{\partial V}{\partial X}\right) + \left(\dfrac{\partial W}{\partial Z}\dfrac{\partial W}{\partial X}\right)\right)
\end{cases}
\tag{4-2-5}
$$

$(U_{(X,Y,Z)}, V_{(X,Y,Z)}, W_{(X,Y,Z)})$ 为跟踪点的三维位移参量；(X, Y, Z) 为跟踪点的三维空间

坐标；$(\alpha_i, \beta_i, \gamma_i)$ 为未知的二次项参数；$(\varepsilon_{XX}, \varepsilon_{YY}, \varepsilon_{ZZ}, \varepsilon_{XY}, \varepsilon_{YZ}, \varepsilon_{ZX})$ 为拉格朗日应变向量。在全场应变解算过程中，每个跟踪点的局部相邻点位通过最小二乘优化来拟合位移方程。在获得二次项系数后，能够通过公式（4-2-5）的数值微分方程计算目标点位的应变向量。应变场解算示意图如图 4-2-1 所示，每个窗口的中心应变值能够通过位移场数值微分求取。

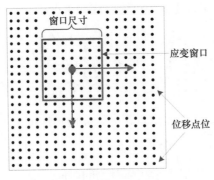

图 4-2-1　应变场解算示意图

4.3　结构损伤识别与分析

4.3.1　时序序列结构损伤识别

当一个主要结构单元受到损坏时，整个结构就会发生倒塌，进而导致相邻结构单元的坍塌，从而导致进一步的结构损坏。若结构出现倒塌将会造成非常严重的损失，对人们的生命和财产造成巨大的影响，并且对社会产生较大的负面影响。因此，为了避免结构损伤或倒塌的发生，在建造建筑物之前，应该建立相应的具有一定规模的建筑模型，进行结构模型健康监测实验，获取关键位置的动态响应信号。动态响应信号的损伤检测已成为结构健康监测领域最有意义的研究课题之一，可用于估计建筑物损伤程度对建筑模型健康的影响（Lee et al., 2007；Goyal and Pabla, 2016）。一般而言，建筑物模型在主要结构部件发生损伤时，会表现出时变的系统特性。在获得非平稳动态响应信号的基础上，对这些信号进行结构稳定性分析是很重要的。

1. 信号分解

任何一个复杂的响应信号都可以被认为是由多个简单的信号组成的，它们具有独自的固有频率。对信号进行分解主要实现的是将原始的响应信号分解成为简单的信息，从而对原始的信号中主信号和子信号进行寻找。一般来说，结构模型在破坏过程得到的响应信号是非线性的。因此，极点对称模态分解（Extreme-point Symmetric Mode Decomposition，简称 ESMD）提出在将原始信号分解成为有限和较小频率和较小振幅的本征模态函数（Intrinsic Mode Functions，简称 IMF）以后，再加上一个最优的自适应全局平均曲线（Adaptive Global Mean，简称 AGM），它可以确定每个 IMF 对应的瞬时频率（Wang and Li，2013）。

高速视频测量能直接获取目标点的三维坐标以及位移、速度、加速度等响应参数，但是这些数据无法直观反映建筑物的损伤程度，因此，对所获取目标点的位移、速度、加速度进行信号分解才能分析出模型在破坏时，发生损伤的时间和变化，才能针对这些问题进行研究。

1）几种信号分解方法（表 4-3-1）

表 4-3-1　四种常见的信号分解方法对比表

快速傅里叶变换 Fast Fourier transform 简称 FFT	·缺少时域定位功能； ·缺乏时间和频率的定位功能； ·仅适用于分析平稳信号； ·不确定性大，无法对较高的时频分辨率进行获取
小波变换 Wavelet transform 简称 WT	·能够对空间频率以及时间频率进行局部分析，同时具有良好的频率特性和时间特性，能够实现对高频处的时间和低频处的频率进行细分，能够实现对信号的任何细节的聚焦； ·可降低分解后图像子带的分辨率，减少计算复杂度，提供更多的空间和频率局部信息； ·不能实现对非线性信号进行分析
希尔伯特-黄变换 Hilbert-Huang Transform 简称 HHT	·能够实现对非线性以及非平稳的信号进行分析，实现不受平稳性和线性的限制； ·能够自适应产生"基"，具有完全自适应性； ·能够在频率和时间上达到高精度，适合对突变信号进行分析； ·HHT 变换的瞬时频率需要使用求导的方式来实现，也就是说计算得到瞬时频率以后该频率是局部的频率
ESMD	·依据简单的分解规则以自适应的方式来对数据进行分解，灵活性更高； ·直观的体现频率和模态振幅之间的时变性； ·能够实现对系统中总能量的变化进行描述，并且给出直观的时间频率分布曲线图

（1）基于线性叠加原理的 FFT 是我们处理数据最早也是最为经典的方法，具有非常完备的理论体系，它将一个观测时间序列映射到频率-能谱空间，一般情况下分解得到的模态其振幅和频率都是固定的正弦或余弦函数，所以 FFT 只能够实现对平稳的线性信号进行分解，不能够实现对不平稳的非线性信号进行同时处理。

（2）WT 是目前比较常用的一种方法，通过确定局部有限小波基进行信号分解，从一定程度上弥补了 FFT 的缺陷，能分解非平稳信号，同时也能表达出频率的时变性。但是 WT 的理论基础还是线性叠加，因此它也只能处理线性信号，对非线性信号束手无策。不过由于小波基具有正交性并且小波变换的相关理论比较完善，它在信号的编码、储存、压缩等方面存在较强的优势。

（3）黄锷教授等人于 1998 年提出的采用经验模态分解（Empirical Mode Decomposition，简称 EMD）作为基础的 HHT 是目前最为热门的信号分解方法。HHT 包含了希尔伯特分析谱和经验模态分解两个部分，经验模态分解主要实现的是对信号进行分析，在分析的过程中产生包络线对称的模态；而希尔伯特分析谱实现的是对模态的时-频变化特征进行分析（Huang and Wu，2008；Huang，2014）。HHT 是一种自适应分析方法，用一个简单的分解规则代替了基函数的构造，无需先验的基函数，一般情况下分解得到的模态振幅额频率都是可以改变的，因此可以实现对不平稳的非线性信号进行分析。但是它的缺点也很明显，它是一种经验方法，筛选次数难以确定，分解的趋势函数过于粗略，常用于探索性观测研究。

　　综上所述，对随机离散数据进行分析的主要问题在于它的非平稳性，其原因一是趋势有变化，二是频率和振幅有时变性。当存在比较大趋势变化的时候，如何快速有效的提取分解信号是重中之重。最早使用的傅里叶变换在一开始就被认为全局均线是 0。"最小二乘法"则需要有先验函数形式。"滑动平均法"在时间窗口和权系数选取上缺少理论依据。之后广泛运用的小波变换也采用了滑动平均法。因此，我们只有适当的提取全局均线，才能将其余的信号视作脉动量作时频分析。本书主要介绍的 ESMD 方法借鉴了 EMD 的思想，采用内部极点对称插值进行内插并且用优化策略确保趋势函数和最佳筛选次数。同时在对时间频率谱进行分析的时候采用直接插值法，不仅能够实现对频率和模态振幅进行描述，还能够对总反应能量的变化进行描述，使用 ESMD 得到的时频分布图比希尔伯特谱来进行分析的时候能够更加的直观合理，由于能量和频率都是属于变量，因此其将总能量看做是恒量进行分析是不合理的。

　　2）极点对称模态分解

　　ESMD 方法是 HHT 方法一种的新进展，能够实现对机械工程、生命科学、大气学、海洋科学、数学、信息科学、地震学等数据进行分析和研究。

　　ESMD 方法由两部分组成：第一部分使用极点对称插值的方法来对模态进行分解，然后得到一条最佳自适应全局均线和若干个模态；第二部分是时频分析，包括瞬时频率的"直接插值法"与总能量变化（Wang and Li，2013）。

　　相比较传统的 HHT，ESMD 具有如下优势：

　　（1）在进行筛选的时候一般需要使用经过了极点对称中点的多条内部差值曲线来进行分析；

　　（2）在进行分析的时候并不是将模态分解到只有一个极点才算完成，而是在具有冗余极值点的情况下将其分解成为最小二乘定义中的最优自适应全局均线，从而得到最佳筛选次数，实现最佳模态分解；

　　（3）一般在模态中极点对称与包络线对称相比前者更加广泛，依据物质运动而言振动主要是围绕着平衡点来进行运动的，但是平衡点也会出现变化，因此极点对称其实是反应振动相对其自身的局部对称性；

　　（4）扩展了 IMF 的定义，并且产生的新形式不仅包含了不连续间断的情况还对对称性地要求也大大放宽了；

　　（5）使用以数据为基础的直接插值法并不是将希尔伯特谱方法抛弃。这一有创新性的方法能很好地解决"周期需要相对于一段时间来定义而频率却要有瞬时意义"这一冲突。因为总能量本身是在发生变化的，所以类似傅里叶谱和希尔伯特谱把总能量投射到一系列固定的频率点的作法存在其不合理性。使用直接插值法进行分析的时候不仅能实现将瞬时频率和振幅随时间的变化分布图表现出来，同时还能够将总能量随时间的变化分布图绘制得到。

　　（6）一般在模态分解的时候受到插值方式的影响会很大，当插值线逐渐增加的时候模态的数量会出现减少，并且对称度和幅度将会逐渐增加。另外，分解效率也会提高。相比于外包络线插值，内部均线有着较小的振幅值，能更好降低由插值带来的不确定性，特别是对于极点稀少的低频分解。

ESMD 基本原理思路与流程图（图 4-3-1）：

第一步：将数据 Y 对应的极大值以及极小值点确定，并且将其定义为 E_i（i=1，2，3，…，n）；

第二步：一般相邻的极点使用线段进行连接以后将每一条线段的重点标记为 F_i（i=1，2，3，…，n-1）；

第三步：使用线性插值的方法来对左、右边界中点 F_0，F_n 进行补充；

第四步：使用上述过程中得到的 n+1 个中点来实现对 p 条插值曲线 L_1，L_2，L_3…L_p（$p \geq 1$）进行构造，并且对 p 条曲线的均值曲线 $L^* = (L_1 + L_2 + L_3 + \cdots + L_n)/p$ 进行计算；

第五步：对 $Y - L^*$ 按上述步骤进行循环计算，到 $\left| L^* \right| \leq \varepsilon$（$\varepsilon$ 是预先设定的容许误差）的时候或者当筛选的次数已经达到了预设值的最大值的时候分解得到的第一个经验模态为 M_1；

第六步：对 $Y - M_1$ 进行重复上述步骤，依次得到 M_2，M_3…直到最后余量 R 只剩下一定数量的极点；

第七步：让最大筛选次数 K 于整数区间 $[K_{\min}, K_{\max}]$ 内中出现相应的变化同时重复上述步骤以后就能够得到分解的结果，从而实现对比率 σ / σ_0 进行计算，并且将方差比率随 K 值变化的曲线图绘制出来，σ 与 σ_0 是 Y-R 和原始数据 Y 产生的相对标准差；

第八步：在区间 $[K_{\min}, K_{\max}]$ 之内找出对应最小方差比率 σ / σ_0（此时的 R 为数据的最佳拟合曲线）的最大筛选次数 K_0，依据该方法重复前面 6 步步骤，输出分解结果。

极点对称模态分解方法分解时不需要使用基，只需要使用简单的分解规则就能够实现。使用小波变换来实现对信号进行编码以及压缩和储存都具有一定的优点，同时还可以对小波基函数进行选择，但是在使用小波变换进行分解的时候虽然能够得到很多的模态，但是这些模态未必就是我们需要的，实际上对数据进行分析主要实现的是度事物的内在规律进行探索，而不是单纯地在数学上的分割和合成（王金良和李宗军，2015）。在实际物理变化的过程中，固有模态才是需要去研究的对象，它们可能从根本上就不具有规则的数学形式。ESMD 相比那些有基的分解方法其优势显而易见：①由于采用的是无基形式，其分解灵活性更高；②由于模态具有振幅调整和频率调整的特点，模态表现力更强。因此对于探索性的数据分析更加合适。

3）瞬时频率和瞬时能量的稳定性分析

在土木工程领域中，瞬时频率是反映结构稳定性的一个重要指标，它是在时变函数表示和分析的背景下产生的信号。相对于传统的获取瞬时频率的方法，如希尔伯特-黄变换、傅里叶变换和小波变换，它们实际上是对每个积分变换进行相同的滑动平均的过程。在对平滑平均处理的时候一般周期和频率之间将会产生矛盾。它应该满足一个量在

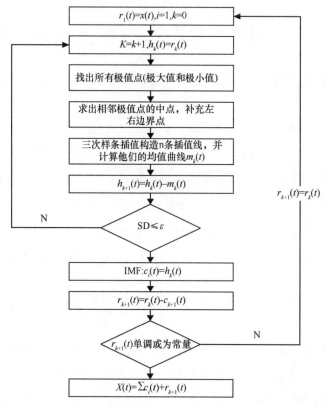

图 4-3-1　ESMD 基本流程图

周期、振动状态下变化这种情况，而产生的瞬时频率被认为是在来回移动的过程中振动的变化速率。因此，本书使用直接插值法对这些矛盾进行解决（王金良和李慧凤，2012）。具体算法所示：

将每个被分解出来的 IMF 定义为 $(t_k,\ Y_k)(k=1,2,3,\cdots,\ n)$，其中 t_k 表示时间，Y_k 表示各个 IMF 的值（位移或者速度）。对 IMF 所有的极值点找到以后，包含了极大值点和极小值点的寻找，然后将满足 $Y_{k-1}<Y_k\geqslant Y_{k+1}$，$Y_{k-1}\leqslant Y_k>Y_{k+1}$，$Y_{k-1}\geqslant Y_k<Y_{k+1}$ 或者 $Y_{k-1}>Y_k\leqslant Y_{k+1}$，将这些极值点表示为 $E_i=(t_i,\ y_i)(i=1,2,3,\cdots,\ m)$。然后根据表 4-3-2 中的伪代码计算频率插值坐标 $(a_i,\ f_i)$。此外，根据表 4-3-3 中的伪代码，将频率插值坐标的边界点添加到左右边界点。

表 4-3-2　伪代码计算频率插值坐标（$a_i,\ f_i$）

If $y_i=y_{i+1}$ then

$a_i=t_i,\ f_i=0$

If E_i and E_{i+1} are adjacent extreme points then

$a_{i-1}=(t_i+t_{i-2})/2,\ f_{i-1}=1/(t_i-t_{i-2})$
$a_{i+2}=(t_{i+1}+t_{i+3})/2,\ f_{i+2}=1/(t_{i+3}-t_{i+1})$

Else if E_i and E_{i+1} are not adjacent extreme points then

$a_{i-1}=t_{i-1},\ f_{i-1}=1/[(t_{i+2}-t_{i-2})-(t_{i+1}-t_i)]$

$a_{i+2}=t_{i+2}$, $f_{i+2}=1/[(t_{i+3}-t_{i-1})-(t_{i+1}-t_i)]$

Else

$a_i=(t_{i-1}+t_{i+1})/2$, $f_i=1/(t_{i+1}-t_{i-1})$

End if

表 4-3-3　伪代码用线性插值方法添加边界点

左边界点	右边界点
If $y_1=Y_1$ then	If $y_m=Y_N$ then
$a_1=t_1$, $f_1=0$	$a_m=t_N$, $f_m=0$
Else	Else
	$a_m=t_N$
$a_1=t_1$	
$f_1=(f_3-f_2)(t_1-a_2)/(a_3-a_2)+f_2$	$f_m=\dfrac{(f_{m-1}-f_{m-2})(t_N-a_{m-1})}{(a_{m-1}-a_{m-2})}+f_{m-1}$
If $f_1\leqslant0$ then	If $f_m\leqslant0$ then
$a_1=t_1$, $f_1=1/2(t_2-t_1)$	$a_m=t_N$, $f_m=1/2(t_m-t_{m-1})$
End if	End if
End if	End if

最后，使用具有所有离散点 (a_i, f_i) 的三次样条插值技术，得到了曲线 $f(t)$。瞬时频率曲线将定义为：

$$f^*(t)=\max\{0,\ f(t)\} \tag{4-3-1}$$

傅里叶频率谱和希尔伯特时频谱是建筑物健康监测能量分析中最广泛使用的光谱分析方法，它将能量投射到一系列频率上。然而，每个 IMF 的频率和能量都在随时间的变化而变化，在这样条件下，能量也随之而变化。因此，传统频谱方法是不合理的。所以本书采用基于时间变化的瞬时能量来分析建筑模型的稳定性。将符合数学表达式 $x_i(t)=A_i(t)cos\theta_i(t),1\leqslant i\leqslant n$ 的 IMF 定义为第 i 个 IMF。其中，$A_i(t)$ 表示真实振动的振幅曲线。由于目标点的质量未知，我们将其定义为 1。因此，瞬时能量可以用相对动能的形式来定义：

$$E(t)=\frac{1}{2}\sum_{i=1}^{n}(A_{i+1}-A_{i-1})/2\Delta t \tag{4-3-2}$$

其中 Δt 为两个相邻振幅的时间间隔大小。

2. 损伤识别实验分析

1）信号获取

本次实验的建筑模型是一个五层钢筋混凝土框架-剪力墙结构模型，在剪力墙底层是一面玻璃墙，如图 4-3-2 所示：

图 4-3-2　五层钢筋混凝土框架-剪力墙模型

当玻璃墙被破坏时，五层钢筋混凝土框架-剪力墙会顺势倒下发生坍塌，当第一层剪力墙撞到地面时，发生第二次坍塌。实验的目的是通过主要承载构件的突然坍塌，获得结构模型中关键位置的动态行为，并进一步确定结构渐进坍塌过程中发生的损伤。

实验在结构模型上附加了 10 个圆形跟踪点，如图 4-3-3（a）所示，得到由两个同步高速相机获得的 400 组立体影像对，其中高速相机帧频为 200 帧/s。图 4-3-3（b）和图 4-3-3（c）显示的是第一对立体影像。此外，为了方便数据处理，建立了一个独立的坐标系，它的 X 轴方向与图上的图 4-3-3（a）是平行的。通过实验，计算出的 10 个圆形跟踪点的动态响应信号，包括位移、速度和加速度。

因为考虑到所获得的动态响应信号的应力条件和不连续性，我们选择了两个最典型的跟踪点，即最高点 P_1 点和最低点 P_5 点，在结构渐进坍塌的过程中进行损伤检测。由于主要结构损伤发生在 X 方向（坍塌方向），因此本书研究了 P_1 点和 P_5 点在 X 方向出现的动态响应。图 4-3-4 表示的是 X 方向跟踪点的位移、速度以及加速度的变化曲线。显而易见，从速度和加速度的突变来看，在图 4-3-5 的红色矩形框中出现了约 0.8s 和 1.3s 时发生了两次严重碰撞。然而，对实验结构模型的损伤直接反映是困难的，我们也无法直接看出结构模型损伤的时间和损伤情况。

图 4-3-3　结构模型和立体影像对

（a）10 个跟踪点和一个独立的坐标系统；（b）第一对立体影像的左边图像；（c）第一对立体影像的正确图像

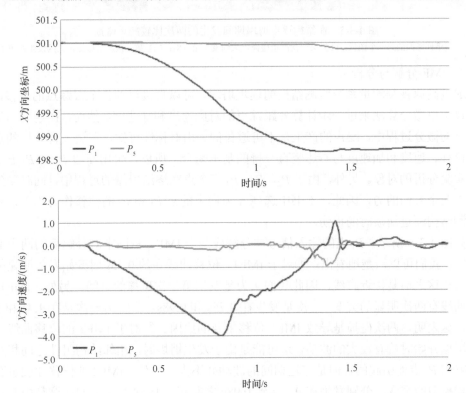

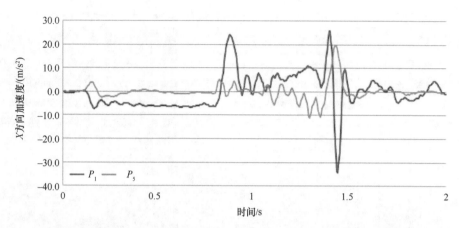

图 4-3-4　P_1 点与 P_5 点两个跟踪点在 X 方向上的位移、速度和加速度曲线

图 4-3-5　在结构逐步坍塌期间发生的两次比较严重碰撞

（a）左侧序列影像的第一个图像；（b）第一次严重碰撞，大约发生第 0.8s；（c）第二次严重碰撞，大约发生在第 1.3s

2）IMF 分解与分析

通过高速视频测量系统监测结构的逐步坍塌，可以直接得到各个跟踪点的位移，进而通过数值微分算法来进一步计算各跟踪点的对应速度和加速度。然而，在速度和加速度计算的微分过程中，噪声的产生是不可避免的。由对称性可知，左边竖直一排的点产生的位移、速度和加速度与右边竖直一排的基本吻合，所以，采用左边 P_1 到 P_5 五个点作为实验分析的对象。另外，由于 P_2，P_3，P_4 三个点在逐渐坍塌的过程中，同时受到来自上下两个方向的力，因此，本书中选择 X 方向上的点 P_1 和 P_5 的位移作为输入信号，以检测结构渐进崩溃时的损伤。

如图 4-3-6 所示，P_1 点的输入信号被分解成两个 IMF。从图中对分解后的两个 IMF 的观察，我们可以清楚地看出：①对于 IMF1，位移曲线在约 0.75s 时开始发生明显的弯曲，而在这之前是接近直线，因此我们认为是发生第一次碰撞的时间。另外，IMF1 的位移曲线有两次明显的突变，一次是发生在 0.75s 和 0.98s 之间，另一次是在 1.4s 和 1.5s 之间。这表明，两次碰撞是导致 IMF1 位移主要的原因。②对于 IMF2 的位移曲线，从结构坍塌开始时就有较大的波动，这可能是由于发生坍塌时，相邻结构组件之间相互挤压影响到 P_1 点而引起的，但是在这期间的波动并不大。另外，IMF2 的位移曲线也有两个比较模型的突变，分别发生在 0.75s 到 0.98s 之间和 1.4s 到 1.5s 之间，这是由于两次碰撞时，相互挤压加剧引起的。在 1.5s 之后，曲线又趋于稳定，说明碰撞基本完成，之后相互作用力消失。

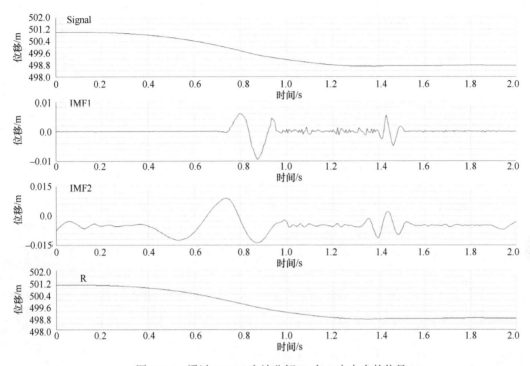

图 4-3-6　通过 ESMD 方法分解 P_1 在 X 方向上的信号

图 4-3-7 显示了 P_5 点输入信号的分解成 4 个 IMF。根据上图可以得到在对分解以后的 IMF 进行观察以后得到：①如图 4-3-5 所示，P_5 点位于结构模型的底部，在结构逐步坍塌的开始时就开始受到从其他方向的压力，由此产生的应力条件比 P_1 点更为复杂。因此，不同于 P_1 点的分解成两个 IMF，P_5 点的输入信号被分解为四个 IMF；②就像 P_1 点分解出来的 IMF1 一样，P_5 点分解出来的 IMF1 的位移曲线也近似于约 0.75s 发生突变，在这之前也是趋近于直线，并且对于 P_5 点分解出来的 IMF1，也有两个来自于 P_5 点的 IMF1 位移曲线的明显突然变化时间段。这也表明，P_5 点的 IMF1 位移主要是由两次碰撞引起的。此外，由于相邻结构构件的相互挤压，导致 P_5 点分解出来的 IMF2、IMF3 和 IMF4 的位移波动较大。综上所述，根据 P_1 和 P_5 分解出来的多个 IMF 可知，根据在模型结构坍塌的过程中，不同的应力条件，可以将输入信号分解为不同数量的 IMF。

3）稳定性分析

瞬时频率是一种瞬态结构振动响应，它和结构固有频率、阻尼、刚度等有关。也就是说，如果在被监测的建筑模型的结构中发生了一些损坏，就会导致建筑模型的瞬时频率降低。同时，根据表 4-3-2 的直接插值算法所示，在建筑模型的渐进式坍塌过程中，如果被监测的建筑模型中发生了一些破坏，那么相邻的准极值点的数量就会大大减少。所以瞬时频率也会受到一定的影响而降低。

图 4-3-8 所示为 P_1 点作为输入信号，分解得到 IMF1 和 IMF2 的两个瞬时频率（IF1 和 IF2）。对上图中的两个顺势频率进行观察以后的得到：①对于曲线 IF1 来说，有两个

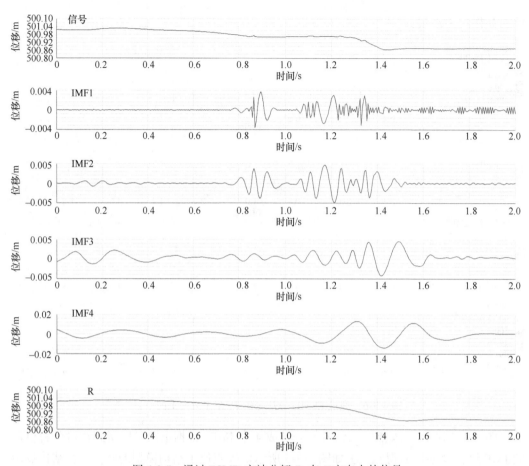

图 4-3-7　通过 ESMD 方法分解 P_5 在 X 方向上的信号

明显降低的瞬时频率处对应于 P_1 点的 IMF1 的位移曲线。这些结果进一步表明，IMF1 发生的位移主要是由两次碰撞引起的。此外，瞬时频率的第一次降低幅度远大于第二次，表明对 P_1 点而言，第一次碰撞比第二次更严重；②在曲线 IF2 中，从开始一直到 0.92s 的时间段中其瞬时频率在逐渐的减小，特别是在 0.41~0.92s 之间的时候减小的幅度很大。这表明从一开始，相邻结构构件在 P_1 点的位置上发生了相互挤压并产生了一些破坏，但是这很难通过观察位移直接来确定。此外，通过对曲线 IF2 的观察，我们发现在建筑模型第一次碰撞后，瞬时频率发生三次降低。结果表明，虽然在 P_1 点的位置发生了相邻的结构部件的挤压，但在建筑模型的第一次碰撞后，撞击的程度降低了。

　　将 P_5 点作为输入信号对其进行分解，得到 IMF1~IMF4 四个瞬时频率（IF1~IF4），如图 4-3-9。这 4 个瞬时频率可以反映：①在 IF1 的曲线上，瞬时频率从约 0.02s 到 1.56s 迅速降低。这是因为当实验开始后，玻璃幕墙被破坏，此时模型发生了剧烈的坍塌现象。然而，在约 0.61s、0.78s 和 1.34s 时，IF1 发生了明显的突变，这是由于复杂的承重环境引起的。特别是在 P_5 点的位置上，在约 0.78s 和 1.34s 处的两次突变，主要受两种作用力造成的：建筑模型坍塌碰撞和相邻构件之间相互挤压。②对于 IF2 和 IF3 的曲线，瞬时频率从 0.02s 降低到 1.82s，且没有较大的突变。这些结果可能是由其他外力引起

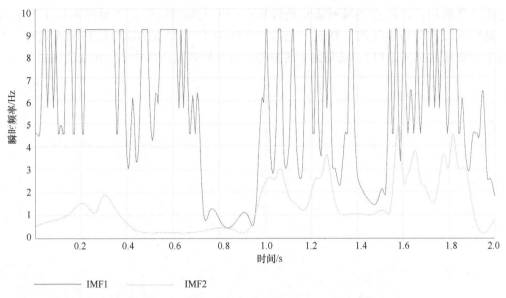

图 4-3-8 在 X 方向上的 P_1 点分解出的 IMF 的频率分布

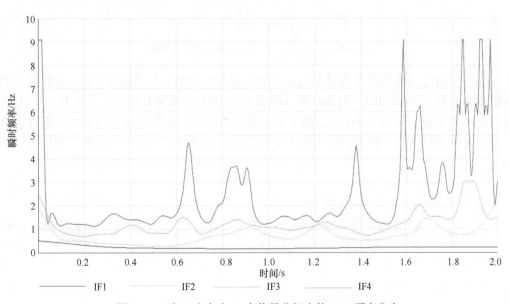

图 4-3-9 在 X 方向上 P_5 点信号分解出的 IMF 频率分布

的，例如建筑模型的部件的重力和相邻部件之间的横向挤压。但是仅仅通过这两条比较相似的瞬时频率曲线，我们很难确定对应 IMF 所受到的具体外力。实验结果表明，通过 ESMD 分解所得到的瞬时频率不仅可以分析建筑模型的稳定性，而且可以分析建筑模型荷载的条件。

如图 4-3-10 所示，在 P_1 点瞬时能量曲线上出现了两次幅度较大的变化，其时间范围和 P_1 点中两个瞬时频率出现降低的变化时间是相同的。此外，第一次能量曲线变化的峰值远远大于第二次，这表明第一次碰撞比第二次碰撞更加剧烈。与 P_1 点瞬时能量曲线相比，P_5 点的瞬时能量曲线只有一个大幅度的变化（如图 4-3-11 所示），这是由第二次碰撞引起的。然而，在第一次碰撞中，P_5 点的瞬时能量曲线只有一个较小的变化（图 4-3-11），这是由于碰撞的合力和相邻结构部件之间相互挤压引起。

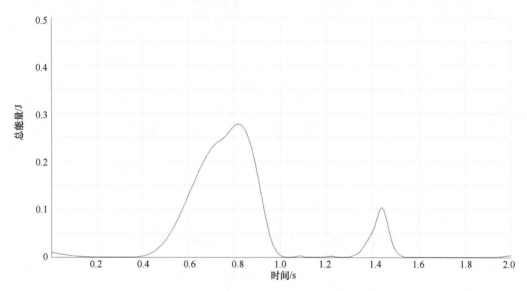

图 4-3-10　P_1 点在 X 方向上的总能量变化图

信号分解主要实现的是将复杂的信号分解成为简单的信号来进行分析，分解得到的 IMF 频率范围是不相同的。因此，被分解出来的 IMF 的质量直接决定了每个 IMF 对应瞬时频率的质量。采用 EMD 方法的上下包络线的平均值计算方法得到 IMF，是目前信号分解最常用的方法。然而，它需要大量的计算，有时也会出现模态混合、迭代过量和

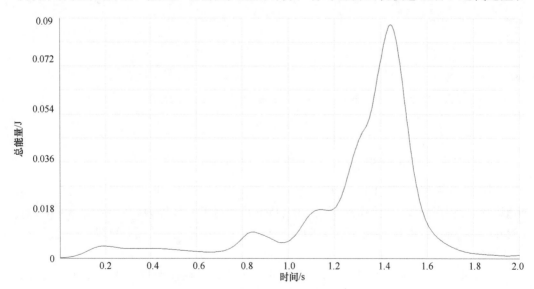

图 4-3-11　P_5 点在 X 方向上的总能量变化图

迭代不足的问题。ESMD 方法在进行筛选的时候主要实现的是将局部的极大值和极小值进行连接以后利用这些线段中点插值的一些内曲线来实现,从而非常有效地避免了模态混合问题。此外,EMD 方法很难区分低频的子信号,不能准确地分析出在逐渐坍塌过程中建筑物模型的所有应力状态,甚至可能导致对结果的错误理解和判断。如图 4-3-6 和图 4-3-7 所示,通过 ESMD 方法将输入信号分解为不同数量的不同振幅大小的 IMF,应用与分析建筑模型逐步坍塌过程中不同的应力状态,提高了对其稳定性分析的准确性。

4.3.2　结构表面裂纹探测

材料内部裂纹的萌发、扩展、贯通将会形成表面宏观裂纹破坏,宏观裂纹的出现会导致材料的破坏直至整个构件甚至整个工程的失效。尤其在脆性材料中其裂纹的产生、发展过程是很迅速的,会极大的削弱结构的完整性,直至导致灾难性的结构破坏,因此对结构表面裂纹的检测是一项非常重要的工作。对表面裂纹的检测起初是通过人工观察,手工绘制裂纹图并用尺子量测裂纹的宽度,这个方法耗时又耗力,而且很容易出现人为的误差。随着计算机技术的飞速发展,基于计算机视觉的裂纹检测技术获得了高速发展。图像处理技术成为一种被普遍采用的方法。

高速视频测量技术具有高帧频、非接触式、高精度等优点,在工程试验中的应用日益广泛。本书接下来介绍一种应用高速视频测量技术实现检测、提取表面裂纹的方法。首先针对要量测的工程对象构建一个高速视频测量网络带有随机喷洒的散斑的表面进行测量,应用近景摄影测量的原理提取工程对象的表面特征点位移,然后对表面特征点位移进行插值生成表面位移场,然后在位移场上应用变异系数与相关系数,基于局部空间统计指标在高速视频测量获得的试验材料表面位移场上提取裂纹两侧出现的位移场不连续特征;然后采用种边缘提取算法(Roberts 边缘算子、Prewitt 边缘算子等)结合形态学操作在位移场上提取主裂纹路径,并沿着主裂纹路径计算其开展宽度。

1. 面向表面裂纹检测的局部空间统计指标

构件在承受荷载时,如果表面出现了裂纹,则会导致其表面上点的运动发生不连续,因此只要找到这种不连续就可以可靠的检测出裂纹,自动判断裂纹在序列影像中的出现时刻。

1)基于变异系数的局部空间统计指标

首先获得每个格网点在每一帧影像中对应的坐标点,则在第 t 帧影像中,第 i 个格网点的 X 方向、Y 方向的位移值分别如下式所示。

$$x_r^i(t) = x^i(t) - x^i(1)$$
$$y_r^i(t) = y^i(t) - y^i(1)$$

$$(4-3-3)$$

式中,$x^i(t)$,$y^i(t)$ 点分别表示第 i 个点在第 t 帧影像中横坐标和纵坐标值;$x^i(1)$,$y^i(1)$ 分别表示第 i 个点在第 1 帧影像中横坐标和纵坐标值;$x_r^i(t)$,$y_r^i(t)$ 分别表示第 i 个点在第 t 帧影像中 X 方向位移值和 Y 方向值。其中第 i 个点在第 t 帧的总的位移如下式。

$$\delta^i(t) = \sqrt{x_r^i(t)^2 + y_r^i(t)^2} \qquad (4\text{-}3\text{-}4)$$

第 i 个点总共有 t 个位移值，分别为 $\delta^i(1), \delta^i(2), \cdots, \delta^i(t)$。为了有效地识别结构表面的运动方式，采用 $\delta^i(t)$ 的标准差 S^i 差，S^i 差计算公式如下：

$$\overline{\delta}^i = \frac{1}{t}[\delta^i(1) + \delta^i(2) + \cdots + \delta^i(t)]$$

$$S^i = \sqrt{\frac{[(\delta^i(1) - \overline{\delta}^i)^2 + [\delta^i(2) - \overline{\delta}^i]^2 + \cdots + [\delta^i(t) - \overline{\delta}^i)^2]}{t}} \qquad (4\text{-}3\text{-}5)$$

假设总共有 FP 个点，则在第 t 帧影像上就有 FP 个标准差，分别为 $S^1, S^2, \cdots, S^{FP}$，如图 4-3-12 所示，定义以 i 点为中心，边长为 1 的正方形定义为计算区域，i 点的运动模式用计算区域范围内的所有点的标准差的变异系数 CV_t^i 来衡量，其定义为标准差与平均值之比。

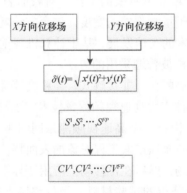

图 4-3-12　求变异系数流程图

图 4-3-13 左边红框中十字所标出的是经过格网法得到的格网点的分布，在以 1 点为中心，边长为 1 的正方形的计算区域内（红框内区域）有 9 个点，分别是 1 号～9 号点，如果得到了在第 t 帧图像中这些点的标准差，就可以用这 9 个标准差来计算变异系数 CV_t^1，遍历全部的点算出每个点的变异系数，从而得到在第 t 帧图像的所有格网点的变异系数 $CV_t^1, CV_t^2, \cdots, CV_t^{FP}$。设定一个变异系数的阈值 T，统计变异系数大于 T 的点的个

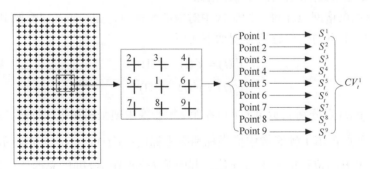

图 4-3-13　变异系数求值过程

数为 n，如若第 t 帧图像中的 n 大于 T，则该图中含有裂纹；相反 n 小于 T，则第 t 帧图像不含裂纹。

2）基于相关系数的局部空间统计指标

由于裂纹处的位移出现不连续，那么裂纹处点与其周围的点在时间上的变化也有明显的不同，相关性应该比非裂纹处点和其周围点的相关性弱，其相关系数比较小。因此也可以采用相关系数作为统计指标来判断裂纹起裂的时刻。

相关系数的计算如图 4-3-14 所示，以计算 1 点的相关系数为例，取计算区域如上一节，计算可以得到 1 号～9 号的位移集 S1～S9，每个位移集中都含有 t 个总位移值，比如 1 点的位移集就包括 $\delta^1(1), \delta^1(2), \cdots, \delta^1(t)$，用 1 点的位移集 S1 分别与其他点的位移集进行相关计算得到八个相关系数，然后取这八个相关系数的平均值作为 1 点的相关系数，cor_t^1 表示在第 t 帧图像中 1 号点的相关系数。遍历图中的所有格网点，就可以算出所有点的相关系数，给定一个阈值 T，统计 $cor_{(i,j)}(t) < T$ 的个数 n 来作为断裂特征的指标。

Pearson 相关系数的计算公式如下：

$$cor_{(i,j)} = \frac{n\sum XY - \sum X \sum Y}{\sqrt{\left[n\sum X^2 - \left(\sum X\right)^2\right]\left[n\sum Y^2 - \left(\sum Y\right)^2\right]}} \tag{4-3-6}$$

式中 X，Y 分别为相邻两点的位移集，n 为样本容量。cor 的值介于 –1 与 1 之间，其值越接近 1 或者 –1，相关性越强；越接近 0，则相关性越弱。

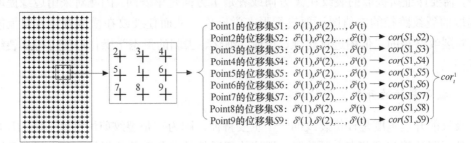

图 4-3-14　相关系数求值过程

2. 裂纹路径的提取

在序列影像中，当结构构件表面发生裂纹时，则其在位移场中会表现为不连续，这样可以通过找到这种不连续而对裂纹进行检测和定位。再者，从断裂力学角度来说，在裂纹尖端会出现应变集中，这与在图像中用灰度值来进行边缘检测的原理是一样的，也是找到数值区域内有显著变化的点。所以在判断裂纹的出现时刻为 t 之后，就在 t 帧或者 t 帧以后的帧的位移场中用边缘检测算子来提取裂纹。

1）基于边缘检测算子的裂纹路径提取

边缘是图像中最显著的特征，边缘与其周围像素灰度值会有一个明显的发生剧烈变化，其在数值上也变现为及不连续，由边缘的这个特征，可以把边缘的类型分为 3 类：一是相邻区域中灰度值差别较大的地方，定义为阶梯状边缘；二是灰度值在中间细条带内有剧烈突变，定义其为脉冲状边缘；三是边缘灰度值上升或者下降都比较缓和，定义为屋顶状边缘。3 种边界的特点如图 4-3-15 所示，从图中可知，边缘处的灰度值在其一阶、二阶导数上是有特点的，比如对于第一种阶梯状的边缘，其一阶导数具有极大值，极大值对应的二阶导数过零点，因此可以利用图像中的一阶导数或者是二阶导数来寻找边缘位置。可以采用的边缘检测算子有：Roberts 边缘算子、Prewitt 边缘算子、Sobel 边缘算子、Canny 边缘算子。

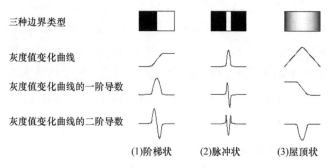

图 4-3-15　边界特点图（刘仁云，2016）

2）对已提取裂纹路径的形态学操作

采用边缘提取算子提取的裂纹路径往往还会存在一些诸如噪声点、裂纹中间存在断开分叉之类的问题。为了方便后续在提取裂纹的两侧开两个小窗口进行裂纹开展宽度的计算，需要保证所提取的裂纹在 X 方向或者是 Y 方向是单一的。因此对采用边缘提取算子提取的裂纹路径的二值图还要进行形态学操作，从而使裂纹在横或者竖方向上能单一，对裂纹路径的二值图进行腐蚀、连通、细化、去刺的形态学操作后便可得到裂纹的路径图。

3. 提取裂纹的开裂宽度特征

裂纹的开展宽度是评价裂纹的一个重要特征，因为它是裂纹前沿刚度下降的反应，在构件屈服计算和疲劳寿命预测时，裂纹的开展都是十分重要的指标。对于裂纹开展宽度的测量，采用模拟裂尖实验的测量方法，可以得出空间上和时间上裂纹开展宽度的值。具体做法如图 4-3-16 所示，在提取出的裂纹路径上点的两边对称的取两个小窗口，用窗口中点位移的平均值来表示该窗口的位移，则对称的两个窗口位移的差值即为裂纹上对应点的开展宽度。当裂纹沿着 Y 方向扩展时，在 X 方向的位移场中进行裂纹分析，因为裂纹宽度是垂直裂纹方向的，沿 X 方向取两个窗口，即左窗口、右窗口，裂纹线上对应点处的开展宽度为右窗口包含的所有点在当前帧的位移的平均值减去左窗口包含的所有点在当前帧的位移的平均值即为裂纹线上对应点在当前帧中 X 方向的位移开展宽度。类似的，当裂纹沿着 X 方向扩展时，在 Y 方向的位移场中进行裂纹分析，沿 Y 方向取两个窗口，即上窗口、下窗口，裂纹线上对应点处的开展宽度为下窗口包含的所有在当前帧的位移的平均值减去上窗口含的所有特征在当前帧的位移的平值点即为裂纹线上对应点在当前帧中 Y 方向的位移开展宽度。

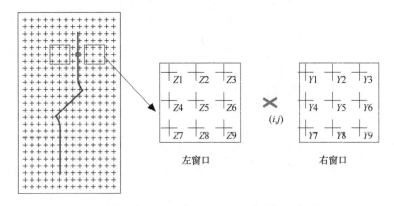

图 4-3-16　裂纹开展宽度计算图

在空间上，沿着裂纹路径移动窗口就可以得到裂纹线上所有点在该帧的开展宽度。以图 4-3-16 为例，在第 t 帧图像的 X 方向位移场中，黑色的十字代表格网点，蓝色的粗线为提取的裂纹路径图，一对红色的小框为在裂纹路径上点 (i,j) 两边取的计算窗口，左窗口中包含 $Z1\sim Z9$ 九个点，右窗口中包含 $Y1\sim Y9$ 九个点，则点 (i,j) 在第 t 帧的开展宽度为 $Y1\sim Y9$ 点在 t 帧位移与 $Z1\sim Z9$ 点在 t 帧位移的平均值相减，沿裂纹的路径移动这一对窗口，则就可以得在 t 帧图像中，在整条裂纹空间上裂纹开展宽度的值。

在时间上，假设取的一对窗口中所包含的特征点在整个实验过程中都不变，则只需在第 $1\sim t$ 帧中对应的位移值相减，就可以得到裂纹上点在 $1\sim t$ 帧的开展宽度的变化。如图 4-3-16　中，$x_r^{Z1}(1)\sim x_r^{Z9}(1)$ 分别表示 $Z1\sim Z9$ 在第一帧影像中的位移，$x_r^{Y1}(1)\sim x_r^{Y9}(1)$ 分别表示　$Y1\sim Y9$　在第一帧影像中的位移，则 (i,j) 点在第 1 帧中的开裂宽度为 $x_r^{Y1}(1)\sim x_r^{Y9}(1)$ 与 $x_r^{Z1}(1)\sim x_r^{Z9}(1)$ 的平均值的差值。以此类推，就可以得到 (i,j) 点在第 1 帧到第 t 帧的开展宽度值了。

第二篇　软硬件系统

第5章　高速视频测量分布式系统

面向工程实验的精密测量需求，归纳出一套分布式光学高速视频测量方案，实现对刚体/类刚体结构（岩土体）实验对象瞬时三维点位坐标、位移、变形、速度、加速度等形变参数的高精度测量，进而解决传统测量手段在结构精密测量中存在量程有限、测量区域小、安装费时费力、增加模型质量、单一维度监测、需稳定安装平台等问题。为了实现光学精密测量这一总体目标，应对光学成像仪器、设备安置、数据采集、数据处理等方面进行严格的方案设计和技术分析。光学精密测量的具体需求如下：

（1）光学仪器及其配套仪器在振动等环境下需具备稳定、耐用特征；

（2）硬件系统需具备稳定的光学成像系统、高速采集存储系统、光照系统、同步系统、供电系统等硬件；

（3）软件系统需具备硬件参数控制、硬件动作控制、分布式通讯传输、光学仪器标定、形变结果解算等功能。

针对上述需求，本章介绍一套完备的分布式光学高速视频测量方案，并根据测量方案提出了常规工程的方案设计流程。

5.1　分布式系统组成

针对高精度结构动态测量，本书所设计的解决方案包括分布式硬件系统构建与分布式软件系统构建两部分。如图 5-1-1 所示，分布式硬件系统构建主要包含高速成像系统设计、照明系统设计、同步控制与采集系统硬件设计等内容；分布式软件系统构建主要包含高速影像采集存储、同步控制、分布式通讯、高速相机标定、三维重建、变形分析和系统安全等功能模块设计，以上模块所涉及到的具体算法包括高精度目标识别、多视立体影像匹配、序列影像目标跟踪、相机标定、序列影像整体光束法平差等关键技术。

5.2　分布式硬件系统构建

分布式硬件系统的构建是为了获取高速运动目标的高质量影像序列，包括高速成像系统设计、高速采集存储系统设计、同步控制系统设计、网络通讯系统设计等内容。

5.2.1　高速相机网络构建

高速相机以交向摄影的方式记录目标物的运动状态，如图 5-2-1。高速视频测量的硬件性能决定了量测的效率和精度。硬件构建需要很多高性能硬件设备，比如高速相机、高性能数据采集卡和高性能数据存储卡等（图 5-2-2）。因此，在高速相机网络构建阶段，通过对多台高速相机、数据采集卡、同步控制器、工控机、人工标志和照明光源等部件的合理组合与设置，形成针对特定土木工程实验需求的高速相机传感器网络，获取研究所用的高速视频影像序列数据。

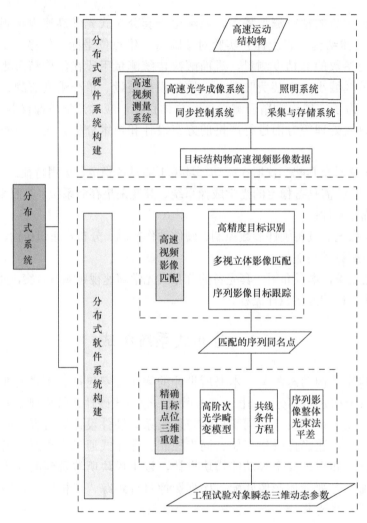

图 5-1-1　高速视频测量分布式系统总体方案结构示意图

5.2.2　工控机-主控机网络构建

高速视频测量系统包括一台主控电脑与多台高速相机。工控机-主控机网络构建如图 5-2-3 所示，首先，通过同步控制线将两台机箱连接到同步控制器上，再用串口线将同步控制器和主控电脑相连接。在进行同步采集和同步存储时，主控电脑向同步控制器发出命令，由同步控制器触发同步信号启动所有相机进行同步观测。最后，通过千兆网线将两台机箱和主控电脑连接到同一交换机上，将机箱与主控电脑之间连接到同一局域网中。主控电脑通过本地局域网向指定机箱发送指令及数据，同时还可以接收机箱的反馈信息，实现数据分布式并行处理。

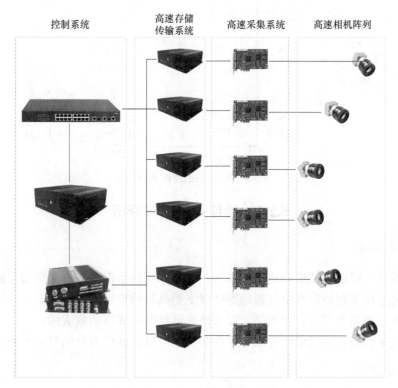

图 5-2-1　分布式硬件系统的构建

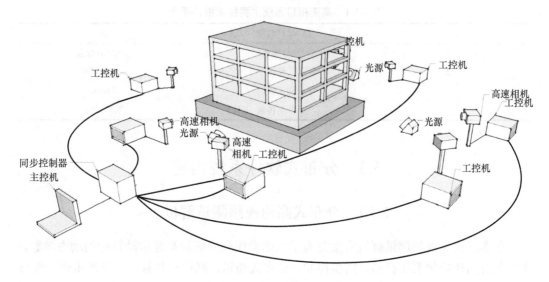

图 5-2-2　高速相机布设示意图

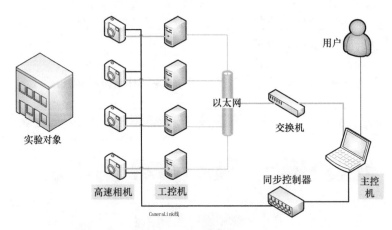

图 5-2-3　工控机-主控机网络构建

5.2.3　硬件系统需求分析

1. 功能需求

（1）设计并研制高性能高速相机系统，需保障高速影像序列的采集与存储；

（2）光学仪器在外部有尘、振动等环境下需具备稳定、耐用特征；

（3）人工照明光源需合理布局，以辅助光学仪器完成高质量成像；

（4）光学仪器需根据实验要求合理布置安放，以保证全方位的目标监测。

2. 性能需求

综合考虑国内外高速成像的技术要求，分布式硬件系统的性能需求如表 5-2-1 所示。

表 5-2-1　高速相机系统主要技术指标要求

序号	项目名称	指标
1	分辨率	≥400 万像素
2	帧频	≥500 帧/s
3	同步误差	100ns
4	数据传输	实时在线

5.3　分布式软件系统构建

5.3.1　分布式高速视频测量解析

分布式高速视频测量解析方案是为了从影像序列中解析高速运动目标的动态参数，主要包含高速影像采集存储、同步控制、分布式通讯、高速相机标定、三维重建、变形分析等功能，形成了一套完备的分布式光学高速视频测量软件。自主研发的高速视频测量软件相继攻克了分布式网络通讯、目标精确识别、高精度匹配与跟踪、全序列光束法平差、关键动态参数解算、分布式并行处理等关键技术难题。如图 5-3-1，在分布式高速视频测量中，需要详细设计和规划主控机与各子控机间的数据传递，其中包括指令传递、影像传递与文本传递。

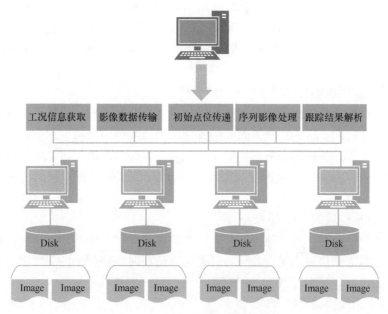

图 5-3-1　分布式数据解析示意图

5.3.2　软件系统需求分析

高速视频测量配套的软件系统应有效地处理影像序列数据。软件系统设计之前，应结合实际的测量方案分析软件系统的各项指标需求。

1. 功能需求

1）高速采集存储模块的功能要求

具备相机参数设置、采集卡参数设置、高速影像采集开始、高速影像存储、影像采集结束功能；通过硬件接口传输的参数信息自动检测相机、采集卡的连接，根据初始化参数对采集卡和相机进行初始化设置，通过用户对采集端口、实时参数和存储动作等参数的设置，对高速采集卡及高速相机进行实时控制。

2）同步控制模块的功能要求

具备硬件参数调控，同步控制信息设定（帧频），同步动作控制（启动、采集与存储）功能；从立体摄影测量的同名像对需求出发，通过同步采集和存储使联测的相机同时拍摄目标对象，以此作为关键点位三维空间解算的前提条件。

3）分布式通讯模块的功能要求

具备影像数据传输、指令传输、消息反馈、在线用户实时更新功能；从数据处理的效率需求出发，主控机（客户端）和工控机（服务端）通过 TCP/IP 协议族中的 UDP（User Datagram Protocol）通讯协议实现在线用户的广播发送，实时获取局域网中在线用户的数量；通过使用自定义 TCP/IP 协议族应用层协议，对数据和指令进行传输及解析，并实现通讯结果的反馈。

4）高速相机标定模块的功能要求

具备影像加载、参数设定、相机标定、可视化结果显示、结果保存功能：从近景工业测量的高精度需求出发，高速相机作为非量测相机，需利用辅助标定物进行相机标定，通过相机标定可获得相机的内部光学几何特性参数，即内方位元素和光学畸变参数。

5）三维重建模块的功能要求

具备序列影像加载、标定参数加载、目标识别、匹配跟踪、目标点三维重建、精度评价、结果保存功能：从视频测量的高精度需求出发，利用高精度控制点，在已知各相机标定参数和关键点位同名点对（半自动匹配方式）的情况下，通过近景摄影测量手段求取相机的外方位元素（相机的空间姿态），并进一步求取关键点位的空间三维坐标，进行三维重建。

6）变形分析模块的功能要求

具备三维位移计算、三维速度计算、三维加速度计算、频谱分析功能：从土木工程实验的形变参数需求出发，变形分析通过关键点位在时间序列上的三维坐标，推算出位移、速度、加速度、频率等数据，同时还可进行列表和折线图展示。

7）系统安全模块的功能要求

具备功能权限申请与功能权限注册功能：从软件各功能加密保护与权限需求出发，本软件在使用之前需申请软件许可，在许可认证获取之后进行软件功能注册。

2. 性能需求

1）同步控制模块所要达到的性能指标

同步控制误差不超过 100ns。

2）分布式通讯模块所要达到的性能指标

能够自动连接同一局域网中所有在线计算机，主控机与工控机之间可以进行数据和指令的传输，且传输过程中保证影像数据传输质量，丢包率低于 1%，命令传输与反馈时间差不多于 5s。

3）高速相机标定模块所要达到的性能指标

标定板的点位反投影误差可达 0.3 像素。

4）三维重建模块所要达到的性能指标

三维重建的点位定位精度最高可达毫米级精度，其反投影误差可达 0.3 像素；目标的跟踪匹配结果可达亚像素标准。

5）变形分析模块所要达到的性能指标

最终形变结果与位移计等高精度传感器对比，其相对测量精度可达 10^{-3} 级。

3. 软件形态及运行环境需求

分布式高速视频测量软件系统的软件形态及运行环境如表 5-3-1 所示：

表 5-3-1　软件形态及运行环境

序号	项目配置项	软件形态	细化模块	硬件环境	软件环境
1	分布式高速视频测量软件	客户端软件	高速采集存储模块、同步控制模块、分布式通讯模块、高速相机标定模块、三维重建模块、变形分析模块、系统安全模块。	工作站及台式机	win7/win8/win10

4. 用户界面要求

分布式高速视频测量软件的用户操作界面按以下标准设计。

（1）易用性：按钮名称应该易懂、用词准确，摒弃模棱两可的字眼，要与同一界面上的其他按钮易于区分。

（2）规范性：软件界面应包含菜单栏、工具栏、工具箱、状态栏、滚动条、右键快捷菜单等标准格式。

（3）帮助：系统应该提供详尽可靠的帮助文档，在用户使用产生迷惑时可以自己寻求解决办法。

（4）合理性：屏幕对角线相交的位置是用户直视的地方，正上方四分之一处为易吸引用户注意力的位置，在放置窗体时要注意利用这两个位置。

（5）美观与协调性：界面大小合适，感觉协调，能在有效的范围内吸引用户的注意力。

（6）安全性考虑：开发者应尽量周全地考虑各种可能发生的问题，使出错的可能降至最小。

（7）多窗口的应用与系统资源：设计良好的软件不仅有完备的功能，而且要尽可能的占用最低限度的资源。

5. 分析和设计方法要求

分布式高速视频测量软件开发的分析和设计阶段采用面向对象的分析和设计方法。

6. 适应性需求

分布式高速视频测量软件应能适应系统运行平台软硬件环境和其他定制软件接口，可进行二次开发，保障软件在模块级别上可拆分、可复用、可重组、可定制、可扩展，同时可实现软件的远程部署和安装。

7. 安全性需求

分布式高速视频测量软件必须具备完备的安全运行措施，主要包含以下方面的内容。

（1）软件的安全性，确保不会由于自身的故障或失效导致平台系统的其他部分相继失效甚至崩溃的特性（如不正常地持续占用大量 CPU、内存、I/O 等计算机资源，导致系统的其他部分无法运行）。应当制定完整的故障隔离、规避和恢复策略，确保软件运行的正常与安全；

（2）功能权限控制，防止外界或内部用户的非法或恶意访问。为此，必须从访问级别上严格控制不同用户的权限，避免用户越权使用或非法使用系统资源，甚至控制系统操作权，造成全体系统运行能力下降甚至崩溃。各功能面向不同用户，不同用户只能使用自己权限之内的功能。同时记录操作日志，包括操作时间、操作数据来源以及名称、操作用户的基本信息。

8. 可靠性需求

作为业务系统在设计实现上要充分考虑系统长期运行的稳定性和可靠性。系统在运行期间，针对任何一个重要操作，都必须具有判断错误的能力，必要时可以进行恢复性操作，否则要发出报警消息，以便实施人工干预。联调联试通过后，系统将进入长期业务运行状态。因此，系统必须具有较高的可靠性和故障快速恢复的能力，具体要求如下。

（1）软件开发应严格遵循国家和行业标准中的软件工程、测试和集成规范，制定合理的接口，采用系统自动恢复和人工补救等方式；

（2）关键高可用业务应在 20min 内恢复运行状态。

5.3.3　系统加速并行计算

将共享存储并行编程技术（Open multi-processing，简称 OpenMP）和 SIMD 技术应用于数字影像匹配算法中，能够同时处理多个视频影像序列，以此提高目标跟踪的效率。图 5-3-2 是本书所提出的并行目标跟踪处理的技术流程图，由三个主要部分组成：①提出一种由粗到细的目标跟踪策略以保障目标跟踪结果的亚像素级坐标精度；②采用基于 SIMD 指令以加速 NCC 匹配方法，主要体现在加速匹配过程中相关系数的矩阵运算；③采用 OpenMP 并行加速各影像序列的跟踪匹配过程，在精确获取匹配结果的同时提高计算效率。

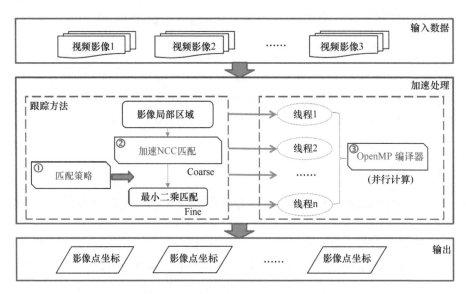

图 5-3-2　并行加速运算流程图

1. 由粗到细的目标跟踪匹配策略

在高速相机采集的海量影像序列中，如若在处理每一帧影像时进行全区域搜索跟踪，其处理效率将十分缓慢。因此，应采用由粗到细匹配方法进行目标跟踪，以在保证跟踪结果精确的同时提高影像序列处理的效率。如本书第 3 章所述，应先采用 NCC 匹配方法对目标进行快速跟踪定位，进而利用 LSM 方法来确定目标的精确位置。其具体实现过程如下：

（1）选取影像序列的第一幅影像，通过目标识别与定位检测所有目标点的影像位置，即获得目标点的像素坐标值与相应的目标匹配窗口；

（2）确定第二张影像中的目标点搜索窗口，通过 NCC 方法计算最大相关系数值，并保存相对应目标点的影像坐标；

（3）将步骤（2）中获取的目标坐标值作为初始值传递给精匹配过程，即根据 LSM 原理精确地计算目标点的亚像素级影像坐标；

（4）将步骤（3）中的精确目标点坐标传递到下一幅影像的粗匹配过程。重复步骤（2）～（4），直至解算完整影像序列。

2. 基于 SIMD 指令的加速 NCC 匹配算法

对于上述的目标跟踪算法，由于粗匹配过程需要进行大量的矩阵或数组运算。因此，该匹配过程可以使用支持数据级并行性的 SIMD 技术。该技术能够利用 SSE AVX 指令集，实现快速矩阵运算，在影像处理方面表现出很好的性能。SIMD 扩展由英特尔设计，用于将数据并行加载到 8 个 128 位 XMM 寄存器和 16 个 256 位 YMM 寄存器中，并使用相同的指令同时处理数据。在 NCC 匹配过程中，需使用该技术进行 NCC 测度计算中所涉及到的求和、乘法和累加等重复运算。而对于传统的 NCC 计算模型（单指令单数据流）来讲，只能采用每一个指令周期计算一对像素，这严重影响了计算效率 [图 5-3-3（a）]。

基于 AVX 指令集的加速 NCC 算法可以并行执行求和、乘法和点积运算。对于影像来讲，每个像素的像素值为 8bit，且在计算过程中被视为整数运算。由于 AVX 寄存器的带宽为 256bit，因此相同指令可以同时用于 16 对像素的并行计算 [图 5-3-3（b）]。在 NCC 计算中，一对待匹配影像可以被分别划分成几个运算块，其中每个运算块包含 16 个像素；然后将这 16 个像素写入 XMM 寄存器，并通过 AVX 指令并行计算；最后将相应的计算结果写回内存。这种运算方式与传统 NCC 方法相比，能够将时间周期减少到传统算法的 1/16，而在加速 NCC 算法中所获得的匹配结果与传统方法一致。传统 NCC 和加速 NCC 的 16 个像素数据计算模型如图 5-3-3 所示。传统 NCC 的数学运算是串联计算的，而加速 NCC 采用并行计算策略来提高时间效率。例如，目标窗口和搜索窗口的大小分别为 16×16 像素和 32×32 像素，以此测试和比较两种不同 NCC 方法的性能。如表 5-3-2 所示，两种方法分别在工作站和笔记本中进行了运算效率的对比。这两种硬件环境配置为：①工作站配置了英特尔（R）Xeon（R）E5-1630 型号的四核 CPU，主频率为 3.70GHz；②笔记本具有英特尔（R）Core（TM）i7-3610QM 型号的四核 CPU，主频率为 2.30GHz。在这两种硬件配置中，加速 NCC 方法的运算效率都明显高于传统的 NCC 方法。

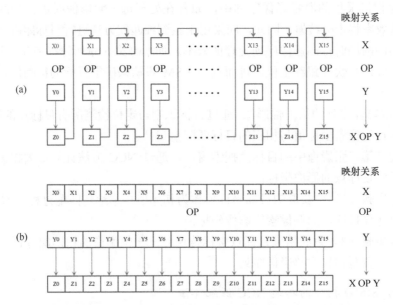

图 5-3-3 传统计算模型和基于 SIMD 的 AVX 指令计算模型间的比较

（a）表示无 SIMD 的传统计算模型；（b）表示基于 SIMD 的 AXV 指令的并行计算模型

表 5-3-2 两种 NCC 计算模型的时间效率对比

	传统 NCC/ms	加速 NCC/ms	加速比
工作站	16425	1962	8.4
笔记本	21822	2129	10.2

3. 多相机影像序列的同步加速处理算法

OpenMP 遵循 fork-join 模型来实现，其中包括主线程和工作线程。在主线程中可以指定并行区域并分配工作线程数。在高速视频测量中，N 个视频序列是由 N 个高速相机在不同视角下对同一物体进行采集拍摄，因此每个视频影像序列可以被划分为并行计算中的一个 Stripe。N 个 Stripe 可以在并行区域中分别编译成 N 个独立任务，并通过 OpenMP 编译器执行相应的目标跟踪算法，即该编译器由此可生成 N 个线程（如 T1、T2、…、Tn）。当并行区域计算终止后，整个目标跟踪过程也就完成了。针对并行区域中 N 个视频影像序列进行快速并行同步，可以通过设置 OpenMP 编译器来指定 N 个工作线程，从而实现高效的影像数据处理。图 5-3-4 展示了在 OpenMP 环境下 N 个视频影像序列的处理过程。目前，普通台式机或笔记本计算机的 CPU 几乎都有八个处理逻辑核，可以支持 8 台高速相机影像序列的同步处理。如若高速相机数目大于 8 台，则将高速相机以 8 个视频影像序列为一组依次进行并行处理。然而，在实际应用中，应需根据计算机 CPU 性能的核数量和相机拍摄的视频影像序列数量来统一规划线程数。

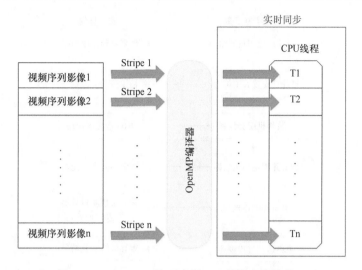

图 5-3-4　OpenMP 处理流程（T_i 是设定的线程）

5.4　工程方案设计

5.4.1　实验流程介绍

实验实施之前，针对不同的实验类型设计实验处理流程是十分必要的。本节将根据常规高速视频测量任务提出最普遍且简洁的实验流程以供实验实施参考。在高速视频测量实验中，实验流程主要包括实验实施方案设计和数据处理方案设计两部分。其中，实验实施方案设计主要涉及人工标志选择与制作、控制网布设、相机网络布设、灯源布设等内容；而数据处理方案设计主要涉及相机标定、目标识别、目标匹配与跟踪、三维重建等算法执行步骤。

1. 实验实施方案设计

在实验设计阶段，为了实现结构精密监测的目的，应该遵循严格的实验实施步骤。如图 5-4-1 所示，一般工程实验的实施方案步骤如下：①根据实验模型测量区域及工程周围环境设计高速相机布置方案；②根据单相机的视场范围设计人工标志点，其中包含控制点标志与跟踪点标志；③在多相机的公共视场范围中，统一规划和安置控制点标志与跟踪点标志；④根据设计点位安置高速相机，并连接和调试相关的采集存储设备、同步控制器、网络交换机、人工灯源等；⑤调节相机焦距至最佳状态，即能够清晰地记录结构上的关键目标点位，并且应进一步固定焦距以保证相机参数在实验过程中稳定不变；⑥利用全站仪等三维坐标测量仪器测量控制点位的三维空间坐标，以此建立摄影测量中的物方坐标系；⑦在正式实验中，多台联测高速相机同步记录目标结构物的三维形态变化，并在每一工况结束后应及时存储高速影像序列。

1）高速相机网络设计

相机摆放位置可以在现场进行实际测试，调整相机直至所拍影像正好包含整个模型即

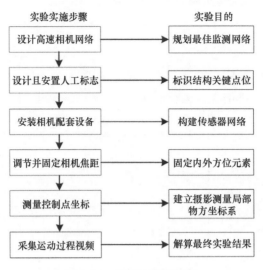

图 5-4-1 实验实施流程图

可；也可以在实施之前，通过透镜成像公式来大致推算相机的位置，透镜成像公式如下：

$$\frac{1}{u} + \frac{1}{v} = \frac{1}{f} \tag{5-4-1}$$

$$R_1 = m\sqrt{C^2 + D^2} \tag{5-4-2}$$

$$u = \frac{R_2}{R_1}v \tag{5-4-3}$$

其中，u 为物距；v 为像距；f 为焦距；m 为像元的大小，如 CL600×2 相机的像元大小为 $14\mu m \times 14\mu m$，即 $m=0.014\text{mm}$；C 为像片水平方向像素数；D 为像片垂直方向像素数；R_1 为像片大小；R_2 为物体大小（实际区域的对角线长度）。

在实验方案设计中，需要确定相机到模型的距离。可先假设相机选用一个固定焦距的镜头，根据高速相机的参数和模型的尺寸便可解算出相机到模型的大致距离，即通过公式（5-4-2）和（5-4-3）可算出物距与像距的比例关系式，再通过成像公式（5-4-1）便可算出物距的大小。

如图 5-4-2 所示，假若被测物为一筒体结构，安置在振动台上，高度约 4.9m，与振动台接触的底面圆直径约 3.6m，振动台台面边长为 4m，需要测量模型的轴线上的一些目标点。根据模型结构的大小以及模型周围的空间环境（有无遮挡情况），采用 6 台高速相机环绕模型布置，确定相机的摆放位置和交向角。如图 5-4-3 所示，中间的圆为冷却塔模型，外边的正方形为振动台，阴影部分为每两台高速相机的视场重合区域，三组视场覆盖模型的三个面。一般来说首先要保证能够将被测物全部容纳在镜头的视野范围内，其次合理设置相机的朝向，使得相机间的交向角合理，通常交向角的范围取 60°至 90°为宜。

图 5-4-2　冷却塔模型图

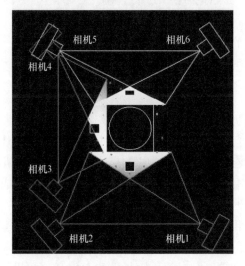

图 5-4-3　高速相机的视场分布示意图

2）控制点人工标志设计

控制点由 4 部分组成，白色圆、黑色保护边界、内环和十字丝。其中内环里面圆半径为 2.5mm，外面圆半径为 5mm，这种设计是为了便于在标志的中心粘贴带有十字丝的回光反射材料，以提高采用全站仪测量控制点时的精度。在实验中证明采用这种设计的标志，边缘拟合的稳定性较好、中心定位精度高以及具有一定的抗噪声能力。

3）控制网设计

相机的摆放位置和交向角确定后，计算出相机视场的重合区域，在重合区域均匀布置一定数量的控制点（如图 5-4-4 所示的一些小圆点，即为竖向布置的杆件，控制点就粘贴在杆件上），均匀布设在被测物所在的三维空间内且在 3 个坐标方向上有足够的延伸。需要注意的是，要考虑到模型在振动过程中的运动范围，在图 5-4-4 粉色阴影区域内不能布设控制点，以免遮挡被测目标点。当相机按照设计的点位和朝向布置好后，检查所有控制点是否有被遮挡等情况，对于有遮挡的个别控制点酌情进行位置的调整。此外，在本书中，控制点的精密三维空间坐标主要通过高精度全站仪获取。

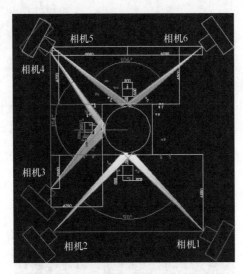

图 5-4-4　竖向控制网的分布示意图

4）高速相机及其配套设备

关于高速相机与配套设备的内容已经在本书第 2 章详细阐述。其中，高速相机是一种能够在很短的时间内连续拍摄众多像片的摄影设备，高速相机的采集帧频从每秒几十张到数千张不等。高速相机是组建高速视频测量系统的重要组成部分，通常需要考虑高速相机的采集帧频、分辨率、高速相机的光学接口、与计算机的连接方式和需要的照明方式等因素。而与高速相机配套的高速图像采集存储系统是构建整个高速视频测量系统的核心部分，主要包括高速图像采集卡、高速存储系统和图像采集及存储系统软件。高速图像采集存储系统可以实现实时无压缩采集和存储高速相机拍摄的图像数据。此外，当高速相机以高帧频进行数据的采集时，为了保证影像的质量，高速相机的曝光值不能太大，导致影像偏暗，因此通常需要人工光源进行光源的补充和加强。有效使用自然光源和人工光源将直接影响所摄影像的质量，从而影响视频测量的精度。值得注意的是，在混合使用人工光源和自然光的情况下，当自然光过强时，需要进行必要的遮光处理，同时进行人工光的补充和加强。由于人工光源易于控制稳定性较好，在条件允许的情况下，尽量使用人工光源，对自然光进行遮光处理。对于控制点和跟踪点更应该特别注意局部的照明，使用人工光源是一个很好的选择。

2. 数据处理方案设计

在数据处理阶段，为了获取结构物上关键点位的三维形变参数，应遵循严格的数据处理顺序。如图 5-4-5 所示，高速影像序列处理的一般处理步骤如下：①通过相机标定算法获取各个相机的内方位元素和镜头畸变参数；②通过目标识别算法在初始同名影像上识别人工目标并精确提取同名目标点位；③通过影像匹配算法跟踪所有目标点位并获取序列同名像点坐标；④通过基于序列影像的整体光束法平差方法来解算各相机的外方位元素和跟踪点位的序列三维空间坐标；⑤通过序列三维坐标的时序分析以获取结构物上关键点位的三维时序形变参数。

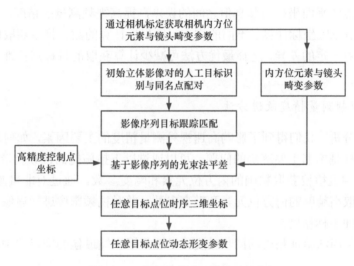

图 5-4-5　常规数据处理方案流程图

在数据处理方案中所涉及到的具体算法已经在本书第 2 章、第 3 章以及第 4 章中详细阐述。根据不同的测量目标和实验应用选取最佳的解算方法，可以获得最佳的实验结果。

5.4.2　高速视频测量精度分析

1. 高速视频测量精度的主要影响因素

从高速视频测量的系统硬件的物理特征、摄影方式和数学模型的角度出发，高速视频测量的测量精度影响因素包括以下几个方面。

（1）高速 CMOS 相机属于非量测相机，现实的成像系统结构复杂，存在着诸如传感器阵列不均匀，物镜的径向和切向畸变等影响测量精度的因素。采用某种数学模型可以达到一定程度的近似，但是上述影响测量精度的因素并不能完全消除，即改正后的像点坐标依旧存在着微小的系统误差。

（2）相机同步精度误差。高速视频测量属于立体测量，需要采用同步控制器保证高速相机曝光采集影像的同步性，相机的同步拍摄精度是影响高速视频测量精度的重要因素之一。

（3）照明光源影响。高速视频影测量的帧频一般在100帧/s以上，单张像片的曝光时间很短，需要较强的光源，以保证高速视频测量获取高对比度的影像。

（4）摄影技术影响。高速相机网络布设，摄影距离，摄影交向角和基线的设计均会影响高速视频测量的精度。

（5）控制网络影响。控制网络中控制点布设的数量及其在被测物体周围的空间分布均会影响高速视频测量的精度。

（6）目标点识别。目标点识别的目的是获取跟踪点标志中心的像平面坐标，对跟踪标志中心点像平面坐标的自动量测取决于算法的优劣，采用适合的算法可以减小量测的跟踪标志中心点像平面坐标与其真值之间的误差，提高视频测量的精度。

（7）目标点三维坐标计算。不同的物方三维坐标计算的数学模型获取的目标点的三维坐标值存在着一定的差异，选择最优方法可减少计算获取的目标点三维坐标和其真值的误差。

2. 高速视频测量精度改进方法

通过上述分析，我们得到了影响高速视频测量精度的主要因素，如何提高高速视频测量的精度同样是本书主要解决的问题，可以通过以下措施提高视频测量精度：

（1）高速相机检校获取精确的内方位元素和畸变参数。通过对非量测高速 CMOS 相机检校，获取高精度的内方位元素和畸变参数，并对视频影像进行逐像素改正，以提高像点的像平面坐标精度。

（2）通过频闪法验证相机的同步精度，以选择同步性最佳的同步控制，以提高相机的同步精度。

（3）设计最佳的高速相机网络布设。相机交向角位于 45° 和 90°之间，构成稳定的交向摄影。摄影距离越长，精度越低。因此相机需尽可能靠近被测物体，使被测物体最大限度的位于相幅范围内。摄影基线要大致平行于被测物体，以便不致因近景点和远景点的距离相差悬殊而使精度相差很大。基线与摄影距离之比一般为 1/4～1/5 为宜。

（4）控制网布设优化。控制网布设包括控制点数量和控制点的空间分布。一般来说，参与光束法平差计算的控制点的数量以取 9～12 个为宜，过多的控制点不仅对提高精度没有明显的帮助，而且还会增加控制网布设的工作量和困难。控制点需离散的均匀分布在整个测量目标范围内，不能分布在同一平面或近似同一平面，以避免平差时病态方程的出现。

（5）人工目标点的设计与识别。人工目标点包括控制点和跟踪点，人工目标点的形状和大小是影像目标点像平面坐标精度的关键因素，需根据摄影距离、高速相机等因素来设计标志的大小，并根据被测目标的结构特点来设计标志的形状和颜色。设计适合于快速、准确识别和跟踪的目标点，并采用最优化目标点识别与跟踪的算法，以减小人工目标点像平面坐标的误差。

（6）根据高速视频测量时的天气与环境特点，选择合适的照明光源。一般情况下，在自然光条件下，高速相机拍摄的像片会因曝光时间不足，而导致像片对比度降低，质量差，需要采用新闻灯布设在被测物体周围，并将光均匀的照射在被测物体表面，提高视频测量获取的像片的质量。

（7）在满足帧频要求的前提下，尽可能地采用高分辨率的高速 CMOS 相机进行高速视频测量，因为相机分辨率越高，相同条件下获取的像片的像素所代表的实际点位半径越小，三维坐标计算结果越精确。

第6章 硬件系统

高速视频测量中的光学硬件系统是获得序列影像数据的唯一方式。高速视频测量系统通常由一套光学成像系统、影像采集装置、影像存储设备等组成，它能够通过成像系统配合光源照明完成物体位姿的影像采集并通过特定的接口将采集的图像信号传递给计算机。近几年来，随着高速相机曝光时间越来越短，拍摄速度越来越快，且分辨率越来越高，高速视频测量技术已经开始拓展应用到动态性能测试领域。为了实现更高的测量精度与更好的自动化程度，本章介绍了高速相机及其配套系统的硬件设计方案。

6.1 高速相机传感器网络

6.1.1 传感器网络设计

高速视频测量系统通过多台相机共同完成对目标成像，进而分析图像获取目标的实验数据。其主要组成有照明系统、控制与采集系统以及光学成像系统。其中控制与采集系统主要由主控制计算机、UPS 电源、照明控制与供配电系统、同步控制系统、网络交换器、相机供配电系统、分相机采集存储计算机等单元组成。其组成框图如图 6-1-1 所示：

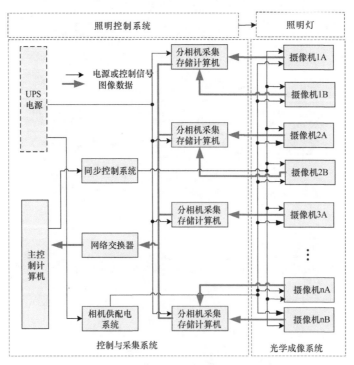

图 6-1-1　高速视频测量系统组成结构示意图

6.1.2 传感器网络构建

整个光学测量系统由若干组测量单元组成（每组包含 2 台相机），根据被测件的大小和光学测量视场范围确定测量单元的数量和测量点位的布置。每个测量单元可独立工作，也可通过主站的中心控制台组成系统工作。

振动台周围一般设置有专用燕尾槽，用来安装支撑架，支撑架用来安置高速相机。测量相机采用交汇测量方式组成测量网，每个相机以统一指向和时间为基准，并在各自的坐标上记录被测件随时间变化的影像，后期通过分析计算，可获得精确的被测目标位移量等试验数据。

相机照明系统采用人工照明方案，照明装置安装在高速相机两侧，并根据实际场景计算合适的照射距离，满足高速相机光照度需求。

6.2 高速相机成像系统

6.2.1 高 速 相 机

高速视频测量最基本的要求是保证帧频能达到应用的要求。相对于 CCD 相机来说，CMOS 具有一定的优势，而且 CMOS 高速相机还继续朝着高帧频和高分辨率的方向发展，有更广阔的发展空间。目前，CMOS 高速相机的研究和生产的核心技术主要集中在欧美一些发达国家，代表性的相机公司如下：

德国 Mikrotron 公司。该公司成立于 1977 年，是一家专业的高速 CMOS 相机系统生产厂商，其产品包括 MC 系列高速相机、高灵敏度相机和 Cube 系列独立高度图像采集系统。MC 系列 130 万像素的相机的满幅帧频高达 500 帧/s，适用于任何特殊的场合。Cube 系列独立系统集成像、采集和存储于一身，可实现分辨率 1280×1024 与帧频 1000 帧/s 和分辨率 512×512 与帧频 5500 帧/s 的高速采集。代表性高速相机产品为 MC1362 ［图 6-2-1（a）］和 EoSens 3CL ［图 6-2-1（b）］。

德国 Optronis 公司。该公司成立于 1986 年，多年来一直致力于科研及工业领域用高速相机的研发和生产。其主要高速相机产品是 CamRecord 系列 CMOS 高速相机，该相机已经广泛应用于拍摄高速运动的物体如导弹、炮弹等或快速变化的物理现象，其相机在满幅 1280×1024 分辨率的情况下，最高帧频能达到 1000 帧/s。代表性高速相机产品为 CamRecord CL600x2 ［图 6-2-1（c）］和 CamRecord CL1000x2 ［图 6-2-1（d）］。

瑞士 Photonfocus 公司。该公司是一家致力于研究开发工业 CMOS 图像芯片及相机的专业公司，有二十多年的研发、生产 CMOS 图像器件经验，掌握着全球最先进的高端 CMOS 图像芯片设计技术，其 CMOS 传感器采用专利的有源像素结构（Active Pixel Structure，简称 APS）设计，解决了 CMOS 噪声大的弱点，将 CMOS 像元的噪声降低到 30 个噪声电子以下的水平。在采用 Linlog 技术的情况下，动态范围可扩展到 120dB。代表性高速相机为 MV-D1024E-160 ［图 6-2-1（e）］。

　　日本 Photron 公司。该公司成立于 1974 年。其最初只制造专业的电影，视频和照相仪器设备。随后通过不断扩展到光学和电子技术领域，进一步推动数字成像和慢动作分析领域的研究和开发。其高速相机产品已经广泛应用到微流体，军事测试，航空航天工程，汽车，粒子图像测速（Particle Image Velocimetry，PIV），数字图像相关（Digital Image Correlation，简称 DIC），弹道测试等领域。Photron 于 1990 年通过与日本近畿大学合作开发基于块读出多通道 NMOS 架构的新设计，推进了传感器技术的发展。这项新开发产生了 256×256 像素×4500 帧/s 的 NMOS 传感器，超过了当时最快的高速摄像机。目前 Photron 公司高速相机主要产品有 FASTCAM 系列［图 6-2-1（f）］和 MINI 系列［图 6-2-1（g）］，其相机在满幅分辨率（主要为 1024×1024 像素）下，最高帧频均能达到 10000 帧/s，一些相机如 FASTCAM SA-Z 甚至能达到 20000 帧/s。

　　美国 nac 公司。该公司自 1980 年起，一直致力于高速相机产品研发和生产，其产品体系较大，并且在各行业应用较广。代表性的高速相机为 MEMRECAM ACS-1 ［图 6-2-1（h）］和 MEMRECAM Q1m ［图 6-2-1（i）］。

　　英国 iX Cameras 公司。该公司是一个有 15 年发展历史的新公司，是高速（减慢动作）成像领域的前沿技术和产品领先者。其 i-SPEED 系列 1 和系列 2 的相机是第一个允许用户通过以太网传输影像同时使用便携式独立显示器和个人电脑的相机。代表性的高速相机有 i-SPEED 220/221 ［图 6-2-1（j）］、i-SPEED 513 ［图 6-2-1（k）］和 i-SPEED 726 ［图 6-2-1（l）］。

　　对于上述几种目前常用的高速工业相机，根据其具体性能指标可以分为低性能，中性能与高性能三种类别。

(a) MC 1362　　　　　　　　　　　(b) EoSens 3CL

(c) CamRecord CL600x2　　　　　　　(d) CamRecord CL1000x2

(e) MV-D1024E-160　　　　　　　　　(f) MINI AX

(g) FASTCAM SA-Z 2100K　　　　　　　(h) MEMRECAM ACS-1

(i) MEMRECAM Q1m　　　　　　　　　(j) i-SPEED 220/221

(k) i-SPEED 513　　　　　　　　　　　(l) i-SPEED 726

图 6-2-1　代表性高速相机

其中低性能 CMOS 高速相机主要包括 MC 1362、EoSens 3CL、CL600x2、MV-D1024E-160 和 i-SPEED 220/221，其拍摄帧频均小于 1000 帧/s，具体性能参数如表 6-2-1 所示。

中性能 CMOS 高速相机主要包括 CL1000x2、Mini AX 和 MEMRECAM Q1m，其拍摄最大帧频在 1000 帧/s-10000 帧/s 之间，具体性能参数如表 6-2-2 所示。

高性能 CMOS 高速相机主要包括 FASTCAM SA-Z 2100K、MEMRECAM ACS-1、i-SPEED 513 和 i-SPEED 726，其拍摄最大帧频超过 10000 帧/s，具体性能参数如表 6-2-3 所示。

表 6-2-1 低性能 CMOS 高速相机性能参数对照表

型号	MC 1362	EoSens 3CL	CL600x2	MV-D1024E-160	i-SPEED 220/221
分辨率	1280x1024	1696 x1710	1280 x 1024	1280 x 1024	1600 x 1600
帧频	500 帧/s	285 帧/s	502 帧/s	150 帧/s	600 帧/s
像元大小	14μm	8μm	14μm	10.6μm	8μm
动态范围	90db	90db	90db	120db	8bit
存储方式	实时传输	实时传输	实时传输	实时传输	2/4/8/16G 存储

表 6-2-2 中性能 CMOS 高速相机性能参数对照表

型号	CL1000x2	Mini AX	MEMRECAM Q1m
分辨率	1280 x 1024	1024 x1024	1280 x 1024
帧频	1000 帧/s	6400 帧/s	2 000 帧/s
像元大小	12μm	20μm	6μm
动态范围	90db	12-bit monochrome	12/10/8bit
存储方式	16G 存储	8/16/32G 存储	4/8G 存储

表 6-2-3 高性能 CMOS 高速相机性能参数对照表

型号	FASTCAM SA-Z 2100K	MEMRECAM ACS-1	i-SPEED 513	i-SPEED 726
分辨率	1024 x 1024	1280 x 896	1920 x 1080	2048 x 1536
帧频	20000 帧/s	35 000 帧/s	500 000 帧/s	1 000 000 帧/s
像元大小	20μm	22μm	13.5μm	13.5μm
动态范围	12-bit monochrome 36-bit color	8bit/10bit/12bit	12bit	12bit
存储方式	8/16/32/64/128G 存储	64/128/256G 存储	18/36/72/96/ 144G 存储	36/72/96/144/ 192/288G 存储

在实际的实验过程中并不是性能越高的高速相机使用效果越好。由于中、高性能相机超高帧频的特性导致其在数据存储时往往不能实现数据实时存储，需要将高速影像数据先存储至有限固定大小的数据硬盘中，这种存储方式会极大地限制实验的工况时间。因此，在实验过程中，应根据实际的实验环境和实验需求选取合适的高速相机。

6.2.2 高速成像系统组成及描述

高速成像系统主要包括高速相机的成像电路设计、光学镜头设计等。其中每台高速相机系统主要组成部分如下：

（1）摄像机及附件，包括高速成像电路、相机镜头、固定结构及相关附件等；

（2）安装固定及调节支架；

（3）电缆传输部分。

1. 成像相机光学设计

实际实验时需要对实验台上放置的建筑物/构筑物进行高速视频测量,本系统设计每相邻两台相机视场一致，并且观察区域高度重叠。例如，以振动台面尺寸 6m×6m 为例,

此时覆盖一侧台面需要四台相机,即采用相邻两台相机观察振动台同一观察范围
(3m×4m)。因此覆盖振动台四个面需要 16 台相机。为满足成像距离 5~8m 观察范围都
能清晰成像,光学系统采用大景深设计思路。

   2. 高速相机电子学设计

   高速相机成像电路主要由焦面板、信号处理板、接口板组成,各电路板之间采用高
速连接器连接。

   1)焦面板电路设计

   综合比较 CCD 和 CMOS 两种较为常用的探测器,大面阵、高帧频 CCD 探测器价
格昂贵,一般需要数十万甚至更高的价格,综合考虑性价比应选用大面阵、高帧频 CMOS
探测器。因此,焦面板主要用来安装可见光 CMOS 探测器,其主要功能是实现将光信
号转换为电信号。CMOS 输出高速差分对信号通过板间高速连接器发送至信号处理板中
的 FPGA 芯片进行图像合成与输出。

   2)信号处理板电路设计

   信号处理板主要由 FPGA 及其外围电路、DDR 存储模块以及供配电单元;其功能
是为 CMOS 探测器提供参数配置、时钟等,同时接收来自探测器发送的多路差分信号,
将差分信号转换为单端信号并进行图像组帧;将组帧后的图像按照接口电路的需求发送
至接口板数传芯片组;供配电单元为 FPGA 及 DDR 电路模块提供本板所需的+3.3V、
+2.5V、+1.8V、+1.2V、+1.0V 等电平。

   3)接口板电路设计

   接口板主要由电源接口模块、数传接口模块、控制接口模块以及供配电模块组成。
电源接口模块完成一次外部电源输入;供配电模块将输入的一次电源转换为成像电路所
需的主要二次电源;数传接口模块将图像数据按照 CoaXpress 协议发送至水上计算机存
储系统;控制接口模块接收外部发送的同步信号、曝光调整指令等。

   CoaXpress 接口是一种非对称的高速点对点串行通信数字接口标准,以高达
6.25Gbps 的速度传输数据。优点在于非常适合传输 CMOS 传感器在高速拍摄下的大分
辨影像数据,其性能远远超出传统接口(如 CamerLink、GigE 等)的带宽限度。

6.3 同步控制系统

   同步触发电路用来产生多台相机的外触发同步信号,电路通过 RS485 接口接收主控
计算机发送的帧频指令,输出多路同步脉冲信号用来同步多台相机。其主要组成有电源
变换电路、485 通信电路、FPGA 时序生成电路、外同步输出电路等模块组成。

   同步控制系统工作原理为主控计算机向同步控制电路发送帧同步指令,同步控制电
路识别指令并产生相应的帧同步脉冲信号,该同步脉冲信号由 FPGA 芯片发出后经多路
光耦模块传输,各路脉冲信号线在传输过程中采用相同型号、相同长度线缆以保障到达
各相机的同步性。假设选用 20Mhz 的传输速率,那么其发端同步精度不超过 50ns,接
收机端同步精度同样不超过 50ns,因此可以计算线路总同步精度不超过 100ns。光纤传

输距离完全可满足本系统百米级要求。

6.4　高速采集存储系统

高速数据传输图像数据传输接口较为常用的有 GigE、10GigE、CamerLink、CoaXpress 等接口。其中，CoaXpress 是以组的形式带宽，CamerLink 是以 FullM 模式的带宽，比较以上 4 种接口，万兆以太网接口（10GigE）虽然单条光纤传输速率较高，但是对于该相机系统其需要 2 个万兆网口，对计算机提出了新的要求。综合比较，选用 4 通道 CoaXpress 接口+专用采集卡的传输方案。

在高速影像数据存储时，有的实验参与计算测量系统相机数量会较多，为减轻复杂的布线系统，采集方案的设计中可采用每 4 台相机使用一个采集存储计算机。采集软件通过服务器 PCIe 接口同时对不多于 4 台相机进行采集，将采集数据分别放在专用缓冲池中，同时多路写线程将数据写入服务器磁盘阵列。

由于长期存储介质写速率缓慢，为满足 500 帧/s，分辨率 2300×1700，使用缓冲队列技术将采集到的数据直接存储到计算机系统内存中，然后再将内存中数据写入磁盘。计算机系统采用 8 块 SSD 硬盘组成的磁盘阵列作为长期存储介质，其写速率在 10000Mbps 左右。计算机系统内存设置为 1TB，则其单次采集最长运行时间为 149s，且在最长工况下单次采集最长不超过 605s。为了防止数据丢失，缓冲队列设置预警机制。

此外，为了实时显示采集到的图像，相机主控制系统通过交换机网络接口访问采集存储计算机，并将其存储数据抽帧显示在主控制系统计算机端。主控制系统将分为多个显示窗口，分别显示多台相机的图像，以便于观测相机状态、目标状态等信息。

6.5　光源照明系统

设计光源照明系统的目的是为了获取高质量的图像，因此光源的选择尤为重要。目前使用的照明光源有卤钨灯、氙灯及 LED 灯。卤钨灯、氙灯作用距离较远，但寿命较短；LED 作用距离较短，其他性能，如寿命、设计优化、成本性价比、反应速度都比较高，且热辐射低。如果测量的距离较近，应选择 LED 灯，测量距离较远则需要采用高功率的卤钨灯。

在高速摄影过程中，需要稳定且持续发光的灯源。本书建议灯源的最低性能配置如表 6-5-1。在室内实验室，应保证光照强度应高于 500lux（勒克斯）。

表 6-5-1　光源参数表

序号	项目	指标
1	光束夹角	82°
2	白光色温	5000K（标配）
3	光通量	色温 5000K 14 000lm（连续模式）23 800lm（闪光）
4	机械尺寸	73×58×61mm（W×H×L）

续表

序号	项目	指标
5	重量	0.75 lb（0.34kg）
6	工作温度	−40～70℃
7	预计寿命	40 000h
8	光源电源输入	48 VDC
9	外部电源	100-240 VAC 输入 −220W 48VDC 输出
10	功耗	连续工作模式：120W；闪光灯模式：200W
11	调光	通过 8-Port LED Access Point
12	控制	通过外部 TTL Pulse（Strobe）实现连续照明或闪光照明
13	脉冲（闪光）模式参数	最大脉冲频率：100 KHz 最小脉冲宽度：2 μsec 上升/下降时间：500 nsec（可选配更快的时间）

此外，光源控制及供配电系统用来控制光源的工作在不同模式，并可监控光源的温度等信息；同时为照明灯提供稳定的直流电源。根据项目需求以选用专用集成可同时控制 8 路的控制器。

6.6　UPS 电源系统

UPS 电源在整个供电系统中是十分重要的，它可以用来防止在某些特殊情况下出现断电等问题而导致数据丢失，用以保证采集数据的完整性和安全性，降低因意外情况而导致的实验失败的风险。

第7章 软 件 系 统

软件系统的搭建与开发是理论知识付诸于实践应用的重要一步。优秀的软件系统能够提高工作效率，即能够通过数据的采集、处理和分析来高效地完成人机协同工作。基于本书所述的高速视频测量理论方法，研究团队相继开发了高速视频测量软件系统和分布式视频测量软件系统。本章不但阐述了软件系统的主体设计和具体功能模块设计，而且还展示了软件系统在实践应用中的操作流程。这些内容将在一定程度上帮助和启发读者进一步理解高速视频测量理论。

7.1 高速视频测量软件系统

高速视频测量软件系统是将高速视频测量理论、空间分析理论与软硬件相结合，设计了一种应用于工程实验的点位测量软件。本软件主要功能包括：相机标定、三维重建、变形分析和其他辅助功能工具。软件具备友好的图形化界面，且兼具良好的安全性和易操作性，是一套完整的高速视频测量软件。该软件结合相关硬件所形成的独特测量方式不仅克服了各种工程实验中传统测量传感器的诸多缺陷，更是解决了部分工程实验中难于测量、不能测量的问题。

7.1.1 系 统 设 计

1. 系统概况

高速视频测量软件目前主要适用于振动台、风洞、结构倒塌等土木工程实验的点位测量，能够有效地处理基于视频测量获取的影像序列数据，其中包括相机标定、三维重建和变形分析等功能。并对其中的部分解算数据进行精度评价。具体来说有以下几个方面。

（1）相机标定：能够解算出相机的内方位元素（像距和像主点坐标）和畸变参数（含径向畸变和切向畸变）；

（2）三维重建：能够解算出相机的外方位元素（相机姿态参数）和关键目标点位的三维空间坐标；

（3）跟踪匹配：能够解算目标点位在二维影像中的序列坐标；

（4）变形分析：能够提供关键目标点位的位移、速度、加速度等形变数据并成图展示；

（5）其他辅助工具：视频影像处理，圆形标志点圆心提取，同名点匹配，文件操作等。

2. 需求分析

（1）通过相机标定求取相机的内方位元素，其结果可进行修改和保存。

（2）读取相机标定的结果，通过目标点（关键点位）定位和匹配（半自动方式）进行三维重建，其中间结果可进行修改和保存。在精度测评方面要求如下：三维重建的点位定位精度可达亚毫米级精度，其反投影误差可达 0.3 像素。

（3）对目标点进行序列影像跟踪匹配，进而求解目标点的位移、速度、加速度等数据，保存数据的同时还可进行列表和折线图展示。精度测评要求如下：目标的跟踪匹配结果达亚像素标准，其最终形变结果与位移计等高精度传感器对比，其相对测量精度可达 10^3 级。

（4）目标跟踪的速度要求：在单核心 CPU 计算机下，每 2000 张影像跟踪 20 个目标点，应在 1 分半钟内完成；在多核心 CPU 计算机下，每 2000 张影像跟踪 20 个目标点，应在 45s 内完成。

7.1.2　功能模块设计

1. 基本功能模块

高速视频测量软件是由相机标定模块，三维重建模型、变形分析模块和系统安全模块这四个主要模块组成，另外还包括工程文件管理、文件操作、基本工具、帮助等功能（图 7-1-1）。它们之间关系如下（表 7-1-1）。

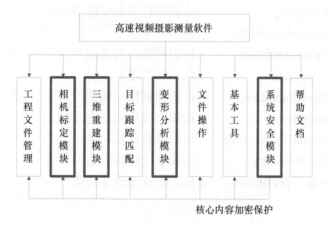

图 7-1-1　高速视频测量软件基本功能模块

表 7-1-1　系统模块基本功能

子系统编号	子系统名称	说明
01	工程文件管理	对整个测量项目进行工程化管理
02	相机标定	求解相机内方位元素和畸变参数
03	三维重建	求解相机外方位元素和目标关键点在序列影像上的三维空间坐标
04	变形分析	求解关键点位在时间序列上的运动状态
05	系统安全	对软件各功能模块进行加密保护
06	基本工具	其中主要包括：视图操作、同名点选取匹配、控制点加载、影像处理、成果展示等内容
07	文件操作	对软件处理的中间结果和最终结果进行保存
08	帮助	对各功能模块处理方式进行详细讲解

2. 系统功能详细设计

1）工程文件管理

在整个测量项目中，对数据处理所产生的各阶段成果和各种形式的记录进行工程化管理，在保存工程文件时，对所有记录的信息进行刷新，便于统一管理存放，同样也便于再次编辑修正，工程文件利于工程结果共享。

在软件系统中，工程文件主要用于软件中间结果的及时保存。因此，在工程文件类（如 CProjectFile）中，应包含功能控制变量与数据存储变量。功能控制是通过布尔型变量标识功能是否已经完成，以此标识该工程的解算情况与完成进度；而数据存储则是通过不同维度的动态数组来管理。具体示例代码如例 1 所示。

例 1：工程文件类代码

```
class ProjectFile
{
    public:
    CString ProjectName;                //工程文件命名
    CString ProjectTime;                //工程保存时间
    BOOL b_pointmatch;                  //标识同名匹配功能
    BOOL b_camerapara;                  //标识相机参数存储功能
    BOOL b_bundleradjustment;           //标识光束法平差功能
    BOOL b_relativeorientation;         //标识相对定向功能
    BOOL b_cameratrack;                 //标识影像跟踪功能
    BOOL b_cameracalibration;           //标识相机标定功能
    BOOL b_3Dpointlist;                 //标识三维重建功能
    BOOL b_3Dpointdisplacement;         //标识位移计算功能
    BOOL b_3Dpointvelocity;             //标识速度计算功能
    BOOL b_3Dpointacceleration;         //标识加速度计算功能
        ......
    public:
        //利用 Vector 数组存储数据
    vector<CameraStation> camerastationlist;      //存储各相机的参数数据
    vector<vector<Point3Dlist> > m_Point3D;       //存储最终解算的 3D 信息
    vector<ControlPointlist> m_Pointlistinitial;  //存储非控制点的初始点坐标
    vector<ControlPointlist> m_Controlpointlist;  //存储控制点坐标
    vector<ControlPointlist> m_Controlpointlistr; //绝对定向的控制点
        ......
    public:
    bool reset();                       //ProjectFile 的初始化
        ......
}
```

2）相机标定模块

非量测相机的标定一般利用辅助标定物（或虚拟的标定物）进行，通过标定可得到相机的内部几何与光学特性参数，即内方位参数与光学畸变参数。

相机标定的方法有很多，其中张正友于 1998 年提出了基于模型平面的标定算法，已成为目前较流行的标定方法之一。张正友的平面标定方法是介于传统标定方法和自标定方法之间的一种方法，因为使用的是图像中提取的二维测量信息。张正友的算法相比传统技术，更灵活，避免复杂的步骤和昂贵的设备，相比自标定，鲁棒性更高，精度更高。最传统的检校方法是实验室检校法和实验场检校法，已经标准化成形多年，但在今后的软件设计中，为了简化处理过程，依旧选用平面标定方法（后期可自行设计软件标定平面）。相机检校模块业务流程图如图 7-1-2 所示。

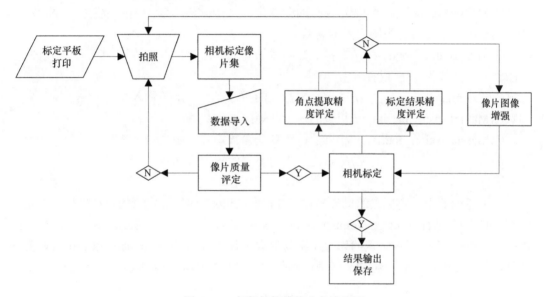

图 7-1-2　相机检校模块业务流程图

（1）相机标定平板制作：制作打印黑白方块平板；

（2）相机拍照：黑白方块平板平整置于平坦位置，相机拍照角度大约 45°。均匀的拍摄 10 张以上像片（12 张，16 张和 24 张）；

（3）像片导入与质量评定：将拍摄像片导入到相机检校模块中，并对像片的覆盖标定板的范围和拍摄质量（如覆盖度、影像亮度等内容）进行评定，若符合要求进行相机标定，若不符合，重新拍照；

（4）相机标定：黑白网格的角点坐标提取与匹配，并进行精度评定。利用紧密关联形式解法估计相机的内方位元素和所有外方位元素，通过解线性最小二乘方程估计径向畸变的参数；通过极大似然估计非线性优化所有参数，并根据视差值计算结果；

（5）结果输出：相机标定的结果可保存为两种形式，一种是便于后期浏览的文本文件（包含精度评价、内方位元素、畸变参数等内容），另一种是导入三维重建模块的工程文件。

　　为了学习和理解相机标定内容，可以采用简单易懂的 Opencv 开源库函数来阐述其标定过程。在 Opencv 库的 calib3d 模块中，cvCalibrateCamera2 函数能够被用来计算相机的内方位元素与镜头畸变参数。其函数的输入与输出参数如例 2 所示。

例 2：cvCalibrateCamera2 函数讲解

cvCalibrateCamera2（object_points，image_points，point_counts，image_sz，intrinsic_matrix，distortion_coeffs，rotation_all，translation_vector_all，flag）

{

//CvMat 为 Opencv 库定义的矩阵形式

　　CvMat object_points;　　　//定标点的世界坐标（函数输入参数），一般为 3×N 或者 N×3 的矩阵（N 是所有视图中点的总数）

　　CvMat image_points;　　　//定标点的图像坐标（函数输入参数），一般为 2×N 或者 N×2 的矩阵（N 是所有视图中点的总数）

　　CvMat point_counts;　　　//定标点数组成的向量（函数输入参数），指定不同视图里点的数目，一般为 1×N 或者 N×1 向量

　　CvSize image_sz;　　　　//表示标定影像的图像尺寸（函数输入参数）

　　CvMat intrinsic_matrix;　//相机的内参数矩阵（函数输出参数）

　　CvMat distortion_coeffs;　//相机的镜头畸变参数矩阵（函数输出参数）

　　int flag;　　　　　　　　//标志位，指定不同的求取方法

　　}

　　在上述函数中，定标点的世界坐标（object_points）通过标定板的设计坐标而决定，定标点的像点坐标（image_points）通过影像中定标点的高精度识别提取来获取。在 Opencv 中同样提供了方格点的影像识别与提取函数，如 cvFindChessboardCorners 函数。此外，使用 cvFindCornerSubPix 函数能够使定位精度精确至亚像素级。

　　3）三维重建模块

　　针对高速视频测量的需求，利用高精度外业控制点或相对控制，解析视频序列目标点的三维空间坐标，并对涉及的各个中间环节给出精度评定。三维重建模块业务流程图如图 7-1-3 所示。

　　主要步骤及其实现如下。

　　（1）数据加载

　　数据读取包括：

　　a. 视频数据加载

　　读取不同格式视频数据。

　　b. 相机检校文件加载

　　此文件格式即前述的软件工程文件，加载拍摄视频序列的相机的检校文件，并与视频序列一一对应。

　　c. 控制文件加载

　　包括基于三维空间坐标的绝对控制和标尺的相对控制两种方法（该方法是利用相对定向来解算，无需控制点）。

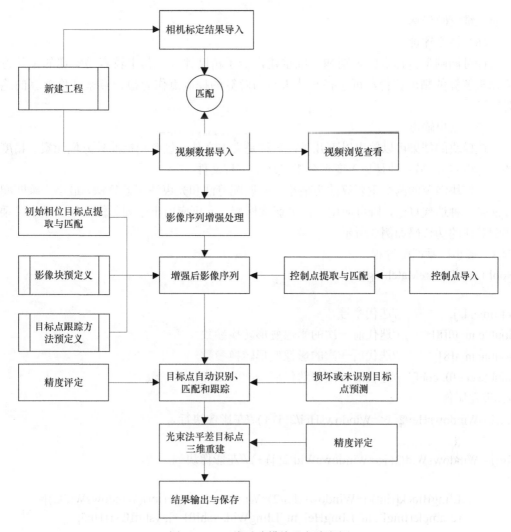

图 7-1-3 三维重建模块业务流程图

（2）视频数据编辑

视频数据单帧数据的删除，视频回放和按帧频查看。

（3）影像序列增强处理

采用二维离散零均值高斯函数对影像进行平滑处理，增强影像对比度。（此功能也可在工具箱模块进行）。

（4）目标点识别、匹配和跟踪

设置搜索半径，实现椭圆形目标点自动识别、匹配和跟踪，实现损坏或未识别目标点预测，为了软件能够全自动化处理，后期应设计编码标志来唯一标识每一处目标点，因此暂定利用最小二乘匹配的方法进行目标点的匹配跟踪和各像片间同名点的匹配。

（5）目标点三维重建

先采用光束法平差解算各相机的外方位元素，进而利用严格的共线方程交会各目标点的三维空间坐标。

（6）精度评价

　　针对椭圆形目标点的识别和三维重建，给予精度评价，其中较容易实现的是外方位元素解算的精度评价，可选择一些未参与解算的控制点作为检查点来评价解算的绝对精度。

（7）结果输出

　　该模块的结果可以输出以下几种：一种是文本文件（包含相机的外方位元素、精度评定等内容），另一种是导入变形分析模块的工程文件。

　　该模块涉及的两个重要算法为最小二乘匹配算法和光束法平差算法，最小二乘匹配算法是一种迭代算法，既可应用于同名影像匹配，又可应用于序列影像匹配。最小二乘匹配算法的伪代码如例 3 所示。

例 3：最小二乘匹配过程

```
Bool LeastSquareMatching()
{
int time, i, j;           //迭代序号
double m_t0[8];          //迭代前一次的影像变形转换参数
double m_t[8];           //迭代后一次的影像变形转换参数
double coef0, coef;      //迭代前一次和迭代后一次的影像相关系数
//读取左影像块
for(i=-WindowsHei/2; i<=WindowsHei/2; i++) //左影像块行
{
for(j=-WindowsWid/2; j<=WindowsWid/2; j++) //左影像块列
{
        LImgBlock[(int)(i+WindowsHei/2)*WindowsWid+j+(int)(WindowsWid/2)]=
        resample(ImgL, m_LImgHei, m_LImgWid, xshiftL+j, yshiftL+i)+0.5;
}
}
//读取右影像块
double x, y;
for(i=-WindowsHei/2; i<=WindowsHei/2; i++) //右影像块行
{
for(j=-WindowsWid/2; j<=WindowsWid/2; j++) //右影像块列
{
        x=xshiftR+m_t0[2]+m_t0[3]*j+m_t0[4]*i;
        y=yshiftR+m_t0[5]+m_t0[6]*j+m_t0[7]*i;
        RImgBlock[(int)(i+WindowsHei/2)*WindowsWid+j+(int)(WindowsWid/2)]=
        m_t0[0]+m_t0[1]*resample(ImgR, m_RImgHei, m_RImgWid, x, y)+0.5;
}
}
```

```
//求取初始影像块相关系数
    coef0=Correlation_Coeficient(LImgBlock, WindowsWid, RImgBlock, WindowsWid,
    WindowsWid, WindowsHei, &variance);
time = 0;
while(coef >= coef0)    //迭代条件
{
coef0 = coef;        //保存上一次迭代相关系数
memcpy(m_t0, m_t, sizeof(double)*8);         //保存上一次迭代转换参数
//构建最小二乘匹配目标法方程(包含目标函数对各待求参数的线性化过程)
//目标函数源于灰度一致性，详见本书最小二乘匹配算法
ErrorEquation();
Gauss(m_AA, m_Al, 8);    //高斯消去法解方程
memcpy(t, m_Al, sizeof(double)*8);           //t 保存了各参数的迭代结果
//参数更新
m_t[0]=m_t0[0]+t[0]+m_t0[0]*t[1];                     //h0 参数
m_t[1]=m_t0[1]+ m_t0[1]*t[1];                         //h1 参数
m_t[2]=m_t0[2]+t[2]+m_t0[2]*t[3]+m_t0[5]*t[4];        //a0 参数
m_t[3]=m_t0[3]+ m_t0[3]*t[3]+m_t0[6]*t[4];            //a1 参数
m_t[4]=m_t0[4]+ m_t0[4]*t[3]+m_t0[7]*t[4];      //a2 参数
m_t[5]=m_t0[5]+t[5]+m_t0[2]*t[6]+m_t0[5]*t[7];     //b0
m_t[6]=m_t0[6]+ m_t0[3]*t[6]+m_t0[6]*t[7];      //b1
m_t[7]=m_t0[7]+ m_t0[4]*t[6]+m_t0[7]*t[7];      //b2
//根据影像变形转换参数内插出新的右影像块(Resample 为内插函数)
for(i=-WindowsHei/2; i<=WindowsHei/2; i++)
{
for(j=-WindowsWid/2; j<=WindowsWid/2; j++)
{
x=xshiftR+m_t[2]+m_t[3]*j+m_t[4]*i;     //xshiftR 为目标点的影像 X 坐标
y=yshiftR+m_t[5]+m_t[6]*j+m_t[7]*i;     //yshiftR 为目标点的影像 Y 坐标
        RImgBlock[(int)(i+WindowsHei/2)*WindowsWid+j+(int)(WindowsWid/2)]=
        m_t[0]+m_t[1]*resample(ImgR, m_RImgHei, m_RImgWid, x, y)+0.5;
}
}
//再次计算新一次迭代的左右影像块相关系数
    coef=Correlation_Coeficient(LImgBlock, WindowsWid, RImgBlock, WindowsWid,
    WindowsWid, WindowsHei, &variance);
time++;
if(time>=20)break;        //迭代过多即误匹配，跳出循环
};
if(time<20)
```

```
{
xR=xshiftR+m_t0[2];     //最终匹配结果
yR=yshiftR+m_t0[5];
}
}
```

光束法平差算法是摄影测量的经典空间解析算法。它是一种迭代算法以获取相机的外方位元素和空间点位的三维坐标。然而在最小二乘迭代收敛过程中，该算法需要对各个参数设置较好的初值。在计算机视觉中，PnP 算法（Perspective-n-Point problem）能够解决这个问题。如例 4 所示，Opencv 类库的 solvePnP 函数能够直接通过像点坐标和与之相应的空间坐标来求取相机的初始外方位元素。在获取初始外方位元素之后，通过基于共线方程的光束法平差算法求取最终结果。

例 4：SolvePnP 函数介绍

```
bool cv::solvePnP(objectPoints, imagePoints, cameraMatrix, distCoeffs, rvecs, tvecs, flags)
{
    CvMat objectPoints；    //控制点位的空间坐标（输入参数），一般为 3×N 或者 N×3 的
矩阵（N 是点的数目）
    CvMat imagePoints；    //控制点位的像点坐标（输入参数），一般为 3×N 或者 N×3 的
矩阵（N 是点的数目）
    cameraMatrix；          //相机内方位参数矩阵（输入参数，来源于相机标定结果）
    distCoeffs；            //相机镜头畸变参数（输入参数，来源于相机标定结果）
    rvecs；                 //旋转向量（输出参数，相机的外方角要素）
    tvecs；                 //平移向量（输出参数，相机的外方线要素）
    flags；                 //标志位，用来表示不同的优化算法。
}
```

4）变形分析模块

针对目标点变形分析的需求，利用光束法平差解算的目标点高精度三维空间坐标，计算目标点的位移、速度和加速度，并进行频谱分析和结构损伤识别。业务流程图如图 7-1-4。

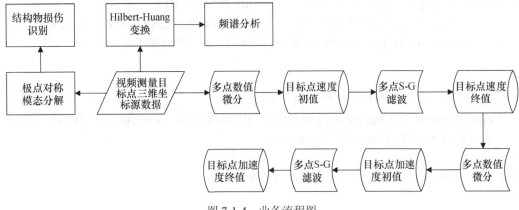

图 7-1-4　业务流程图

主要步骤及其实现如下：

（1）目标点位移数据计算

规定序列影像中各目标点相对于初帧的位移即为目标点位移数据。

（2）目标点速度初值计算

视频测量目标点三维坐标为源数据，采用多点数值微分计算目标点速度初值。

（3）目标点速度终值计算

多点数值微分计算目标点速度初值为源数据，采用多点 S-G 滤波器，消除高频噪声的影响，计算目标点速度终值计算。

（4）目标点加速度初值计算

多点 S-G 滤波后的速度终值为源数据，采用多点数值微分计算目标点加速度初值。

（5）目标点加速度终值计算

多点数值微分计算目标点加速度初值为源数据，采用多点 S-G 滤波器，进一步消除高频噪声的影响，计算目标点加速度终值计算。

（6）结构损伤识别

采用极点对称模态分解方法，设定模态分解终止规则，将视频测量目标点三维坐标变化（或位移变化曲线）进行模态分解，进行结构损伤识别。

（7）频谱分析

采用 Hilbert-Huang 变换，以视频测量目标点三维坐标变化（或位移变化曲线）为源数据，进行频谱分析。

（8）结果输出

此模块输出的是最终结果，其中主要包含两种形式：第一种为文本文件，主要记录处理的结果；第二种是图形文件，绘出各类结果的变化时程图。

5）系统安全模块

安全系统分为两个部分，软件使用方的客户端程序和软件开发方的注册机程序，客户端程序通过访问硬盘信息，获取硬盘物理序列号，然后通过 E-mail 等方式发给软件开发方，软件开发方通过自己的注册机把获取到的硬盘物理序列号加密生成注册码，加密使用 RSA 非对称加密算法的私钥 k，软件开发方把生成的注册号 R 返回给软件使用者，软件使用方根据得到的注册码，通过使用 RSA 非对称加密算法的公钥 p 解密，把解密出来的字符串和本机的硬盘物理序列号进行对比匹配，若相同则注册成功，否则注册失败。整个流程图如图 7-1-5 所示。

主要设计方案如下：

（1）功能模块申请

客户端程序访问硬盘信息并将硬盘物理序列号和个人编码进行特殊的加密，然后发至软件管理者。

（2）功能模块注册

软件管理者通过注册机将获取的申请文件读入并生成注册码，以许可文件的形式发回软件使用者进行申请使用。

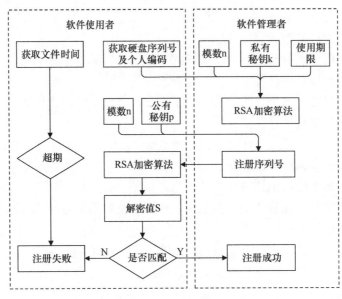

图 7-1-5　系统安全模块流程图

6）基本工具

（1）视图操作：对影像的简略视图和正常视图进行基本的打开及关闭操作。

（2）同名点选取与匹配：对圆形标志点进行圆心拟合，并手动进行匹配，在选取匹配期间可进行修改、删除等操作。

（3）控制点加载：将部分同名点的空间测量坐标进行加载（以文件方式），并进行三维视图展示。

（4）影像处理：对目标影像进行特殊处理，如灰度变换、灰度直方图统计等基本操作。

（5）成果展示：对软件处理过程的中间结果和最终结果进行可视化操作。

7）文件操作

对影像进行加载和关闭，对各子系统中间结果和最终结果进行文件操作，其主要范围如下：相机标定文件的打开及保存；控制点文件加载；三维重建相机外方位元素（姿态）文件的保存；目标跟踪点二维图像匹配结果文件的保存；目标跟踪点的三维坐标数据、三维位移数据、三维速度数据和三维加速度数据的保存；图像处理的影像保存；整个软件工程控制文件的打开及保存等。

7.1.3　高速视频测量系统 v1.0 介绍

1. 系统安装要求

1）软件要求

操作系统：Windows 7/8/10（32 位或 64 位）简体中文。

2）硬件要求

根据软件要求的运行环境以及计算机的发展现势和性能价格比，建议用户按下列要求选配计算机：最小可使用的处理器能力为 2.0Ghz，支持多核 CPU；存储器容量不少于 100G；输入输出设备为台式机标准配置；辅助存储器的容量不少于 1TB，且应具有可扩充性。

2. 系统基本功能概况

在图 7-1-6 中，软件功能框架图中概括了本软件的基本功能，如图 7-1-7 所示，程序共有 8 个主菜单项：文件、相机检校、目标、三维重建、变形分析、工具箱、视图和帮助。从第 2~9 部分按软件主要功能菜单项分别介绍软件使用情况。同创高速视频测量软件是标准的 Windows 应用程序，熟悉 Windows 操作系统的用户可以非常快速的入门使用。

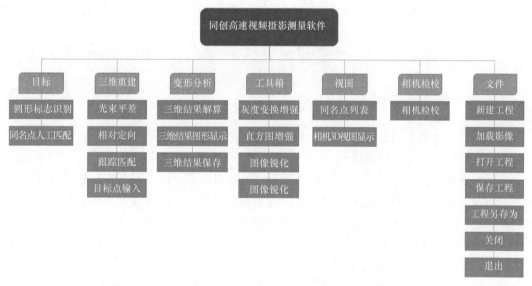

图 7-1-6　软件基本功能框架

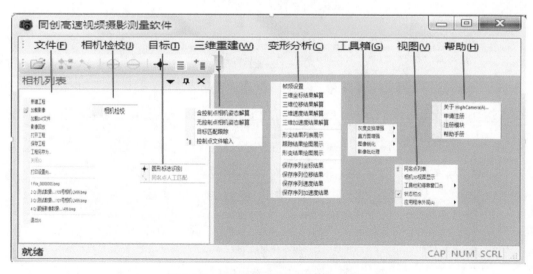

图 7-1-7　同创高速视频测量软件主菜单

1）文件

如图 7-1-8 所示，文件目录下共有 7 项功能：新建工程、加载影像、打开工程、保存工程、工程另存为、关闭、退出。

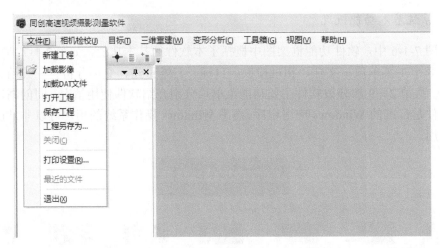

图 7-1-8　同创高速视频测量软件文件工具菜单

由于高速视频测量软件主要是针对高速相机拍摄的视频或数以万帧影像的处理，因此它是以影像操作为基础的软件。

（1）新建工程。针对多台高速相机获取的视频或影像，建立一个新的工程项目，并用于清除之前软件操作遗留的处理数据。点击新建工程会弹出新建工程的消息对话框，选择"是"按钮事件表示新建工程；选择"否"按钮事件表示取消新建工程。

（2）加载影像。点击加载影像是加载多个视频或多个影像文件夹下的影像文件。点击加载影像会弹出选择要打开的影像文件的对话框，选择需要处理的影像文件，点击打开按钮，即读入选择的影像文件，此时在相机列表中显示影像的缩略图，如图 7-1-9 所示。

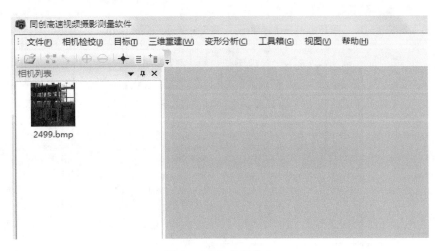

图 7-1-9　加载影像 I

　　然后双击相机列表中的缩略图就会在右边的文档视图中显示此影像，如图 7-1-10 所示，此外，后续的图像处理操作皆是在此基础上进行。

图 7-1-10　加载影像 II

　　（3）打开工程。打开已有的工程项目。主要针对用户处理数据时，遗漏或补充某一步操作，可以通过此项功能进行处理。点击打开工程弹出打开工程的对话框，选择所需工程文件（.tjg），点击"打开"就加载工程项目。

　　（4）保存工程。程序对每一步操作所得到相应结果能够以文件（.tjg 文件）的形式进行保存，默认保存至软件的安装目录中。点击保存工程弹出保存工程提示对话框，点击"确定"则保存之前操作的所有结果；选择关闭按钮则取消保存工程过程。

　　（5）工程另存为。该功能主要针对未创建新的工程项目或不想覆盖原有工程项目而增加的功能。方便用户查看每一步处理的过程所得到的结果以及对所得到的结果进行比较。点击工程另存为弹出工程另存为对话框，输入要保存的文件名，点击"保存"就对文件进行另存为。

　　（6）退出。实现程序关闭功能，软件使用结束后退出所使用，也将关闭所有打开的功能模块。点击退出弹出退出工程的提示对话框，点击"是"，在保存工程的基础上关闭程序；点击"否"，则放弃保存工程的基础上关闭整个程序。

　　2）相机检校

　　相机检校的功能是为了获取相机的内方位元素和相机镜头的畸变参数。点击相机检校弹出相机标定的对话框，如图 7-1-11 所示。对话框包括以下信息：6 个按钮事件（标定、确定修改、保存、打开、显示、退出）、对话框左边部分的设置参数信息以及对话框右边部分由相机检校得到的内方位元素与畸变参数。相机检校包括两种：①通过检校图片源解算参数；②加载已有的 txt 格式的检校文件导入参数。下面详细介绍这两种检校方法：

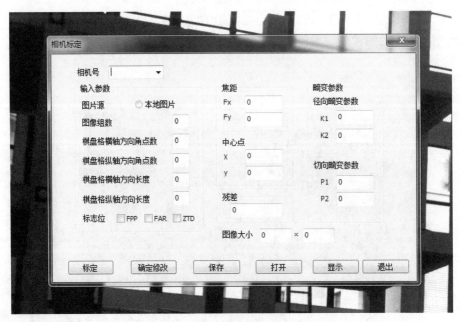

图 7-1-11　相机标定对话框

（1）通过图片源进行检校。这种检校方法通过图片源和图片设置参数进行的，以一组图片源为例阐述具体步骤：

A. 对相机号和输入参数进行设置

a. 相机号，选择所需的相机号；

b. 图片源，选择本地图片；

c. 图像组数；

d. 棋盘格横轴方向角点数；

e. 棋盘格纵轴方向角点数；

f. 棋盘格横轴方向长度；

g. 棋盘格纵轴方向长度；

h. 标志位，可以不选。

B. 单击"标定"弹出选择要打开图片源文件的对话框，如图 7-1-12 所示，选择需要检校的图片文件，点击打开按钮，即进行相机检校的过程。

当相机检校完成时，弹出高速相机标定完成提示对话框，点击"确定"，此时相机标定对话框的右边部分的内外方位元素和畸变参数相应的结果也显示出来，如图 7-1-13 所示。

然后点击相机标定对话框中的"保存"弹出对话框，输入文件名就可以以 txt 文件形式保存下来。最后，点击"显示"就把图片源及检校结果以缩略图形式显示在相机列表，双击缩略图就可以查看检校精度，如图 7-1-14 所示。

（2）已有的 txt 检校文件进行检校。点击"打开"弹出要打开检校文件（txt 文件）的对话框，选择已有的 txt 检校文件，就可以得到相机的内方位元素和畸变参数等，并在相机标定对话框的相应位置显示出来。

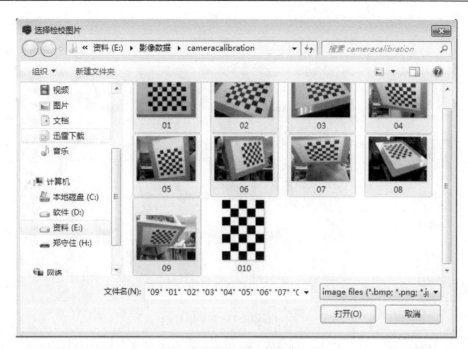

图 7-1-12　"标定"按钮事件

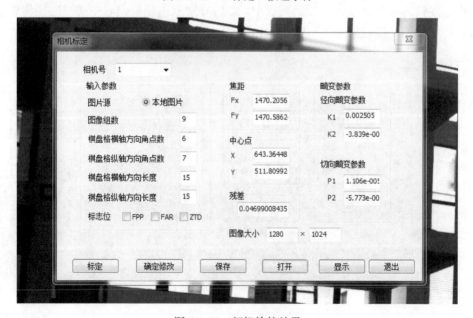

图 7-1-13　相机检校结果

3）目标

目标点识别是本软件的重要组成部分，包括两个方面的内容：圆形标志识别和同名点人工匹配。同名点人工匹配是针对用户圆形标志识别选点顺序问题时而增加的功能。当选点顺序正确时，软件默认左右文档视图相同序号的点为同名点，此时就可以不需要进行"同名点人工匹配"操作；反之就需要进行"同名点人工匹配"操作。

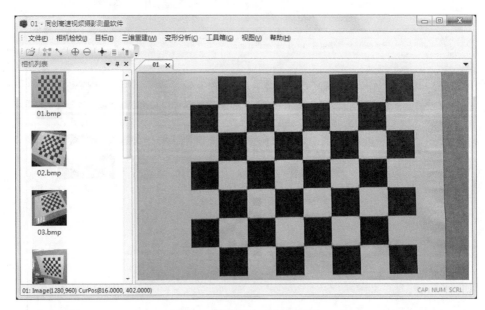

图 7-1-14　相机标定结果显示

下面用示例介绍这两个功能，首先点击"文件"菜单下的"加载影像"分别加载两个相机的视频或影像并显示在相机列表中，然后分别双击相机列表中的缩略图将整个影像显示在右边的文档视图中。如图 7-1-15 所示。

图 7-1-15　目标选点前工作

（1）圆形标志识别。点击"圆形标志识别"，然后分别在左右文档视图用鼠标进行拉框就可以获取目标点，同时用十字丝表现出来。如图 7-1-16 所示，分别在左右文档视图中各自选取 9 个目标点。

图 7-1-16　圆形标志识别

选完目标点后，然后在文档视图中右击鼠标弹出如图 7-1-17 界面，选择"取消检测"就结束全部选点过程。当用户选错点时，可以选中错误的点右击鼠标选择"删除选择点"或"删除所有点"（删除所有点即删除包括正确点的所有点）。当然，用户也可以结合其他右击事件，配合操作选点过程。

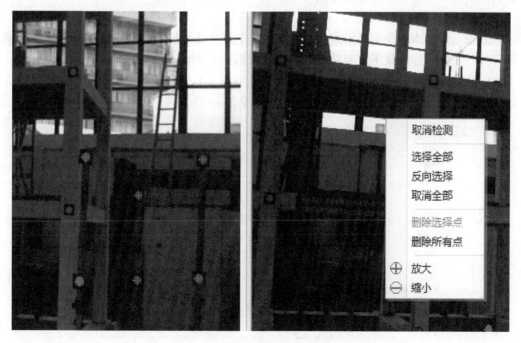

图 7-1-17　圆形标志识别右击事件

（2）同名点人工匹配。在"圆形标志识别"处理的基础上，点击"同名点人工匹配"弹出点列表对话框，然后点击目标功能下的"同名点人工匹配"或工具栏的 Link 按钮用鼠标一一点选左右文档视图中的目标点，此时左右视图的每一对点都视为同名像点，这些同名像点以坐标形式［如（248.5536，858.3762）表示像点坐标 x=248.5536；y=858.3762］在左右文档视图中表示出来，同时这些同名像点的像点坐标也会在点列表中显示出来，如图 7-1-18 所示。

图 7-1-18　同名点人工匹配

此时当点击"保存"就会把所有同名像点保存下来并关闭对话框；或当点击"取消"就直接关闭对话框（不保存同名点）。

4）三维重建

三维重建是本软件重要组成部分之一，其主要功能是目标点的跟踪匹配及其三维坐标解算，三维重建目录下主要功能包括目标跟踪、控制点文件输入、光速法平差。

（1）目标跟踪。目标跟踪的参数设置界面如图 7-1-19，主要是实现最小二乘方法、相位匹配方法或 NCC 插值方法及附属参数的设置。

图 7-1-19　目标点跟踪设置窗口

如图 7-1-20 所示，蓝色方框表示帧数、点数以及相机数自增自减按钮，默认情况下是对所有相机、帧数和目标点数进行处理；搜索窗口的大小可以根据实际情况自行设置，它是以上一帧影像目标点的中心位置为中点，向四周扩展所设定的像素值所形成的区域。

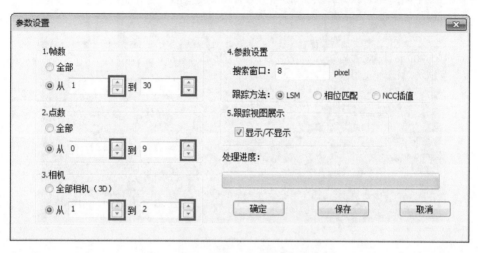

图 7-1-20　帧数、点数和相机数设置

如图 7-1-21 所示，用户可以根据需求来设定是否进行跟踪视图的展示。如果选择☑（显示），就可以浏览目标点在跟踪过程中的变化情况且以图 7-1-22 方式显示查看；如果选择▢（不显示），则跟踪过程中不查看目标点的变化情况。

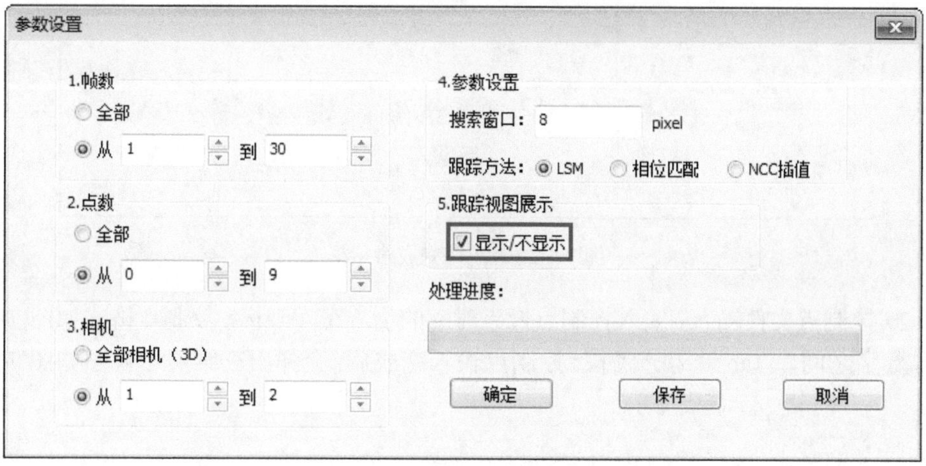

图 7-1-21　跟踪视图是否显示

单击“确定”按钮，进行目标点跟踪匹配，跟踪过程中会看到进程条，完成后会出现提示对话框如图 7-1-23；“保存”按钮可以根据用户需要，选择是否保存跟踪点图像坐标（以图像左上角为原点），保存跟踪点坐标后“参数设置”对话框会自动关闭；单击“取消”按钮，“参数设置”对话框关闭，进行下一步操作。

图 7-1-22　跟踪过程展示

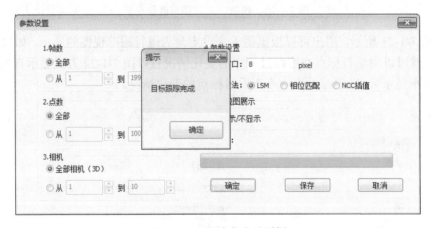

图 7-1-23　跟踪完成对话框

（2）控制点文件输入。输入控制点像点对应的物方空间坐标，控制点格式如图 7-1-24 所示。数字之间以 Tab 键为分隔符。控制点输入完成后，会弹出三维展示视图如图 7-1-25 所示。

#id	x	y	z
1	3.1353	102.1447	10.8308
2	2.2463	101.7148	10.8393
3	3.1938	100.3849	11.9983
4	3.1561	100.3946	11.2036
5	4.0580	100.0992	11.8118
6	4.0537	100.0923	11.1765
7	3.6800	99.5926	12.0460
8	3.7020	99.6099	11.2329
9	3.7136	99.6180	10.8517

图 7-1-24　控制点格式

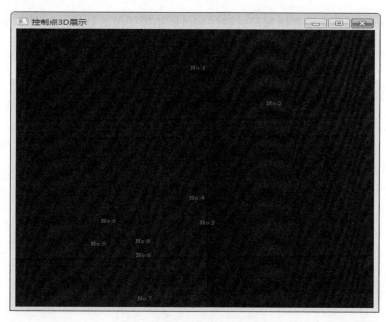

图 7-1-25 控制点三维展示

（3）光束法平差。光束法平差是同时求解像片的外方位元素和地面点坐标，即把外方位元素和地面点坐标的计算放在一个整体内进行，俗称一步定向法。单击菜单"三维重建"下的光束法平差，界面如图 7-1-26 所示。

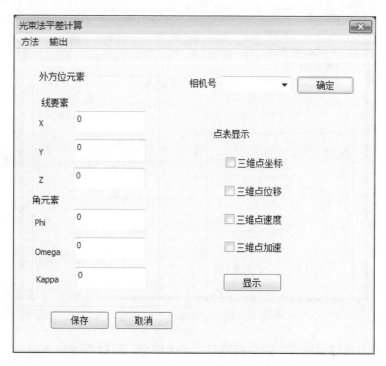

图 7-1-26 光束法平差对话框

在对话框界面首先设置帧频即每秒钟相机所拍摄图像的数量，如图 7-1-27 所示。

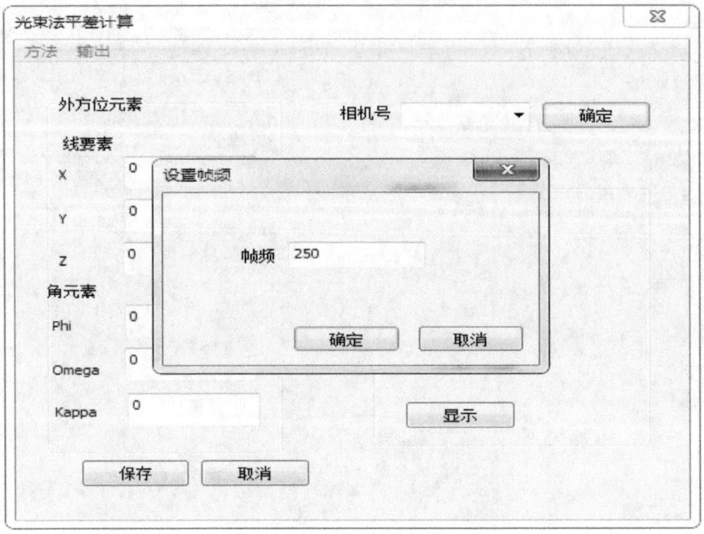

图 7-1-27　帧频设置

然后依次选择"方法"菜单下的菜单项如图 7-1-28 所示。

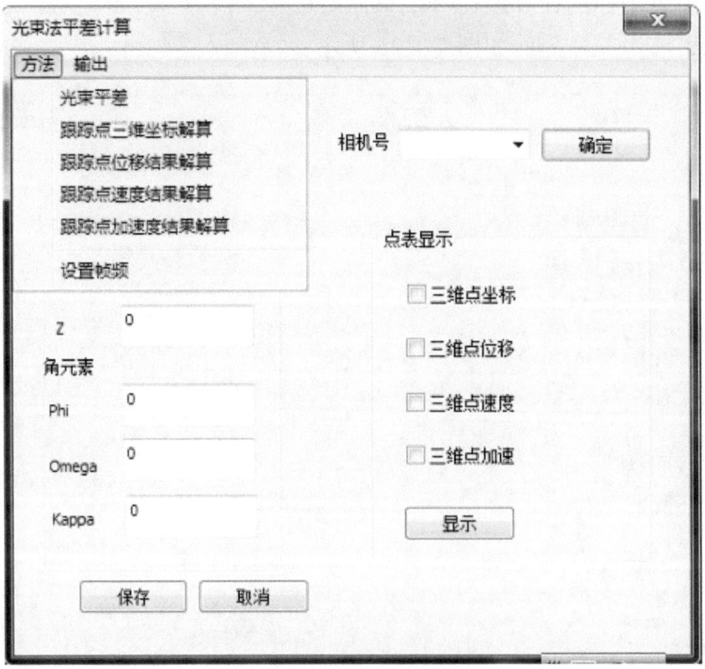

图 7-1-28　平差方法下拉菜单

光束法平差结算完毕后，选中相机号，单击确定，可以查看每个相机的外方位元；单击"保存"按钮，可以保存每个相机的外方位元素，如图 7-1-29 所示。

图 7-1-29 外方位元素展示

每一项解算完毕后，会弹出提示对话框，如图 7-1-30 所示。

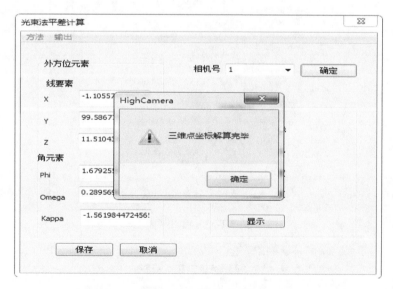

图 7-1-30 提示对话框

勾选"点表显示"内的相关数据，单击显示，可以查看数据计算结果，如图 7-1-31 所示。

"输出"菜单下可以保存所计算的结果，如图 7-1-32 所示。

5）变形分析

变形分析主要涉及的功能有解算物体的三维坐标、位移、速度、加速度以及结果展示和数据保存。变形分析的主要界面如图 7-1-33 所示。

图 7-1-31 数据计算结果

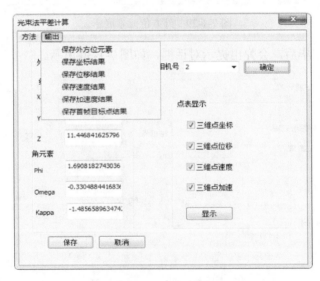

图 7-1-32 输出菜单

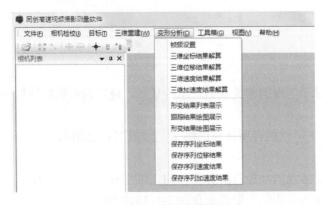

图 7-1-33 变形分析界面

变形参数结果列表展示如图 7-1-34 所示。

点号	帧频	X	Y	Z	Displaceme...	Displa
0	0	4.1041	104.3682	14.1073	0.0000	0.00C
0	1	4.1041	104.3682	14.1073	0.0000	-0.00
0	2	4.1041	104.3682	14.1073	-0.0000	0.00C
0	3	4.1041	104.3682	14.1073	0.0000	0.00C
0	4	4.1041	104.3682	14.1073	-0.0000	0.00C
0	5	4.1041	104.3682	14.1073	0.0000	-0.00
0	6	4.1041	104.3682	14.1073	0.0000	0.00C
0	7	4.1041	104.3682	14.1073	0.0000	-0.00
0	8	4.1041	104.3682	14.1073	0.0000	0.00C
0	9	4.1041	104.3682	14.1073	-0.0000	0.00C
0	10	4.1041	104.3682	14.1073	0.0000	0.00C
0	11	4.1041	104.3682	14.1073	0.0000	0.00C

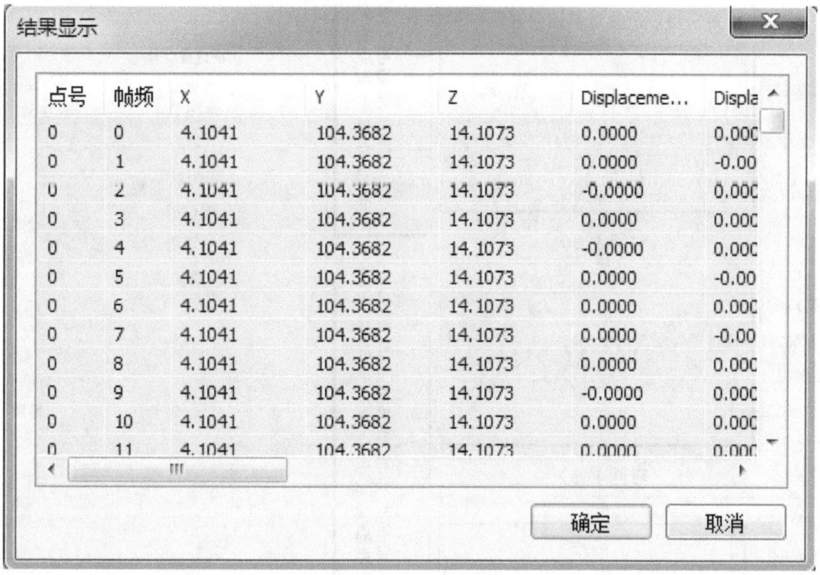

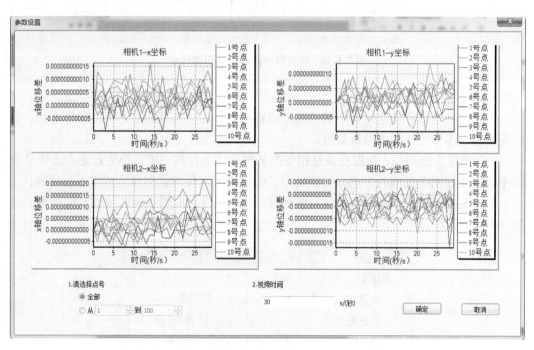

图 7-1-34　结果展示

跟踪匹配结果图像展示如图 7-1-35 所示。

图 7-1-35　跟踪匹配结果图像展示

解析摄影测量结果图像展示如图 7-1-36 所示。

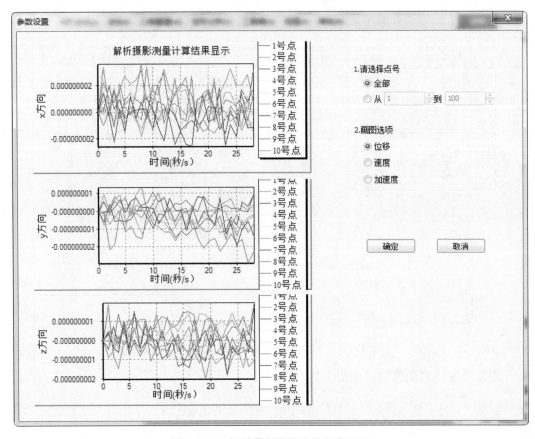

图 7-1-36 解析摄影测量结果图像展示

6）工具箱

基本工具是软件使用过程中的一些功能辅助工具，一共有四个：灰度变换增强、直方图增强、图像锐化和影像批处理。

（1）灰度变换增强。灰度变换是指根据某种目标条件按一定变换关系逐点改变原图像中每一个像素灰度值的方法。目的是为了改善画质，使图像的显示效果更加清晰。

灰度变换包含三个部分：线性灰度增强、分段线性灰度增强和非线性灰度增强，如图 7-1-37 所示。

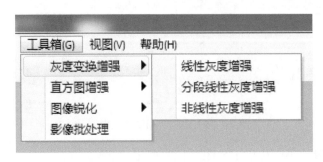

图 7-1-37 线性灰度增强菜单

a. 线性灰度增强

在图 7-1-38 中,输入最小灰度值和最大灰度值后,按预览就可在上面的显示窗口中看到处理后的效果。如果效果满意,则点击确定按钮就能完成图片的增强,点击取消则不执行图片的增强。

图 7-1-38 线性灰度增强预览窗口

b. 分段线性灰度增强

分段线性灰度增强将图像灰度区间分成三段,分别作线性变换称之为分段线性变换。如图 7-1-39 若在下图中分别填上,原图下限 a,原图上限 b,目标图下限 c,目标图上限 d,那么就是将原图像的灰度区间分成 3 断,(0,a),(a,b),(b,255)。通过变换函数将原图在 a 和 b 之间的灰度拉伸到 c 和 d 之间。通过选择的拉伸某段灰度区间,能够更加灵活地控制图像灰度直方图的分布,以改善输出图像量。如果一幅图像灰度集中在较暗的区域而导致图像偏暗,可以用灰度拉伸功能来拉伸(斜率>1)物体灰度区间以改善图像质量;同样如果图像灰度集中在较亮的区域而导致图像偏亮,也可以用灰度拉伸功能来压缩(斜率<1)物体灰度区间以改善图像质量。

在图 7-1-39 中输入原图下限、原图上限、目标图下限和目标图上限后,按预览就可在上面的显示窗口中看到处理后的效果。如果效果满意,则点击确定按钮就能完成图片的增强,点击取消则不执行图片的增强。

c. 非线性灰度增强

非线性拉伸不是对图像的整个灰度范围进行扩展,而是有选择地对某一灰度范围进行扩展,其他范围的灰度值则有可能被压缩。非线性拉伸在整个灰度值范围内采用统一的变换函数,利用变换函数的数学性质实现对不同灰度值区间的扩展与压缩。

(2)直方图增强。直方图增强包含三个部分:直方图均衡化、直方图规定化和直方图统计表,如图 7-1-40 所示。

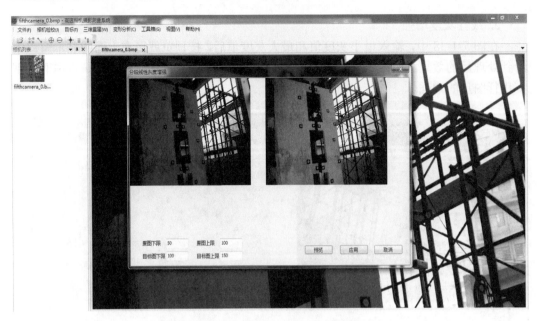

图 7-1-39　分段线性灰度增强预览窗口

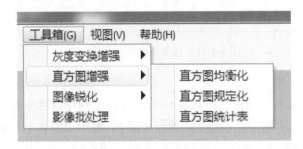

图 7-1-40　直方图增强窗口

a. 直方图均衡化

直方图均衡化是把原始图像的灰度直方图从比较集中的某个灰度区间变成在全部灰度范围内的均匀分布,重新分配图像像素值,使一定灰度范围内的像素数量大致相同。要进行直方图均衡化只需选中工具箱→直方图增强→直方图均衡化,便可以在主菜单下面的窗口中显示效果。

b. 直方图规定化

直方图规定化是有时希望可以对变换过程加以控制,如能够人为地修正直方图的形状,或者说是获得具有指定直方图的输出图像。这样就可以有选择地增强某个灰度范围内的对比度或使图像灰度值满足某种特定的分布,这样就产生了具有特定直方图的图像。要进行直方图规定化只需选中工具箱→直方图增强→直方图规定化,便可以在主菜单下面的窗口中显示效果。

c. 直方图统计表

灰度直方图是灰度级分布的函数,它表示图像中具有每种灰度级的像素的个数,反映图像中每种灰度出现的频率。灰度直方图的横坐标是灰度级,纵坐标是该灰度级出现的频率，是图像的最基本的统计特征。要进行查看图像的直方图统计表只需选中工具箱→直方图增强→直方图统计表，便可以在主菜单下面的窗口中显示统计表。

（3）图像锐化。图像锐化包含两个部分：门限梯度锐化和拉普拉斯锐化，如图 7-1-41。

图 7-1-41　图像锐化窗口

a. 门限梯度锐化

对于图像而言，物体和物体之间、背景和背景之间的梯度变化很小，灰度变化较大的地方一般集中在图像的边缘上，也就是物体和背景交接的地方。当我们设定一个阈值时，大于阈值就认为该像素点处于图像的边缘，对结果加上常数 C，以使边缘变亮；而对于不大于阈值就认为该像素点是同类像素，即为物体或背景，常数 C 的选取可以根据具体的图像特点。这样，即增亮了物体的边界，同时又保留了图像背景原来的状态。

b. 拉普拉斯锐化

拉普拉斯锐化能增强图像中灰度突变处的对比度。最终结果是使图像中小的细节部分得到增强并良好保留了图像的背景色调。要想进行拉普拉斯锐化只需选中工具箱→图像锐化→拉普拉斯锐化，便可以在主菜单下面的窗口中显示锐化后的图像。

（4）影像批处理。经过一系列的图像处理，我们得到了满意的图像，要把这张图片所在的这个工况都进行这一系列的处理则选中工具箱→影像批处理，那么该工况中所有的图片都进行了相同的图像处理。

7.2　分布式高速视频测量软件系统

分布式高速视频测量软件是在原软件系统的基础上增加了分布式系统模块，其目的旨在实现高速影像数据的实时处理。该软件开发升级为主控机软件和子控机软件，以支持主控机与子控机间的命令传递与数据传递。本节主要介绍了新增扩展模块的设计与应用。

7.2.1　系　统　设　计

传统的高速视频测量软件是通过多台相机获取影像数据，通过集中后处理的方式对影像数据进行处理。由于在影像获取的过程中高速相机具有高帧频、高分辨率等特点，一般存储量级都可以达到 GB 级。因此，后续数据处理的过程中，单台计算机在数据拷贝和序列影像跟踪匹配时将耗费大量的时间。

为满足高速视频测量软件快速获取目标动态变化结果的需求，通过分布式组网的方式，在分布式传感器网络的基础上建立计算集群，充分利用网络中的各个计算节点。通过这种分布式处理方法可以减少数据拷贝、目标跟踪等步骤的运行时间，快速获取解算结果。

7.2.2 新增功能模块设计

本系统在原有的高速视频测量软件系统的基础上，通过加入分布式系统模块，构建分布式处理集群。其分布式设计策略如图 7-2-1 所示。

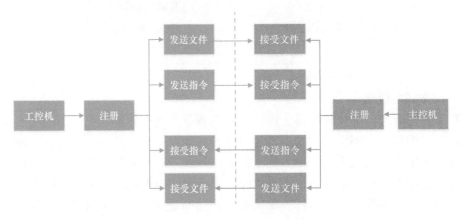

图 7-2-1 分布式设计策略图

分别在主控机和工控机上建立分布式系统的服务端和客户端，通过局域网（Local area network，简称 LAN）将整个传感器网络中的工控机和主控机连接至同一个分布式集群中。服务器端和客户端之间通过相互发送指令和数据文件，完成高速视频测量软件的分布式处理。

7.2.3 分布式系统模型

在分布式系统中，首先，打开客户端或服务器端时，软件将会自动对设置的端口进行监听，监听成功后，向局域网中所有用户发送 UDP 广播，整个分布式系统中的所有在线用户可以得到动态的更新。监听完成后，客户端与各个服务器端之间发送 TCP 数据包，以传输相应的指令和文件，客户端与服务端主要步骤如下。

1. 客户端

1）获取影像基本信息
客户端发送"获取影像基本信息"指令，并对客户端进行监听获取服务端发送来的影像基本信息数据。

2）提取影像消息
客户端发送"获取影像"指令，并对客户端进行监听获取服务端发送来的高速影像。

3）传递初始点位识别消息

客户端发送"发送点位文件"指令，将点位识别文件发送至服务器端。对客户端进行监听获取服务器端反馈的"接受成功"消息。

4）序列影像匹配消息

客户端发送"序列影像匹配"指令，对客户端进行监听获取服务器端反馈的"处理完毕"消息。

5）提取结果消息

客户端发送"获取解算结果"指令，对客户端进行监听获取服务器端发送的结果文件。

2. 服务端

1）接收获取影像基本信息

服务器接收到"获取影像基本信息"指令，将影像列表、采集总帧数、帧频设定等信息生成临时文件，发送至客户端。

2）接收提取影像消息

服务器接收到"获取影像"指令，解析指令提取出工况、帧数参数。按照指定路径获取 a 工况 b 帧数影像文件，将该文件发送至客户端。若文件不存在则发送"文件不存在"消息。

3）接收传递初始点位识别消息

服务器接收到"获取影像"指令，接收由客户端发送的点位信息文件。接收完成后发送"接受成功"消息至客户端。

4）接收序列影像匹配消息

服务器接收到"序列影像匹配"指令，进行序列点位跟踪并生成结果。结果生成完成后，发送"处理完毕"消息至客户端。

5）提取结果消息

服务器接收到"获取解算结果"指令，将结果文件发送至客户端。

7.2.4 分布式高速视频测量系统 v1.0 介绍

图 7-2-2 为高速视频测量系统软件主菜单。网络通讯是本软件的重要组成部分，它是本软件实现分布式处理的重要模块。为了便于软件操作，提供了悬浮窗口以辅助网络通讯。如图 7-2-3 所示，主要包括设置监听、获取影像基本信息、获取影像数据、传递点位文件、发送匹配命令、获取结果文件和断开连接等。

1. 客户端功能设计

1）设置监听

点击通讯工具栏 ◎ "设置监听"按钮，悬浮窗口显示"客户端监听成功"如图 7-2-4 所示，即计算机开始对某一计算机网络端口开始监听，监听成功后便可接收局域网传输到本机的命令或文件。

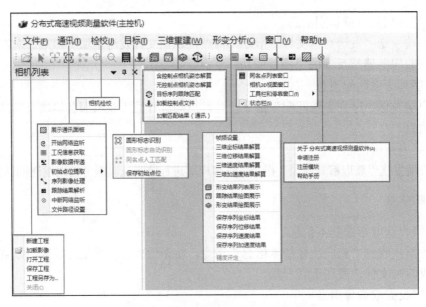

图 7-2-2　高速视频测量系统软件主菜单

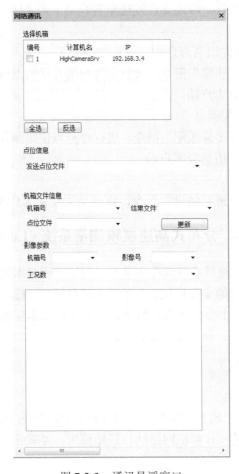

图 7-2-3　通讯悬浮窗口

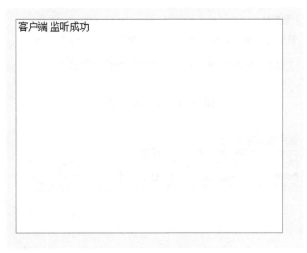

图 7-2-4 监听成功界面

2）获取影像基本信息

选择相机列表中所要获取影像信息的服务器，点击通讯工具栏中的 ▣ "获取影像基本信息" 按钮，本软件便向所勾选的服务器发送获取影像基本信息命令，服务器接收命令后发送信息文件，本软件接收信息文件，悬浮窗口显示接收成功，如图 7-2-5 所示，即完成影像信息的获取。

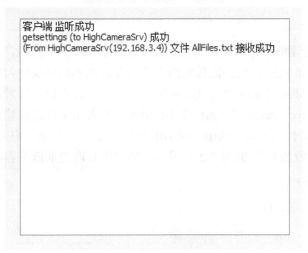

图 7-2-5 获取影像文件信息成功界面

3）获取影像数据

成功获取影像基本信息文件后，在浮动窗口中的影像参数部分选择相应的机箱号、工况数和影像号，如图 7-2-6 所示，选择完毕后点击通讯工具栏中的 ▨ "获取影像数据"。悬浮窗口上显示接收成功，如图 7-2-7 所示，即表示已接收到服务器传输的影像文件。该文件可在接收文件夹中查看。

影像参数
机箱号
HighCameraS
影像号
2500.bmp
工况数
E:\高速相机软件\三层框架振动台实验测试数据\

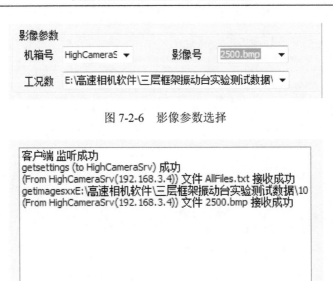

图 7-2-6　影像参数选择

客户端 监听成功
getsettings (to HighCameraSrv) 成功
(From HighCameraSrv(192.168.3.4)) 文件 AllFiles.txt 接收成功
getimagesxxE:\高速相机软件\三层框架振动台实验测试数据\10
(From HighCameraSrv(192.168.3.4)) 文件 2500.bmp 接收成功

图 7-2-7　影像接收成功显示

4）传递点位文件

加载服务器传输的影像文件，选取点位并保存点位文件。在悬浮窗口中的“点位信息”部分如图 7-2-8 所示，选择需传输的点位文件。在相机列表中勾选所要传输至的服务器，点击通讯工具栏中的“传递点位文件”按钮，将点位文件发送至服务器。若悬浮窗口显示“receive succeed”，如图 7-2-9 所示，则表示文件已传输成功。此时点击悬浮窗口中的相机文件信息部分如图 7-2-10 所示，点击“更新”按钮，悬浮窗口显示“SrvReceive.txt 接收成功”，如图 7-2-11 所示，便可以获取当前服务器已接收文件和已输出的结果文件信息。

点位信息
发送点位文件
test_PointFile_0.txt

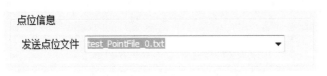

图 7-2-8　点位文件选择

5）发送匹配命令

点位文件发送成功后，在相机列表中选择发送匹配命令的服务器，点击通讯工具栏中的“影像数据匹配”按钮，向服务器发送匹配命令。悬浮窗口显示“match completed”，则表示服务器已完成匹配。此时点击悬浮窗口中的相机文件信息部分，如图 7-2-12 所示。点击“更新”按钮，悬浮窗口显示“SrvReceive.txt 接收成功”便可获取当前服务器已接收和生产的结果文件信息。

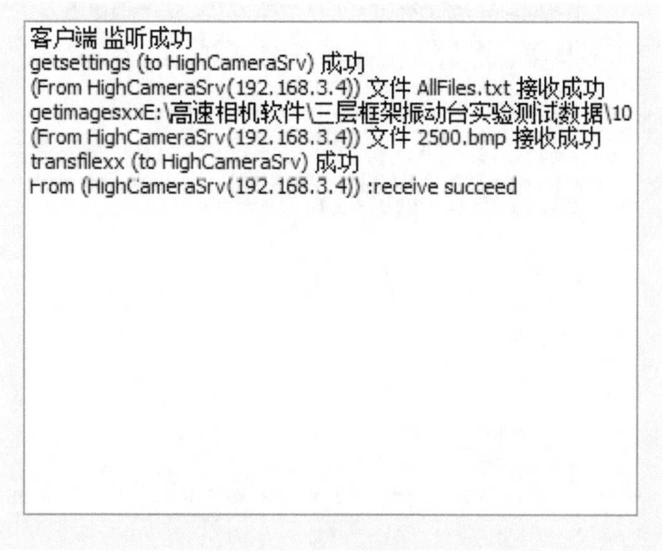

图 7-2-9   点位文件接收成功提示

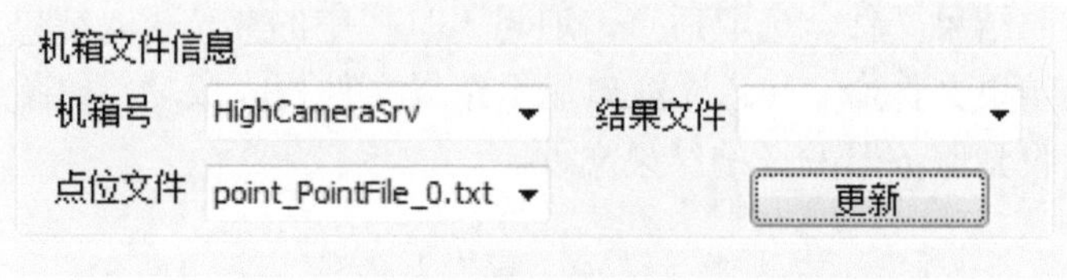

图 7-2-10   更新机箱文件列表

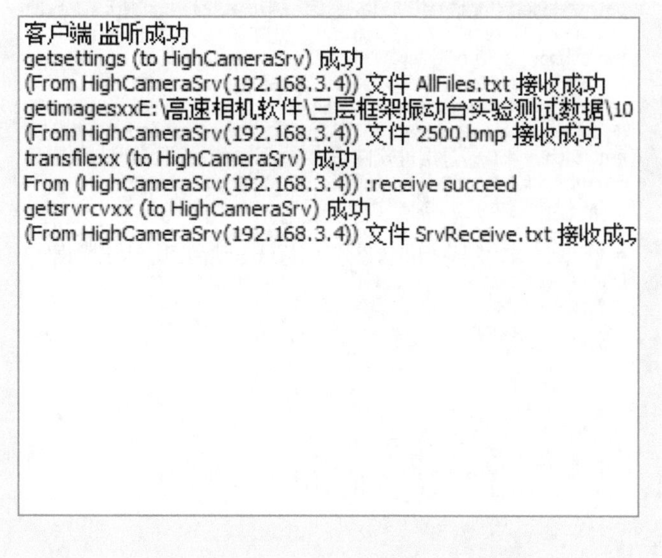

图 7-2-11   机箱文件列表接收成功显示

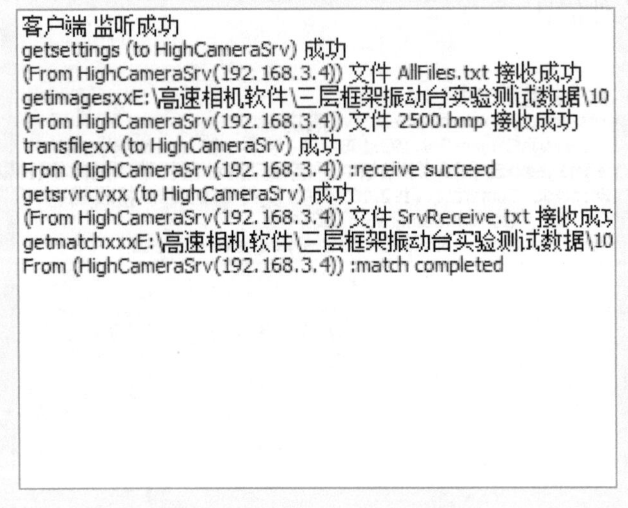

客户端 监听成功
getsettings (to HighCameraSrv) 成功
(From HighCameraSrv(192.168.3.4)) 文件 AllFiles.txt 接收成功
getimagesxxE:\高速相机软件\三层框架振动台实验测试数据\10
(From HighCameraSrv(192.168.3.4)) 文件 2500.bmp 接收成功
transfilexx (to HighCameraSrv) 成功
From (HighCameraSrv(192.168.3.4)) :receive succeed
getsrvrcvxx (to HighCameraSrv) 成功
(From HighCameraSrv(192.168.3.4)) 文件 SrvReceive.txt 接收成功
getmatchxxxE:\高速相机软件\三层框架振动台实验测试数据\10
From (HighCameraSrv(192.168.3.4)) :match completed

图 7-2-12　匹配完成消息显示

6）获取结果文件

服务器生成结果文件并更新服务器结果文件信息后，在悬浮窗口的机箱文件信息部分选择所要获取的结果文件。选取后点击通讯工具栏中的▣"获取结果文件"按钮，向服务器发送获取结果文件命令。悬浮窗口显示结果文件接收成功，如图 7-2-13 所示，则表示本软件已接收到服务器发送的结果文件。

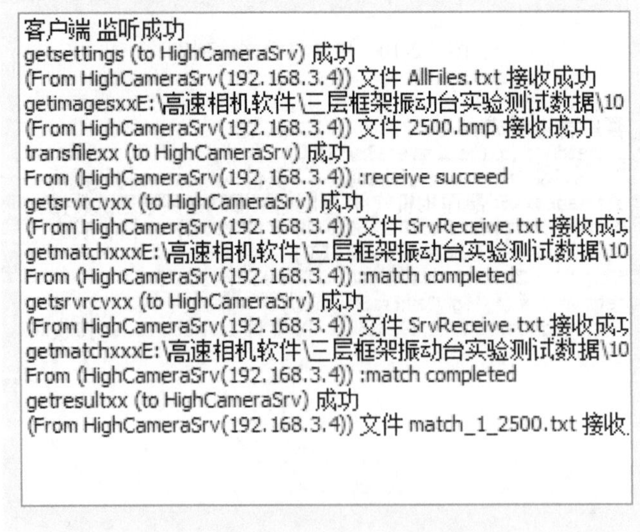

客户端 监听成功
getsettings (to HighCameraSrv) 成功
(From HighCameraSrv(192.168.3.4)) 文件 AllFiles.txt 接收成功
getimagesxxE:\高速相机软件\三层框架振动台实验测试数据\10
(From HighCameraSrv(192.168.3.4)) 文件 2500.bmp 接收成功
transfilexx (to HighCameraSrv) 成功
From (HighCameraSrv(192.168.3.4)) :receive succeed
getsrvrcvxx (to HighCameraSrv) 成功
(From HighCameraSrv(192.168.3.4)) 文件 SrvReceive.txt 接收成功
getmatchxxxE:\高速相机软件\三层框架振动台实验测试数据\10
From (HighCameraSrv(192.168.3.4)) :match completed
getsrvrcvxx (to HighCameraSrv) 成功
(From HighCameraSrv(192.168.3.4)) 文件 SrvReceive.txt 接收成功
getmatchxxxE:\高速相机软件\三层框架振动台实验测试数据\10
From (HighCameraSrv(192.168.3.4)) :match completed
getresultxx (to HighCameraSrv) 成功
(From HighCameraSrv(192.168.3.4)) 文件 match_1_2500.txt 接收

图 7-2-13　结果文件接收成功消息

7）断开连接

如不再进行网络命令及文件传输，点击通讯工具栏中的⊗"断开连接"按钮。软件弹出如图 7-2-14 所示对话框，即可结束对端口的监听，不再接收网络中所传输的数据。

图 7-2-14 断开连接提示对话框

2. 服务器端功能设计

1）设置参数

运行分布式高速视频测量服务器软件后，点击"设置…"按钮，进入设置界面，如图 7-2-15 所示。在该界面可以对接收文件保存路径以及机箱所存储的影像文件路径进行更改，点击"OK"按钮即保存更改后的路径并退出，若点击"Cancel"按钮则对路径不做修改并退出。

图 7-2-15 设置界面

2）设置监听

点击"接收主控机数据"按钮，当消息界面显示"服务器监听成功"消息后，如图 7-2-16 所示，说明服务器已经开始对接收端口进行监听，若端口接收到客户端发送的数据包，则服务器端可以对数据包进行接收并解析。

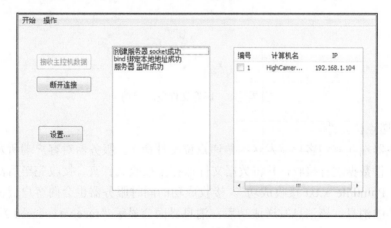

图 7-2-16 监听成功显示

3）获取影像基本信息

当服务器端获取到客户端发送的获取影像基本信息命令，则生成影像文件的描述文件"AllFiles.txt"，并将该文件发送至发送命令的客户端。发送成功后消息界面会显示"文件：AllFiles.txt 发送成功"，如图 7-2-17 所示。

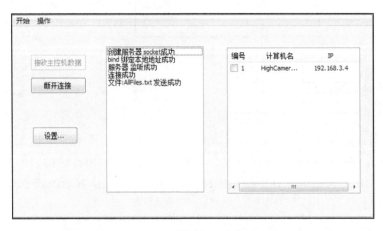

图 7-2-17　影像描述文件发送成功

4）获取影像数据

当服务器端获取到客户端发送的获取影像数据命令，通过解析数据包中的参数，将客户端所需某一工况某一帧影像发送至客户端。发送成功后，消息界面会显示"文件：xxxx.bmp 发送成功"，如图 7-2-18 所示。

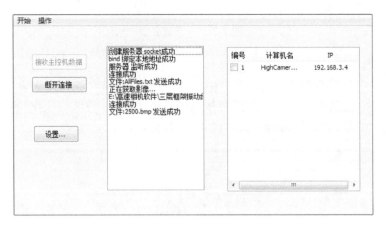

图 7-2-18　影像文件发送成功

5）传递点位文件

当服务器端获取到客户端发送的传递点位文件命令，服务器对客户端所发送数据包中的点位文件数据进行接收，并将数据文件保存至接收文件夹。接收完毕后消息界面会显示"xxx_PointFile_x.txt 接收成功"。接收成功的同时服务器也会向客户端发送点位文件接收成功的消息，该消息发送成功后，消息界面会显示"receive succeed 发送成功"，如图 7-2-19 所示。

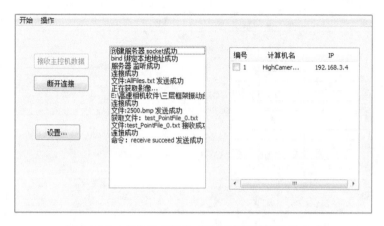

图 7-2-19 点位文件接收成功及反馈消息发送成功

6）更新文件信息

当服务器端获取到客户端发送的更新文件信息命令，服务器生成接收文件夹的描述文件"SrvReceive.txt"，并将该文件发送至客户端，发送成功后，显示界面显示"文件：SrvReceive.txt 发送成功"，如图 7-2-20 所示。

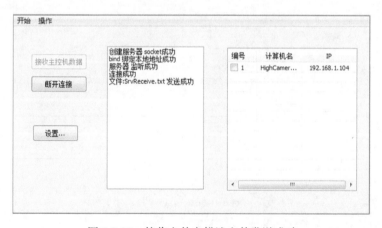

图 7-2-20 接收文件夹描述文件发送成功

7）接收匹配命令

当服务器端获取到客户端发送的匹配命令，服务器通过对客户端发送所发送数据包解析，获取跟踪匹配参数，进行序列影像匹配。匹配过程中消息显示界面会显示"正在匹配…"，如图 7-2-21 所示。匹配完成后消息显示界面会显示"跟踪匹配完成"，"跟踪匹配结果保存成功"消息，并向客户端发送匹配完成消息，消息发送成功后，消息界面会显示"命令：match completed 发送成功"，如图 7-2-22 所示。

8）发送结果文件

当服务器端获取到客户端发送的获取结果文件命令，对命令进行解析，获取客户端所要获取的结果文件。将结果文件成功发送至客户端后，消息界面显示"文件：math_x_xxxx.txt 发送成功"，如图 7-2-23 所示。

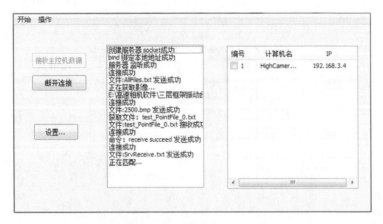

图 7-2-21 正在运行匹配程序

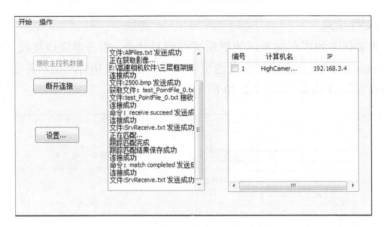

图 7-2-22 匹配完成消息发送成功

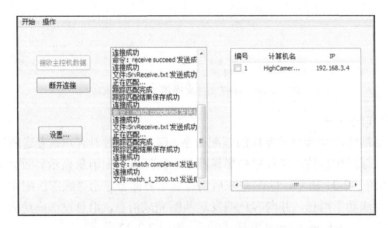

图 7-2-23 匹配结果文件发送成功

9）断开连接

通讯步骤完成后，可点击服务器系统界面中的"断开连接"按钮，服务器不再对端口进行监听，此后不再接受客户端发送的命令。

第三篇　工程应用

第 8 章　高速视频测量在振动台实验的应用

8.1　多层框架结构抗震稳健性振动台高速视频测量

8.1.1　实验背景与模型设计

本实验的上部结构采用双向单跨 12 层钢筋混凝土框架，桩基础为挤扩支盘桩，模型的地基土分三层，自上而下分别为粉质黏土、砂质粉土和砂土，如图 8-1-1 所示。考虑到振动台的承载能力，实验只能用有限尺寸的容器来装填地基土，本试验选用直径为 3m 的圆桶形容器作为土箱，土层总厚度为 1.6m。为了减小模型箱效应，要合理设计相互作用体系模型的平面尺寸，本实验选择土箱直径与模型直径（尺寸）之比为 5。因此，本实验的上部结构为双向单跨 12 层钢筋混凝土框架，其平面尺寸为 6m×6m，制成模型后平面尺寸为 0.6m×0.6m。

本实验的目的是通过输入仿真地震波条件下，采用高速视频测量技术测量关键位置的变形以验证双向单跨 12 层钢筋混凝土框架的抗震性能。考虑到建筑模型的最易发生变形遭到破坏的位置位于模型的下半部分，因此大部分传统的传感器都布设在模型的下半部分，因此高速视频测量拍摄的是建筑模型的下半部分。

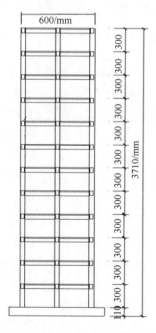

图 8-1-1　双向单跨 12 层钢筋混凝土框架实物图（左）和模型图（右）（该图由黄宝峰提供）

8.1.2　高速视频测量方案

1. 实验仪器和设备

多层框架结构模型高速视频测量实验采用仪器和设备包括高速相机、同步控制器、视频采集卡、工控机、镜头、三脚架、照明光源、全站仪和人工标志，其中高速相机、同步控制器、视频采集卡和工控机组成了高速视频测量系统。

（1）实验采用的高速相机有两台，一台是低端高速相机 MC1311，另一台是高端高速相机 MC1362。

（2）同步控制器采用 F-STROB-CTL 系列同步控制器，这是实现视频测量相机同步的一个代表性设备，同步控制器的同步精度优于 5μs。

（3）视频采集卡采用 X64 Xcelera-CL full 采集卡；该采集卡大小为 21cm×10.7cm，系统要求为 PCI-32 或 PCI-64 系统，64M 以上系统内存，采集速率高达 680MB/s，数据传输到主机的传输率为 528MB/s。

（4）实验是在室内进行，高速相机曝光时间较短，所以需要较强的光照，本次实验采用四台新闻灯作为光源，分别是两台功率为 1000W 的海鸥牌双联新闻灯和两台 800W 的摄像机新闻灯。

（5）实验中人工标志分为控制点标志和跟踪点标志。考虑到实验场景的大小和实验模型的震动方向。控制点和跟踪点的人工标志外圆直径为 3cm，内圆直径为 0.5cm。经打印裁切后粘贴在模型表面及其周围相关建筑物上。

（6）实验中采用的全站仪的是 SOKKIA SET230R 电子全站仪，角度测量精度是 1″，距离测量精度是±1mm/km。

2. 高速视频测量网络布设

本次实验中，高速视频测量系统包括一台工控机，两台高速 CMOS 相机，一个同步控制器，一块高速数据采集卡和四根相机电缆线，其中同步控制器和高速数据采集卡直接与电脑的主板连接。高速相机通过四根相机电缆线分别与同步控制器和高速数据采集卡连接。同步控制器通过工控机发射同步拍摄信号，两台高速 CMOS 相机开始拍摄影像序列，同时视频影像数据同步实时传输到工控机的光纤硬盘上。高速 CMOS 相机影像分辨率设置为最大满幅分辨率 1280×1024 像素，帧频设为 100 帧/s。交向摄影中两台高速 CMOS 相机的交向角设为 55°，基线距离设为 4.4m，摄像距离设为 4.6m。图 8-1-2 是多层框架结构模型振动台实验高速相机网络布设图。

一般来说，高速视频测量的视野范围越小，获取的目标点的三维坐标的精度越高，所以相机成像范围一般设为略大于振动台的宽度，由此导致没有足够的位置可以布设控制点。因此，在本次实验中，我们采用在振动台周围布设静态钢管结构的方法实验控制点的布设，如图 8-1-3 所示。

实验中，9 个跟踪点布设在建筑模型的表面，其中一个跟踪点位于模型底部作为参考点以方便计算模型运动过程中位移、变形、速度和加速度信息。在每个跟踪点具有相同高度的位置，都布设位移计和加速计（图 8-1-4），以实现高速视频测量和采用传统接触式传感器的精度对比。

图 8-1-2　多层框架结构模型振动台实验高速相机网络布设图

图 8-1-3　静态钢管结构布设和控制点网络布设图

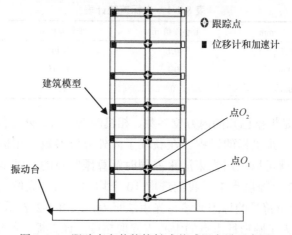

图 8-1-4　跟踪点和传统接触式传感器布设示意图

8.1.3　数据结果与分析

1. 精度分析

　　实验过程中由于采用了一台低端高速 CMOS 相机（MC1311）和一台高端高速 CMOS 相机（MC1362），造成最终获取的影像数据有较大的差异，图 8-1-5（a）和图 8-1-5（b）分别是两台高速 CMOS 相机获取的影像数据，通过对比不难发现，高速相机 MC1362 获取的影像较为清晰，人工标志放大三倍后的效果也较为理想；而高速相机 MC1311 获取的影像数据，从直观上看，效果比相机 MC1362 拍摄的像片质量略差。

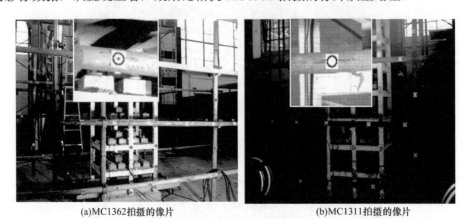

(a)MC1362拍摄的像片　　　　　　　　　　　　(b)MC1311拍摄的像片

图 8-1-5　高速相机拍摄整体效果及某点放大示意图

　　本次实验布设 42 个控制点，其均匀分布在建筑模型的周围，布设 9 个跟踪点，按照跟踪点布设原则粘贴在建筑模型表面。实验前后，控制点的坐标由 SOKKIA SET230R 电子全站仪测定，表 8-1-1 描述了前后两次测量的精度对比。在 X、Y 和 Z 方向上最大差值分别是 0.7mm，0.8mm 和 0.6mm，最小差值是 0.1mm，0.1mm 和 0mm，平均差值是 0.405mm，0.419mm 和 0.39mm，RMS 是 0.365mm，0.392mm 和 0.358mm。

表 8-1-1　坐标差统计表

方向	最大差值/mm	最小差值/mm	平均差值/mm	RMS/mm
X	0.7	0.1	0.405	0.365
Y	0.8	0.1	0.419	0.392
Z	0.6	0	0.39	0.358

　　物方坐标解算是根据已知的内方位参数、相机畸变参数、外方位参数和点像素坐标的基础上计算该点三维坐标的过程。在获取了内外方位参数，相机畸变参数和影像点的像素坐标之后，就可以采用光束法平差同时解算跟踪点的三维坐标和像片的外方位参数。从布设的 42 个控制点中，我们选取 10 个均匀分布且成像质量好的控制点标志（图 8-1-6 带有三角形符号的标志）参与光束法平差，表 8-1-2 表示了 10 个控制点坐标的三维空间坐标和人工圆形标志点的中心点提取精度，像素提取的精度均在 0.5 个像素以下。

图 8-1-6　计算外方位参数的 10 个控制点分布图

表 8-1-2　控制点精度评价表

ID	X	Y	Z	交向角	RMS/像素
V2	23.7753	20.7551	10.7797	44.4425	0.43939
V3	23.7758	20.7574	11.4004	44.9239	0.26082
V4	23.7756	20.7588	11.8060	44.0255	0.57185
V6	25.0687	20.8049	10.7733	47.3499	0.46533
V8	25.0745	20.8049	11.8356	46.5052	0.42990
H2	23.8851	20.7073	10.5017	45.4210	0.09836
H3	24.2157	20.7197	10.4963	47.7354	0.17244
H4	24.6615	20.7348	10.4933	48.5374	0.26529
H6	23.5732	20.6956	11.0762	43.2023	0.33958
V10	23.1046	22.5911	11.4453	43.8638	0.40201

为了验证利用上述参数反求物方三维坐标的精度，在本次实验中，我们选择的 4 个不同于上述 10 个控制点且和跟踪点位于同一平面的控制点作为检查点。将该 4 个检查点和 9 个跟踪点作为待定点，通过光束法平差方法解算获取检查点的三维坐标和由全站仪测得的三维坐标及在三个方向上的坐标差值，如表 8-1-3 所示。

通过表 8-1-3，可以得知：

· 检查点在 X 方向的最大坐标差值是 0.9mm，最小差值是 0.1mm，平均差值是 0.35mm，中误差是 0.47mm；

· 检查点在 Y 方向的最大坐标差值是 0.8mm，最小差值是 0.1mm，平均差值是 0.35mm，中误差是 0.45mm；

· 检查点在 Z 方向的最大坐标差值是 0.4mm，最小差值是 0mm，平均差值是 0.2mm，中误差是 0.35mm。

由此我们得出结论，多层框架结构抗震稳定性振动台实验视频测量的中误差在 X，Y 和 Z 方向上均小于 0.5mm，换句话说，本次实验的精度可以达到亚毫米精度。

表 8-1-3　　由全站仪和摄影测量解算获得的检查点坐标对比表

ID	视频测量/m			全站仪/m			坐标差/mm			点位误差/mm
	X	Y	Z	X	Y	Z	DX	DY	DZ	
H_{13}	24.2751	20.7217	11.6069	24.2749	20.7228	11.607	0.2	0.6	0.1	0.35
H_{12}	23.8870	20.7079	11.6141	23.8871	20.7092	11.6141	0.1	0.8	0	0.47
H_7	23.8587	20.7052	11.0675	23.8596	20.7051	11.0679	0.9	0.1	0.4	0.57
H_8	24.1980	20.7177	11.0590	24.1978	20.7174	11.0593	0.2	0.3	0.3	0.27
平均坐标差							0.35	0.45	0.2	
RMS							0.47	0.52	0.35	

2. 视频影像解算与分析

　　本次实验建筑模型振动持续时间大约 19.7s，共采集 1970 个立体像对。数据解算过程中选取跟踪点 O_1 点作为参考点，其位于建筑模型的底部，直接与振动台相邻，故可以认为与振动台具有相同的运行轨迹；选取跟踪点 O_2 点作为实验点进行分析，其位于 O_1 点的正上方，如图 8-1-4 所示。

　　图 8-1-7 表示了视频影像跟踪点 O_2 在 X，Y 和 Z 方向上的坐标变化图。X 方向的最大坐标位移差大约是 60mm，Y 方向的最大坐标位移差大约是 4mm，Z 方向的最大坐标

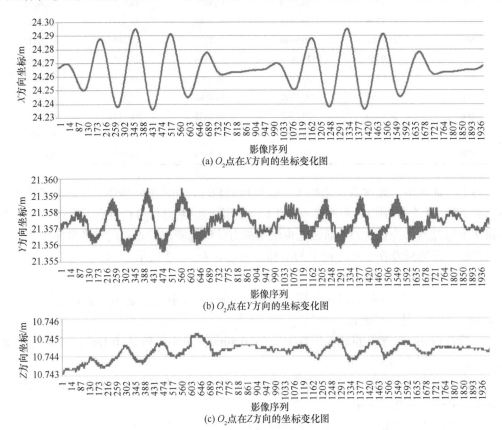

(a) O_2 点在 X 方向的坐标变化图

(b) O_2 点在 Y 方向的坐标变化图

(c) O_2 点在 Z 方向的坐标变化图

图 8-1-7　跟踪点 O_2 在 X、Y 和 Z 方向上的坐标变化图

位移差大约是 2mm。由此我们可以得出结论，振动台建筑模型的坐标变化主要发生在 X 方向，因此，我们也将主要关注跟踪点 O_2 的位移、变形、速度和加速度在 X 方向的变化情况。通过在 X，Y 和 Z 方向上坐标的最大值和最小值的变化情况，我们可以对建筑模型的抗震性能进行进一步的分析。

图 8-1-7 是用一维的方式描述跟踪点 O_2 在 X，Y 和 Z 方向上的坐标变化情况，图 8-1-8 采用二维和三维的方式对跟踪点 O_2 在空间位置的变化情况进行表达。图 8-1-8（a）是跟踪点 O_2 在三维空间的轨迹变化图，图 8-1-8（b）是跟踪点 O_2 在二维空间 X-Y 平面的轨迹变化图，图 8-1-8（c）是跟踪点 O_2 在二维空间 X-Z 平面的轨迹变化图，图 8-1-8（d）是跟踪点 O_2 在二维空间 Y-Z 平面的轨迹变化图。

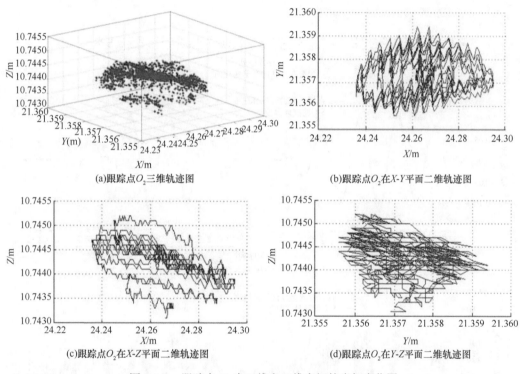

(a)跟踪点O_2三维轨迹图　　　　　　　　(b)跟踪点O_2在X-Y平面二维轨迹图

(c)跟踪点O_2在X-Z平面二维轨迹图　　　　　(d)跟踪点O_2在Y-Z平面二维轨迹图

图 8-1-8　跟踪点 O_2 在二维和三维空间的坐标变化图

图 8-1-9 描述了跟踪点 O_2 的位移、变形、速度和加速度的变化情况。跟踪点 O_2 在影像序列 n 的某方向的位移是其相对于影像序列 1 的坐标偏移，图 8-1-9（a）描述了跟踪点 O_2 在整个影像序列中的位移变化。跟踪点 O_2 在影像序列 n 的某方向的变形是其相对于跟踪点 O_1 的坐标偏移，由此我们可以得到跟踪点 O_2 在整个影像序列中的变形情况，图 8-1-9（b）描述了跟踪点 O_2 在整个影像序列中的变形变化。图 8-1-9（c）和图 8-1-9（d）分别表示了跟踪点 O_2 在 X 方向上速度和加速度的变化情况。通过图 8-1-9，我们可以获取建筑模型的详细动态变化情况以方便我们更直观的获取建筑模型在振动台实验中的详细的动态变化，对建筑模型的抗震性能进行详尽的分析。

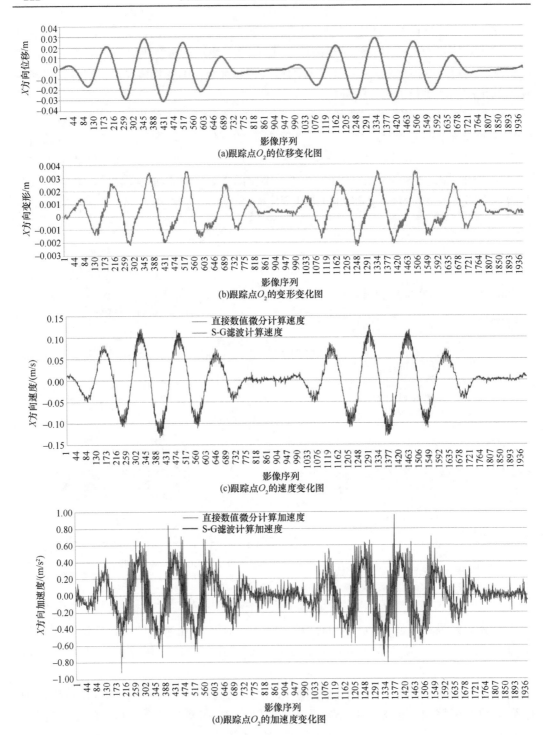

图 8-1-9　跟踪点 O_2 的位移、变形、速度和加速度的曲线变化图

　　按照计算跟踪点 O_2 点的方法，我们可以得到其余 8 个跟踪点的位移、变形和速度信息。图 8-1-10 是 8 个跟踪点在某一位移峰值点（影像序列 348～377）之间的位移、变形和速度变化图。通过分析图 8-1-10，可以得到如下结论：

（1）建筑模型上跟踪点从低到高（O_2 到 O_9）的位移、变形和速度的大小逐渐增长；

（2）建筑模型上跟踪点从低到高（O_2 到 O_9）的位移、变形和速度的相邻序列间隔的增长幅度逐渐增大。

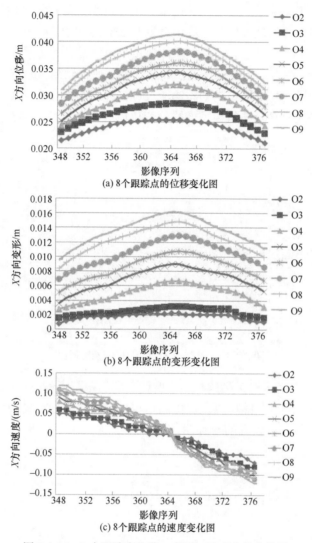

(a) 8个跟踪点的位移变化图

(b) 8个跟踪点的变形变化图

(c) 8个跟踪点的速度变化图

图 8-1-10　8 个跟踪点位移、变形、速度曲线变化图

3. 数据对比分析

以跟踪点 O_2 为例，通过对比高速视频测量和传统接触式传感器技术获取的位移和加速度的结果，进一步验证高速视频测量的精度。传统的接触式传感器均布设在建筑模型的表面，且与对应的跟踪点的人工标志具有相同的高度，跟踪点 O_2 左边相同高度处，布设有一个位移计和一个加速度计。

图 8-1-11 是通过高速视频测量和位移计获取的跟踪点 O_2 位置处的位移曲线对比图，在本图中，红色曲线表示的是通过位移计获取的跟踪点 O_2 位置处的位移曲线变化图，蓝色曲线表示的是通过高速视频测量技术获取的跟踪点 O_2 位置处的位移曲线变化

图。通过分析图 8-1-11 中两条位移曲线的变化，可以得到如下结论：

（1）除了极大值和极小值，通过高速视频测量和传统的位移计获取的相同位置的位移变化具有高度的一致性；

（2）采用高速视频测量，位移变化的最大值和最小值分别是 29.1mm 和–28.5mm，采用位移计，位移变化的最大值和最小值分别是 28mm 和–27.3mm。两种技术获取的位移峰值极大值的最大差值是 1.1mm，位移峰值极小值的最大差值是 1.2mm，而且每个峰值的差值均在 1mm 左右。造成这种差别的原因是高速视频测量具有很高的帧频采集速度，能更为详细的捕捉建筑模型的动态响应过程。因此，相对于传统位移计，高速视频测量能更精确的描述振动台建筑模型的峰值变化情况。

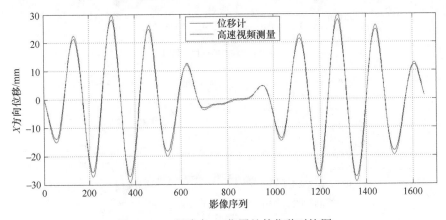

图 8-1-11　跟踪点 O_2 位置处的位移对比图

图 8-1-12 是采用高速视频测量和加速度计获取的跟踪点 O_2 位置处在 X 方向的加速度曲线变化对比。通过此图可以发现由高速视频测量获取加速度和通过加速度计获取的加速度的变化曲线具有较好的一致性。

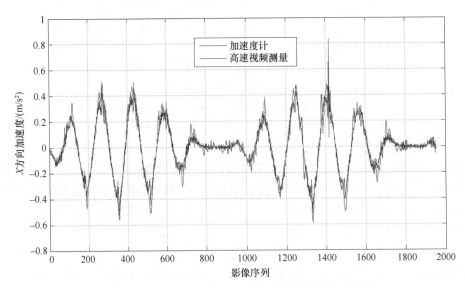

图 8-1-12　跟踪点 O_2 位置处的加速度曲线变化对比图

8.2　板式橡胶支座振动台高速视频测量实验

8.2.1　实验背景与模型设计

板式橡胶支座由多层天然橡胶与薄钢板镶嵌、粘合、硫化而成一种桥梁支座产品，能对建筑物或仪器设备的振动灾害起到缓冲作用，其已经被公认为是一种有效的，可信赖的和经济的技术（Abe et al., 2004a）。该种类型的橡胶支座有足够的竖向刚度以承受垂直荷载，且能将上部构造的压力可靠地传递给墩台，有良好的弹性以适应梁端的转动，有较大的剪切变形以满足上部构造的水平位移。板式橡胶支座的抗震性能直接影响到桥梁的稳定性，板式橡胶支座在实际应用之前，需要在振动台上通过输入地震波的形式验证其抗震性能。但是板式橡胶支座由于需要适应梁体由于制动力、温度、混凝土的收缩及荷载作用等引起的水平位移，其在水平方向具有一定的柔性。基于振动台的板式橡胶支座实验在模拟地震波的作用下，位于板式橡胶支座上方的质量块会在 X、Y 和 Z 方向发生不规则的运动，采用传统的接触式传感器很难准确、详细的量测到质量块的运行轨迹和位移变化（Housner et al., 1997; Wahbeh et al., 2003）。因此，在本次实验中，我们采用高速视频测量获取板式橡胶支座上面质量块的动态响应过程。

本试验以寿江大桥 1#墩和两侧 30m 跨主梁为实验原型。图 8-2-1 描述了板式橡胶支座振动实验模型结构图，其中图 8-2-1（a）是实验模型的立面图，图 8-2-1（b）是实验模型的俯视图。实验模型中的钢箱并配质量块重 8.245t，大小为 1770mm×1670mm×420mm。实验采用的模拟地震波是 2008 年 5 月 18 日发生在中国汶川地震的汶川地震波，模拟地震波的加速度是 9.8m/s^2，方向为 X 方向。传统的接触式位移计安装在质量块的侧面，如图 8-2-1 所示，同时，三个圆形人工标志粘贴在质量块的正面，且与位移计具有相同的高度。

8.2.2　高速视频测量方案

1. 实验仪器和设备

板式橡胶支座振动台高速视频测量实验采用的仪器和设备包括高速 CMOS 相机、同步控制器、镜头、三脚架、照明光源、全站仪和人工标志，其中高速 CMOS 相机，同步控制器和视频采集卡组成了高速视频测量系统。

（1）实验采用三台高速相机，型号是德国 Optronis 公司的 CamRecord CL1000×2 高速 CMOS 相机，CL1000×2 相机的在满幅 1280×1024 分辨率下最高帧频能达到 1000 帧/s，16GB 的内存容量可以保证长时间的高速视频拍摄，并以 BMP，TIFF，AVI 和 MPEG 的格式保存影像序列数据。

（2）同步控制器采用是 FLC-II 系列同步控制器。FLC-II 系列同步控制器是为了方便多脉冲光源和多台相机的快门曝光的同步调试，确保各相机快门的曝光时刻与多脉冲光源的脉冲光准确同步，获得实时稳定的高质量图像而专门开发的专用同步控制器。各路同步输出的时间延时可以独立调整。同步控制器的同步精度优于 5μs。

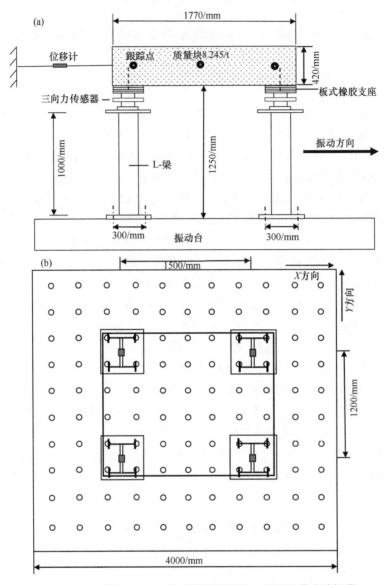

图 8-2-1 板式橡胶支座振动实验模型结构图（该图由黄宝峰提供）

（3）板式橡胶支座实验在室内进行，曝光补偿不够，需要提供人工光源，实验采用两台新闻灯作为光源，分别是两台功率为 1000w 的海鸥牌双联新闻灯。

（4）实验中人工标志分为控制点标志和跟踪点标志。考虑到实验场景的大小和实验模型的震动方向。控制点和跟踪点的人工标志外圆直径为 3cm，内圆直径为 0.5cm。经打印裁切后粘贴在模型表面及其周围相关建筑物上。

（5）实验中采用的全站仪的是 SOKKIA SET230R 电子全站仪，角度测量精度是 1″，距离测量精度是 ±1mm/km。

2. 高速视频测量网络布设

本次实验高速视频测量系统包括三台笔记本电脑，三台高速 CMOS 相机，一个同步控制器，两台新闻灯和六根相机电缆线（三根电缆线连接同步控制器和高速 CMOS 相机，另外三根电缆线连接笔记本电脑和同步控制器）。通过一台笔记本电脑发射同步拍摄信号，三台高速 CMOS 相机在同步控制器的控制下同时开始拍摄像片。图 8-2-2 是本次实验高速视频测量系统实际布设图。根据拍摄距离，每台 CR1000×2 高速 CMOS 相机配备一个 20mm 的固定焦距镜头。振动台的振动频率低于 10Hz，高速 CMOS 在满幅分辨率1280×1024 像素下，相机帧频设为 300 帧/s。

图 8-2-2　高速视频测量系统实际布设图

考虑到板式橡胶支座的大小和振动台周围没有可布设控制点的物体，同多层框架结构抗震稳健性实验一样，本次实验也采用在建筑模型周围安装静态钢管框架的形式进行控制网络布设，如图 8-2-3，静态钢管框架的正面有四列钢管和两行钢管组成，其余实验模型的距离约为 0.5m，在振动台两侧和背面分别安装一根钢管保证静态钢管框架的稳定性。在静态钢管框架上，均匀布设有 26 个控制点。实验前，采用 SOKKIA SET230R电子全站仪获取每个控制点的三维空间坐标。

图 8-2-3　静态钢管框架和控制点布设图

8.2.3　数据结果与分析

1. 精度验证分析

从布设的 26 个控制点中我们选择 11 个离散均匀分布的控制点参与光束法平差的跟踪点数据解算（图 8-2-4 中红色标志点）。

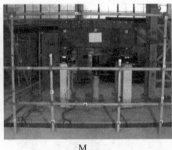

L　　　　　　　　　　　　　M　　　　　　　　　　　　　R

图 8-2-4　板式橡胶制作控制点分布和检查点分布图

获取每个相机的内方位参数、畸变参数后，选取 5 个不同于上述 11 个控制点的控制点（图 8-2-4 中蓝色标志点）作为检查点验证采用高速视频测量方法获取的目标点的三维坐标精度。通过本书提出的高速视频测量方法计算的检查点的三维坐标和采用全站仪获取的检查点的三维坐标的对比，如表 8-2-1 所示，可以得知：

- 在 X 方向，检查点最大坐标差值是 0.8mm，最小差值是 0.4mm，平均值是 0.56mm，中误差是 0.58mm；
- 在 Y 方向，检查点最大坐标差值是 0.6mm，最小差值是 0.3mm，平均值是 0.48mm，中误差是 0.49mm；
- 在 Z 方向，检查点最大坐标差值是 0.7mm，最小差值是 0.3mm，平均值是 0.5mm，中误差是 0.52mm；
- 5 个检查点的点位中误差分别是 0.61 mm，0.55 mm，0.65 mm，0.38 mm 和 0.51 mm。

因此，可以得出结论，在本实验中采用的高速视频测量系统的测量精度可以达到亚毫米级。

表 8-2-1　视频测量三维坐标精度验证表

ID	视频测量/m			电子全站仪/m			坐标差/mm			点位误差/mm
	X	Y	Z	X	Y	Z	DX	DY	DZ	
3	2575.6082	5636.9146	2.0294	2575.6087	5636.9140	2.029	0.5	0.6	0.5	0.61
7	2574.8303	5636.8226	1.1814	2574.8301	5636.8221	1.1821	0.4	0.5	0.7	0.55
12	2577.0103	5637.0238	1.2252	2577.0111	5637.0243	1.2246	0.8	0.5	0.6	0.65
15	2575.1937	5636.9139	0.7881	2575.1932	5636.9142	0.7884	0.5	0.3	0.3	0.38
17	2574.5877	5636.7308	0.3264	2574.5871	5636.7303	0.3261	0.6	0.5	0.4	0.51
平均坐标差							0.56	0.48	0.5	
RMS							0.58	0.49	0.52	

　　图 8-2-5 描述了三相机高速视频测量和两相机高速视频测量在 X、Y 和 Z 方向的坐标差曲线变化图，图中显示 X、Y 和 Z 方向的大部分差值小于 0.2mm。为了能直观地看出二者之间的差异，图 8-2-6 选取了影像序列中第 811 张影像至 860 张影像左侧跟踪点 T_l 的坐标对比曲线变化图，图中显示三相机高速视频测量和两相机高速视频测量具有相同的精度，但是三相机高速视频测量获取的位移曲线相对于两相机高速视频测量获取的位移曲线更加平滑，即三相机高速视频测量能获取更稳定的测量结果。

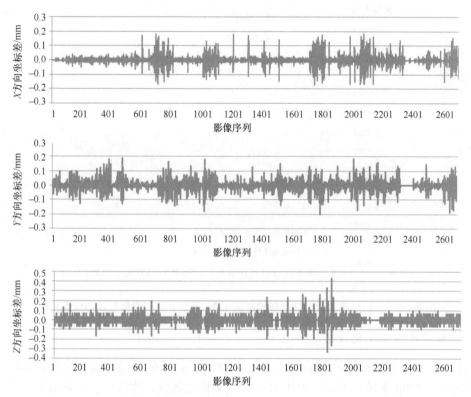

图 8-2-5　三相机和两相机高速视频测量在 X、Y 和 Z 方向的坐标差曲线变化

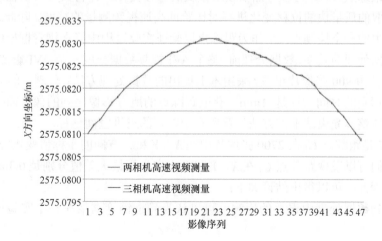

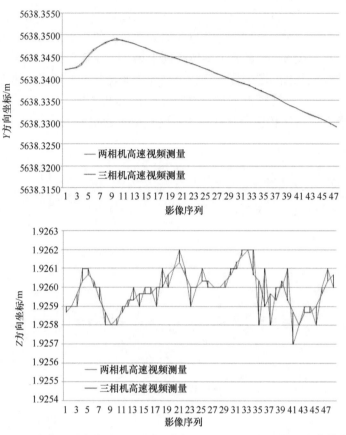

图 8-2-6 三相机和两相机高速视频测量在 X、Y 和 Z 方向坐标对比曲线变化图

2. 质量块位移变化分析

本次实验每个相机的数据采集帧频设为 300 帧/s，实验持续时间大约 9s，获取的最终数据是由 2700 张像片组成的无压缩 AVI 视频格式数据。本次实验中选取位于质量块正面左侧的跟踪点 T_1 作为参考点获取质量块的位移变化，并将其与布设在质量块左侧的位移计获取的质量块的位移变化进行对比验证高速视频测量的精度。除此之外，另选取位于钢管中的一个控制点 C_1 作为跟踪点以验证实验过程中静态钢管框架的稳定性。为了提高数据处理的效率，数据处理前，整个 AVI 视频数据分成三个 AVI 影像序列数据，每个 AVI 文件由 900 张像片组成，采用本书提出的数据处理方法，分割后的 AVI 中跟踪点的检测与识别的时间大约是 1min。获取跟踪点的所有影像序列的像平面坐标后，采用本书提出的整体光束法平差方法计算所有跟踪点的三维空间坐标。

图 8-2-7 是跟踪点 C_1 在 2700 张像片中在 X、Y 和 Z 方向的坐标值变化统计柱状图。通过此图我们可以发现跟踪点 C_1 在 X、Y 和 Z 方向坐标最大差值分别是 0.3mm，0.2mm 和 0.2mm，因此，可以得出结论如下：

· 考虑到数据处理中误差的影响，可以认为静态钢管框架在整个实验过程中是稳定的；

· 本次实验高速视频测量可以达到的相对坐标精度优于 0.3mm。

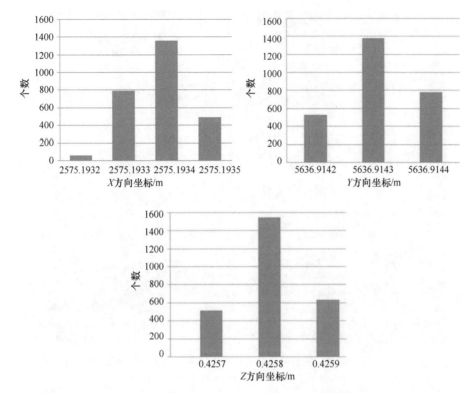

图 8-2-7 跟踪点 C_1 在 2700 张像片中在 X、Y 和 Z 方向的坐标值变化统计柱状图

如图 8-2-6 所示，板式橡胶支座和三向力传感器位于质量块的下方，当对振动台输入模拟地震波，位于板式橡胶支座上方的质量块在 X-Y 平面会发生滑动，从而引起板式橡胶支座的变形，且滑动主要发生在 X 方向。图 8-2-8 展示了实验前后板式橡胶支座和三向力传感器的对照图，通过此图，我们可以发现实验后橡胶支座在 X，Y 和 Z 方向发生了较大的变形。因此，尽管实验过程中输入的模拟地震波是在 X 方向，质量块在 X，Y 和 Z 方向都发生了位移改变。由于传统接触式位移传感器只能获取一维的位移数据，因此在本次实验中位移计获取的位移变化数据是质量块在 X，Y 和 Z 方向发生位移变化的欧几里得距离，且不在同一方向，因此，其在监测板式橡胶支座位移变化的振动台实验中具有较大的局限性。

图 8-2-9 是跟踪点 T_1 在 X，Y 和 Z 方向的坐标值变化曲线图。通过此图我们可以发现尽管模拟地震波是输入在 X 方向，但是由于板式橡胶支座和三向力传感器的柔性，质量块在 X，Y 和 Z 方向都发生了较大的位移变化，且 X 方向的位移变化最大。

图 8-2-10 是通过高速视频影像视频测量跟踪点 T_1 的 X 方向位移和同高度位置位移计获取位移变化对比图，通过此图，得出如下结论：

（1）实验的前 4s，通过两种技术获取的位移变化曲线具有基本的一致性；

（2）高速视频测量获取的位移变化的峰值低于由位移计获取的位移变化的峰值，原因是高速视频测量获取的只是 X 方向的位移值，而位移计获取的是相当于高速视频测量获取的 X，Y 和 Z 方向的欧几里得距离。

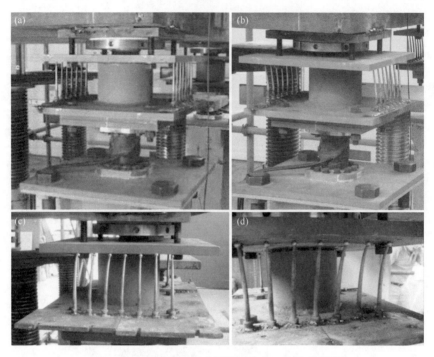

图 8-2-8　实验前后板式橡胶支座和三向力传感器
(a) 实验前；(b)(c)(d) 实验后

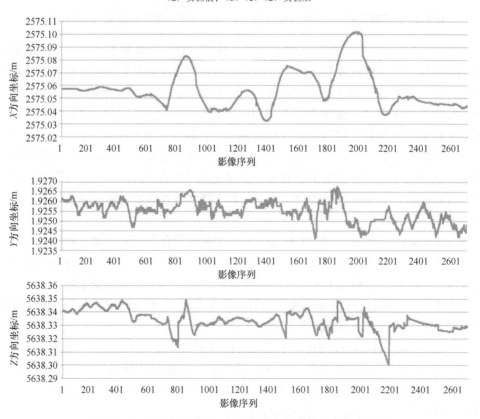

图 8-2-9　跟踪点 T_1 在 X, Y 和 Z 方向的坐标值变化曲线图

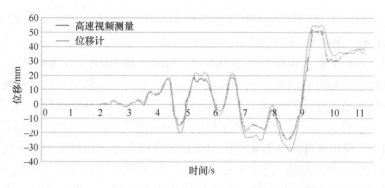

图 8-2-10 高速视频测量的 X 方向位移和位移计位移对比图

图 8-2-11 是根据高速视频测量获取的三个方向位移差 Δx，Δy 和 Δz，根据公式 $\sqrt{\Delta x^2 + \Delta y^2 + \Delta z^2}$ 获取的欧几里得距离与位移计获取的位移值在跟踪点 T_1 的变化对比图。通过此图我们可以得到如下结论：

·高速视频测量获取的位移欧几里得距离与位移计获取的位移值总体上具有高度的一致性，进而验证了高速视频测量的可靠性；

·高速视频测量获取的位移欧几里得距离与位移计获取的位移值的差值大部分小于 1mm，仅在位移变化最大区域，二者差值超过 1mm，且最大差值为 1.3mm。

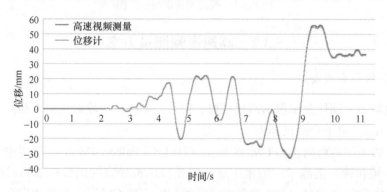

图 8-2-11 高速视频测量三方向位移欧几里得距离与位移计位移值对比图

8.3 堰塞湖堆积坝体模型振动台高速视频测量

8.3.1 实验背景与模型

本次实验在同济大学振动台实验室进行，大型三维振动台的台面尺寸为 4m×4m，工作频率从 0.1 到 50 Hz，三个方向最大驱动加速度分别为 1.2 g、0.8 g 和 0.7 g。采用模拟地震振动台实验方法，研究地震形成的覆盖层堆积堰塞湖坝体在地震、水位上升等因素影响下的稳定性规律，为堰塞湖灾害治理和开发利用提供依据（Shi et al.，2015）。利用视频测量技术获取坝体振动过程中顺河方向表面相对于模型箱的动态响应情况。

观测的结构模型为地震堰塞湖覆盖层堆积坝体模型，其模型相似比为 20，坝体密度和加速度比例设为 1，模型坝体材料为石英砂和高岭土，按照计算出的级配及密度制成。如图 8-3-1 所示，沿河向坝底长 2.7 m，坝顶长 0.2 m，高 0.5 m，宽 1 m，坝体坡度为 22°。本实验采用矩形模型箱，模型箱长 3.1m，宽 1.0m，高 0.7m（均为内壁尺寸），模型坝体建造在矩形模型箱内并固定在大型振动台上，矩形模型箱框架采用高强度槽钢及角钢制成，三个侧面采用厚钢板制成，一个侧面为薄钢化玻璃制成，以便视频测量系统监测坝体的变形。模型坝体中埋设了加速度传感器和其他接触式传感器，根据其位置，选择 12904 和 12908 号加速度传感器来对比验证高速视频测量处理框架的可靠性。总共进行了 90 组工况的振动台实验，选取典型的样本工况来说明高速视频测量技术的有效性，输入地震波形为 Kobe 波，台面输入加速度峰值定为 0.63 g，沿 X 方向振动。

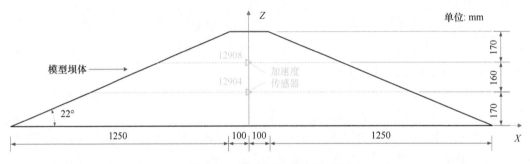

图 8-3-1　模型坝体剖面示意图

8.3.2　高速视频测量方案

1. 实验仪器和设备

高速视频测量硬件系统包括高速相机、镜头、工控机（数据采集卡和同步控制器集成在工控机中）、电子全站仪和人工标志等。

（1）实验采用两台同步的 CMOS 相机（DALSA Falcon 4M60），采用电子快门，实现帧曝光和帧传输，消除了一般采用逐行曝光摄像机导致的图像拖影和时间位移等问题。在满幅分辨率为 2352×1728 像素下最高帧频能达到 60 帧/s，相机固定在三角架上以保持稳定。在实验开始前，对两台相机进行了相机检校以获取相机的内方位元素以及畸变参数。

（2）实验中人工标志分为控制点标志和跟踪点标志。考虑到实验场景的大小和模型的振动方向，控制点人工标志设计为外圆直径 6cm，内圆直径 1.5cm 的黑白同心圆，粘贴在模型上方的钢杆及其前端的稳定临时物上。跟踪点人工标志为直径 4cm 的双层黑橡胶圆片，中间插入钢钉插入沙坝中，钢钉上缠上厚纸片增加接触面积，以保持与模型相同的运动。由于自然光满足后续影像序列处理的需求而且矩形模型箱的薄玻璃在强光下可能会导致关键位置的灰度饱和，没有使用照射灯和回光反射标志。

（3）实验中采用 SOKKIA NET05AX 型电子全站仪，反射片模式下在 200m 范围内测距精度为±（0.5mm+1ppm×D）。

2. 高速视频测量网络布设

实验采用两台高速 CMOS 相机，根据拍摄距离，每台装配 Nikkor 20 mm f/2.8D 固焦广角镜头满足观测视场的要求。高速相机影像分辨率为 2352×1728 像素，帧频为 60 帧/s。高速视频测量系统实际布设图如图 8-3-2 所示。

图 8-3-2　高速视频测量系统实际布设图

考虑到视野范围内振动台周围不存在足够的静态结构，采用在模型箱上方架设不同深度的钢杆以及前端摆放临时静止物的形式进行控制网络布设，利用全站仪预先测量控制标志点的三维空间坐标。在矩形模型箱上选择了参考点来计算坝体相对振动台的变形，跟踪点均匀地插入模型坝体的关键监测位置。图 8-3-3 所示为首帧影像标志点的分布图，包括 25 个控制点（C）、两个参考点（R）和 15 个跟踪点（T）。

图 8-3-3　标志点分布图

8.3.3　结果与分析

1. 视频测量结果

实验的有效时长为 8s，共获取 480 幅立体影像来反映模型坝体的动态响应，采用高速视频测量方法框架处理了 13 个跟踪点和 2 个参考点（T3 和 T10 由于后期被沙土严重遮挡而无效）。图 8-3-4 显示了三个方向滤波后相对于参考点的位移和加速度，从图 8-3-4（a～c）可以看出，坝体的位移主要在 X 和 Z 方向，对于 X 方向的位移，在坝体左边的跟踪点向左移动，而右边的跟踪点向右移动，Z 方向的位移表示沉降，变化趋势基本上符合越顶端越边缘的跟踪点位移更大的实际规律。从图 8-3-4（d～f）可以看出，所有跟踪点在主振动 X 方向的加速度具有一致性趋势，而 Y 和 Z 方向的加速度较小且无明显规律，主要受到噪声的影响，即使 Savitzky-Golay 平滑有效地减少了测量噪声。

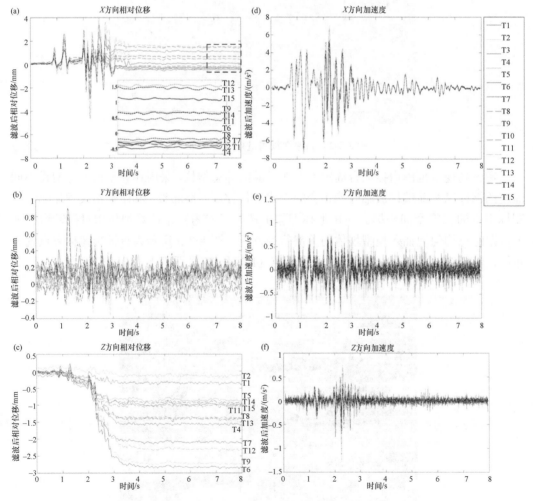

图 8-3-4　滤波后相对位移和加速度的时程曲线

（a～c）相对位移；（d～f）加速度

为了评估视频测量监测的效果,从 25 个控制点中选择了 10 个未参加光束法平差作为检核点。估计视频测量的三维坐标结果和全站仪测量坐标的绝对和相对偏差,其中绝对偏差如表 8-3-1 所示,三个方向绝对偏差的均方根分别为 0.443 mm、0.556 mm 和 0.451 mm。相对偏差通过从控制点中任选 2 个点计算坐标差来估计,总共 45 对坐标差估计出的相对偏差的均方根分别为 0.489 mm、0.648 mm 和 0.553 mm。此外,根据光束法平差得到的视频测量平差精度分别为 0.221 mm、0.539 mm 和 0.213 mm。可以看出绝对偏差、相对偏差和平差精度都小于 1 mm,而由于 Y 方向是摄影测量的景深方向,其精度最差。

表 8-3-1　检核点视频测量和全站仪测量间的坐标差　　（单位：mm）

No.	坐标差		
	X	Y	Z
C2	0.018	0.309	−0.161
C4	−0.583	0.229	0.467
C7	−0.055	0.638	−0.15
C10	0.28	−0.109	0.041
C12	−0.421	−0.903	0.133
C15	−0.469	0.121	−0.96
C18	−0.893	−0.217	0.461
C19	−0.118	0.687	0.761
C22	−0.565	0.766	−0.162
C25	−0.101	−0.768	0.108
RMS	**0.443**	**0.556**	**0.451**

此外,在计算过程中假设了外方位元素保持不变,因此需要分析相机和控制点间的稳定性。随机选取了两个控制点和一个检核点通过影像序列来计算三维坐标序列,表 8-3-2 描述了三个位置三维坐标值以 0.1 mm 为直方图区间间隔的统计情况,三维坐标序列的最大值和最小值差距不超过 0.25 mm,说明了相机和控制点并未明显受到振动台振动带来的影响。

表 8-3-2　视频测量计算的控制点三维坐标序列的统计结果

No.		坐标/m	计数	No.		坐标/m	计数	No.		坐标/m	计数
C10	X	466.1547	462	C24	X	466.2080	288	C15	X	465.2615	35
		466.1548	18			466.2081	192			465.2616	445
	Y	433.1362	120		Y	431.3978	88		Y	434.1396	54
		433.1363	347			431.3979	392			434.1397	294
		433.1364	13							434.1398	132
	Z	99.9448	37		Z	98.6062	478		Z	99.6589	101
		99.9449	443			98.6063	2			99.6590	379

2. 与原始输入波形对比

由于矩形模型箱是刚体,参考点 X 方向的加速度理论上应该与振动台输入地震波形相似，Y 和 Z 方向的加速度为 0。因此，可以通过对比视频测量计算的加速度和原始波形来验证加速度计算和 Savitzky-Golay 滤波的效果。

图 8-3-5（a～c）所示为视频测量计算的参考点 R1 滤波前后的三维加速度，输入的 Kobe 波同样绘制在图 8-3-5（a）中，图 8-3-5（d）中分别展示为 X 方向的滤波和未滤波加速度以及原始波形的频谱图。从图 8-3-5（a）中可以看出滤波后的加速度变化曲线与原始输入波形很好地吻合，验证了高速视频测量的可靠以及 Savitzky-Golay 滤波的有效性。噪声滤除的效果在低幅值的情况下更加明显，在 Y 方向和 Z 方向以及 X 方向的开始和结束阶段，滤波后的加速度比滤波前更接近真实值。此外，部分不准确的峰值也被压制更符合输入的波形数据，例如，滤波前最大加速度绝对值为 $7.156\ \mathrm{m/s^2}$，滤波后最大加速度绝对值为 $6.242\ \mathrm{m/s^2}$，更接近 Kobe 波的最大加速度绝对值 $0.63\ \mathrm{g}$。通过频谱分析可以看出，Savitzky-Golay 滤波主要在高频部分起作用，高频噪声被有效消除。

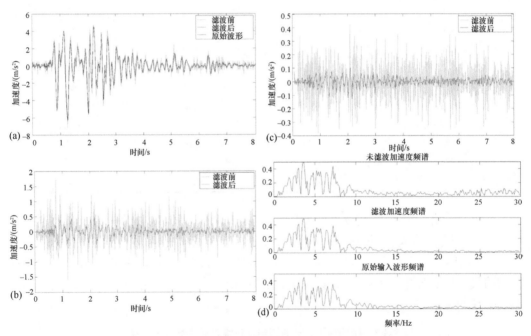

图 8-3-5　参考点 R1 滤波前后的三维加速度

（a）参考点 R1 滤波前后 X 方向的加速度以及输入 Kobe 波形；（b）参考点 R1 滤波前后 Y 方向的加速度；
（c）参考点 R1 滤波前后 Z 方向的加速度；（d）X 方向的滤波和未滤波加速度以及原始波形的频谱图

3. 与加速度传感器对比

为了进一步验证高速视频测量的结果，选择了两个埋设在跟踪点附近的水平方向加速度传感器测量的加速度结果来对比。具体来说，T6 的结果与加速度传感器 12908 号对比，T7 的结果与加速度传感器 12904 号对比。加速度计测量的加速度同样预先用 Savitzky-Golay 滤波器来消除随机噪声。两种方式获取的加速度随时间变化的对比如图 8-3-6 所示，高速视频测量结果与加速度计测量数据基本一致，只在部分局部极值处，高速视频测量结果相比加速度计测量数据要稍低。关于此量值的差异可能由两方面原因导致，一方面，加速度传感器和跟踪标志的位置有稍微的差距，跟踪标志固定在模型坝体的表面，而加速度传感器埋在模型坝体内部；另一方面，相机的采样频率不够高，帧频为 60，而加速度计的采样频率为 128 Hz。为了定量对比两种方式的加速度结果，将加速度计测量结果重采样到与高速视频测量结果一样的采样频率，并计算两种方式结果的相关系数和差值的均方根，T6 与 12908 号间结果的相关系数为 0.952，差值的均方根为 0.373 m/s^2，而 T7 与 12904 号间结果的相关系数为 0.978，差值的均方根为 0.328 m/s^2。考虑到差距值还包含例如两个数据集根据采样时间配准带来的偏差等其他误差，定量对比的结果是可以接受的。

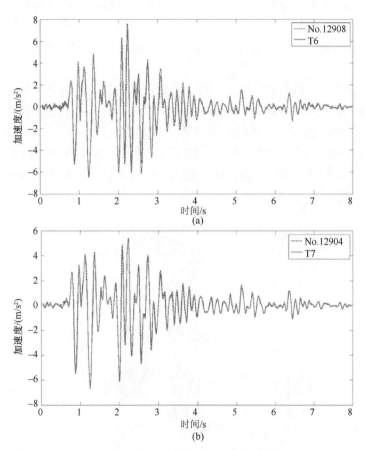

图 8-3-6　加速度传感器与高速视频测量获取的加速度时程曲线对比
(a) T6 与 12908 号；(b) T7 与 12904 号

对于传统接触式测量传感器（例如本实验中的加速度计），需要预先安置在选定的关键点位，而且每个传感器一般只能提供一维和单点局部的测量数据。相对比，通过实验结果表明视频测量处理可以直接实现三维和多点全面的动态响应参数获取，而且便于后续重复测量和记录，在需要完成多维大范围测量的情况下明显更加便捷和高效。因此，高速视频测量技术可作为传统传感器的一种合适的补充甚至替代方式来监测结构的动态响应。

8.4 高层木塔振动台高速视频测量

8.4.1 实验背景与模型设计

众所周知,文物是人类宝贵的历史文化遗产,其显著特征是年代久远、易损毁。因此,文物的保护工作意义重大,其中古建筑是文物保护工作的重要对象之一,由于自然灾害及人为因素的发生,使得建筑结构存在一定的安全隐患。本次实验的目的是为了评估真实木塔文物的结构安全性。然而在实际中对木塔直接进行测试是不现实的,因此本次实验以木塔的比例模型作为测试对象,通过在振动台附加一定的振动频率,使其在水平方向和垂直方向发生位移,进而检验木塔结构的稳健性,并以它的测试结果为评估实际的木塔结构安全提供一定的参考。

本模型原型结构为多高层楼阁式木塔,属仿古木结构,建筑平面为正方形,主体为三开间三进深,底层扩增附属廊环。木塔采用非洲红花梨木为主要建筑材料,遵循古代营造方法,采取传统的榫卯、叉柱、斗拱等连接方式建造。木塔模型缩尺比例为1/5。如图 8-4-1 所示,模型底盘平面尺寸为 3520mm,立面高度为 8060mm(不包括塔刹),共七层,其中一层层高为 1470mm,顶层层高(楼板至屋顶)为 1340mm,其余楼层层高为 1050mm。

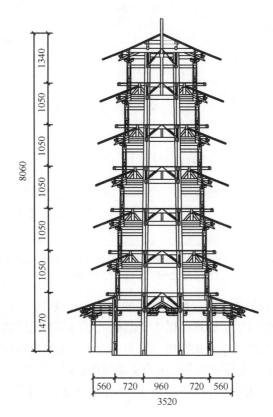

图 8-4-1 木塔 1/5 缩尺模型剖面图(单位:mm)(该图由宋晓滨提供)

8.4.2　高速视频测量方案

1. 实验仪器和设备

木塔模型高速视频测量实验采用的仪器和设备包括高速相机及其配件、镜头、交换机、三脚架、全站仪、照明设备、主控电脑和人工标志。

（1）本次实验采用的高速相机共六台，型号为 CL600×2。CL600×2 是德国 Optronis 采用最新 CMOS 传感器研制的高速相机产品，适用于航天、军工等高性能应用需求。它在 Full 模式下全帧率（1280×1024）速度是 500 帧/s。

（2）高速图像采集卡是 MicroEnable IV AD4-CL 图像采集卡。

（3）实验中部分工况在晚上进行，因此采用一部捷图 DTW-2000W 和两部捷图 DTR-800W 柔光灯进行照明。

（4）实验中人工标志分为目标点（跟踪点）标志和控制点标志，结合模型的大小和周围场景的影响，目标点和控制点标志的外圆直径设计为 50mm，另外控制点标志内环直径分别为 10mm 和 5mm。经打印裁剪后粘贴在木塔模型上及周围固定杆件上。

（5）实验中采用拓普康 NET05X 三维全站仪，测角精度为±0.5″，以索佳发射片为目标，在 200m 范围内测距精度为±（0.5mm+1ppm×D）。

2. 高速视频测量网络布设

在木塔振动过程中，为了将整个木塔纳入相机的拍摄范围内，四台帧频为 256 帧/s 的高速相机同步记录木塔的振动过程。高速相机的具体布设方案将对木塔的上半部分及下半部分分别进行同步拍摄。如图 8-4-2，黄色边框中的两台高速相机拍摄木塔上半部分（黄色边框内）的目标点，蓝色边框中的两台高速相机拍摄的是木塔下半部分（蓝色边框内）的目标点。此外，根据高精度跟踪和匹配的要求，人工标志点的白色圆在影像中应占 10～20 个像素，根据视场范围推算出人工标志点的直径为 60 mm。

图 8-4-2　高速相机布设及人工标志

8.4.3　结果与分析

在相机标定中，目标点在影像空间中的平均反投影误差约为 0.05～0.2 像素。此外，通过 NET05AX 型全站仪精确测量控制点的地面三维坐标。这种高精度全站仪具有非常高的角度精度（0.5″）和距离精度（0.5mm）。并且在图 8-4-2 中，同时定义了本实验所建立的局部物方坐标系。为了评价目标点的定位精度，将控制点分为两部分。其中一部分控制点参与光束法平差的计算，另一部分控制点作为检验点以验证测量方案的可靠性。如表 8-4-1 所示，通过光束法平差计算的检验点的坐标与全站仪测量的坐标进行比较，可获得高速视频测量方案中的目标点定位精度（$\sqrt{\sigma_X^2 + \sigma_Y^2 + \sigma_Z^2}$）可达 0.6mm 左右。因此，在木塔大型振动台试验中，摄像机标定和目标定位的精度可以满足变形测量精度的要求。

表 8-4-1　检验点坐标偏差

序号	偏差值			序号	偏差值		
	ΔX/mm	ΔY/mm	ΔZ/mm		ΔX/mm	ΔY/mm	ΔZ/mm
1	−0.4	−0.1	0.2	6	−0.2	0.4	−0.2
2	−0.7	−0.1	0.2	7	0.7	−0.1	−0.5
3	−0.6	0.2	−0.2	8	−0.3	0.1	−0.3
4	0.5	0.2	0.1	RMS	0.50	0.22	0.25
5	0.3	−0.3	0.1				

通过高速序列影像处理，可以获得目标点的空间三维位移。如图 8-4-2 所示，已经从木塔结构的第二层到第七层分别选择了一些目标点（绿色标记）。图 8-4-3 展示出了这些目标点在 Y 方向（振动方向）的位移时程曲线。位移曲线的趋势描述了整个木塔在振动台实验过程中的形态变化。虽然每个目标点都有一个独特的运动轨迹，但目标点的运动趋势是一致的。此外，更高的塔层将有更大的位移范围，这是因为模拟地震源发生在木塔的底部。

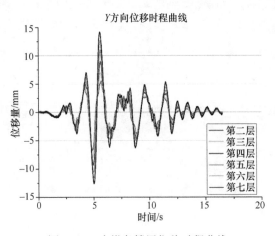

图 8-4-3　木塔各楼层位移时程曲线

通过与高精度位移传感器的比较，验证了所提出的高速视频测量技术的可靠性与可行性。在这个实验中，一个接触式位移传感器被安装在木塔的第二层。如图 8-4-4 所示，通过高速视频测量技术解算的位移与位移传感器测得的位移基本一致。这验证了高速视频测量技术的测量结果是十分可靠的。因此，鲁棒的测量方案和实测数据能够帮助土木工程技术人员进一步评估木塔的结构性能和安全系数。

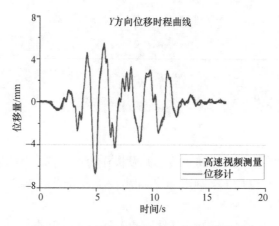

图 8-4-4　高速视频测量与位移计结果对比

8.5　三层框架振动台分布式高速视频测量

8.5.1　实验背景与模型设计

本实验使用振动台来模拟地震，进而检验三层框架的抗震稳健性。在遭遇不同水准地震作用下，通过高速视频测量系统量测结构不同阶段的位移、加速度响应。本实验在同济大学四平路校区地震模拟振动台上进行。实验模型为单开间、三跨、三层框架，混凝土强度等级为 C30，梁柱纵筋为 HRB400 钢筋，箍筋为 HPB300 钢筋。该框架模型平面尺寸为 4.5m×1.8m，正立面尺寸为 4.5m×4.26m，侧立面尺寸为 1.8m×4.26m，其中柱截面尺寸为 150m×150m，梁截面尺寸为 100m×150m。本次使用高速视频测量系统对普通框架进行量测，来验证该系统的可行性与精度。如图 8-5-1，在三层框架上共粘贴 16 个目标点，基座和每层框架的节点上各粘贴 4 个目标点。

8.5.2　高速视频测量方案

1. 实验仪器和设备

三层框架模型高速视频测量实验采用的仪器和设备包括高速相机及其配件、同步控制器、镜头、交换机、全站仪、三脚架、照明设备、主控电脑和人工标志。

（1）本次实验采用的高速相机共两台，型号为 CL600×2。使用配套的 MicroEnable IV AD4-CL 图像采集卡。

图 8-5-1　框架结构模型

（2）同步控制器采用 Cyclone IV 核心开发板作为控制器，内部采用 NIOS II 32 位内核和定制的相机同步控制 IP 核，实现相机同步控制。故障率（信号干扰导致的不同步）为万分之三。

（3）实验中人工标志分为目标点（跟踪点）标志和控制点标志，结合模型的大小和周围场景的影响。目标点和控制点标志的外圆直径设计为 60mm，另外控制点标志内环直径分别为 10mm 和 5mm。经打印裁剪后粘贴在框架模型及周围固定杆件上。

（4）实验中采用索佳 NET1200 三维全站仪，其角度最小显示值为 0.5″，测角精度为 ±1″，200m 范围内使用 50×50mm 反射片时测距精度达 ±（0.6mm+2ppm×D）。

2. 高速视频测量网络布设

在本实验高速相机的帧频设为 256 帧/s。由于振动台只在一个方向上振动，因此高速相机只需对框架正立面进行观测，如图 8-5-2，在实施方案设计中要考虑两个限制条件：①框架模型周围有很多大型物体，这影响了相机 2 的摆放位置，在设计图中不能再将其往左方向摆放；②由于土木专业需要用摄像机对振动台全过程进行拍摄，所以摄像机的

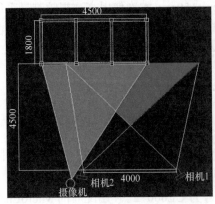

图 8-5-2　方案设计图及控制网布置图

视野范围内，即灰色区域中不能摆放任何杆件，只能在蓝色的区域中摆放控制杆件。在上述制约下进行现场调整，最终设计一号和二号相机的摄影基线长度约为 4m，相机到框架的垂直距离约为 4.5m。

在实验中，为保证广阔的相机视野，高速相机同样选用 20mm 的定焦镜头。由于在模型周围没有可布设控制点的物体，如图 8-5-2，在框架模型旁安放了若干根钢制杆件。从中挑选了一些相对稳固的杆件，防止其在实验进行中发生晃动导致实验失败。杆件的高度大约 1~2m，在每根杆件上，按照一定的间隔粘贴之前做好的控制点标志。杆件的布设方式依然要满足前文所述的三个必需条件。

8.5.3　结果与分析

利用人工标志作为目标观测点则可以有效提高近景摄影测量的精度和目标跟踪速度，但是高速相机每秒会采集存储几百张甚至上千张的像片。普通的计算机在处理这些数据都需要耗费大量时间，阻塞了整个处理进程，同时相机所拍摄的序列影像都存储在工控机中，单机处理时须将各个子机箱中的序列影像数据拷贝至主控机，由于机箱数量多，数据存储量大，使得操作十分繁琐。因此，本实验通过工控机与主控机之间所构建的局域网，基于 TCP/IP 协议和自定义应用层协议，实现工控机与主控机之间指令和数据的传输。主控机通过向工控机发送指令和起始跟踪点数据，触发工控机对序列影像进行目标跟踪，获得各目标点在时序中的序列影像坐标。运用这种分布式的计算策略可以同时对多台相机上的序列影像进行处理，减少处理阻塞时间。

在对序列影像跟踪匹配的过程中，通过主控机在局域网中发送指令的方式对工控机进行控制，减少了拷贝数据的繁琐步骤，节约了处理时间。在跟踪同等数量的跟踪点的基础上，对单机处理方式和双机处理方式跟踪不同帧数的序列影像所需花费的处理时间进行对比，如图 8-5-3 所示。同时也对比了相同数量序列影像，跟踪不同数量目标点所需的处理时间，如图 8-5-4 所示。

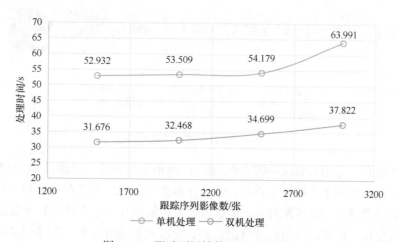

图 8-5-3　跟踪不同帧数处理时间对比

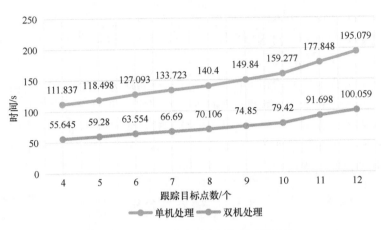

图 8-5-4　跟踪不同目标点处理时间对比

　　在整个高速相机序列影像处理过程中，在本实验中以第 14 工况序列影像为例，该工况序列影像是由 1500 张 1.25MB 大小的灰度影像组成，这种数据结构导致在数据拷贝时需要不停执行读取和写入步骤，使得拷贝时间耗时较长。将该工况数据从两台工控机拷贝至主控机中，平均耗时约 600s。而通过分布式高速测量方法，主控机可以直接通过局域网获取工控机中的影像，无需通过第三方存储介质对数据传输，减少了拷贝数据的时间。两台工控机可以同时对序列影像进行跟踪匹配操作，减少了处理时间。对于第 14 工况分别使用传统的高速视频测量方法和分布式高速视频测量方法，两种方法的平均耗时如图 8-5-5 所示。通过使用分布式处理方法，处理时间由原来的 1065s 减少到 440s，处理效率提高了 58.7%。

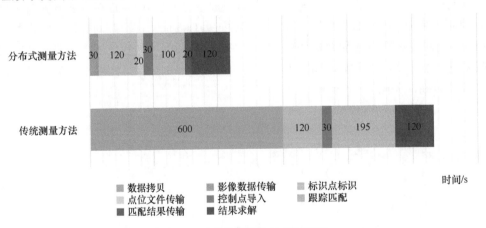

图 8-5-5　两种处理方法耗时对比

　　一号相机和二号相机布设如图 8-5-2 所示，其拍摄的影像可以通过 TCP/IP 协议由有线网络从工控机传输至主控机上查看。通过分布式并行处理方法在一号和二号工控机上直接对序列影像进行跟踪匹配操作，最后通过主控机进行三维重建运算求解出序列影像上目标三维坐标，根据这些坐标解算出位移、速度和加速度参数。高速相机拍摄的原始影像如图 8-5-6 所示。通过高速视频测量解析，图 8-5-7 展示了部分目标点的位移时程曲线，其中坐标系为右手三维空间坐标系，X 轴方向垂直框架平面向里，Y 轴方向水平向左，Z 轴方向竖直向上，振动台的振动方向与 Y 方向平行。

图 8-5-6　高速相机拍摄影像

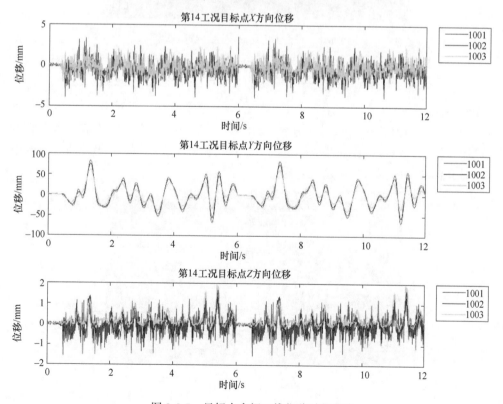

图 8-5-7　目标点空间三维位移时程曲线

8.6　高层建筑振动台高速视频测量

8.6.1　实验背景与模型设计

重庆来福士广场位于重庆核心地段朝天门广场与解放碑之间,投资总额超过 240 亿元,总建筑面积超过 110 万 m²。为了探究来福士广场高层建筑的抗震性能,同比例缩小的模型结构平面尺寸为 9.84m×3.2m,模型高度超过 10m。如图 8-6-1 所示,实验模型由四栋塔楼组成,分布在两个刚性底座上,上部设置连桥进行稳定性加固。

图 8-6-1　来福士广场高层建筑结构模型

8.6.2　高速视频测量方案

如图 8-6-2 所示,本实验采用六台型号为 CL600×2 的高速相机对整个模型进行测量,所设定的采集帧频为 250 帧/s,影像尺寸为 1280×1024 像素。其中,如图 8-6-3 所示,四台高速相机形成两对立体观测以测量高层建筑结构的上半区域,而另外两台高速相机形成一对立体观测以测量高层建筑结构的左下半区域。

图 8-6-2　高速相机布设

在实验过程中,每台高速相机配置 20mm 的定焦镜头,相机距离被测结构物约为 8m。此外,四部 2000W 高功率卤素灯进行补光以保证影像拍摄质量。

图 8-6-3　高速相机测量区域

8.6.3　结果与分析

通过本书介绍的高速视频测量解析方法，可获取高层建筑结构物上关键点位的三维空间坐标，进而通过时序分析获取该点位的三维位移。如图 8-6-4～图 8-6-6 所示，部分点位的位移时程曲线展示了结构物的运动状态。

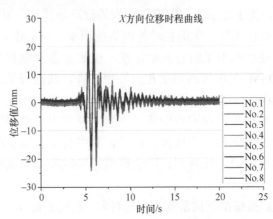

图 8-6-4　部分点位 X 方向位移时程曲线

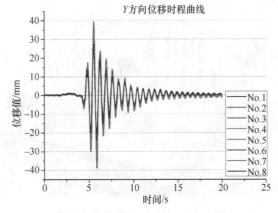

图 8-6-5　部分点位 Y 方向位移时程曲线

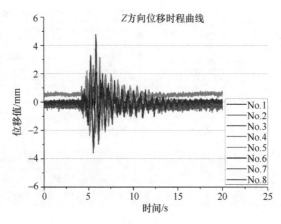

图 8-6-6 部分点位 Z 方向位移时程曲线

8.7 卫星颤振振动台模拟测试高速视频测量

8.7.1 实验背景与模型设计

卫星在轨运行时，由于受引力和温度等空间外部环境扰动、卫星姿态控制调整、太阳帆板和天线等卫星部件工作产生的振动等因素的影响（Iwasaki，2011），造成平台颤振现象。平台颤振直接影响卫星的姿态稳定性，引起影像模糊和几何变形，影响影像拼接、几何定位和 DSM 生成等高精度几何处理过程，从而降低高分辨率卫星的高精度应用能力（Mattson et al.，2011；孙阳，2013；Sun et al.，2015；Wang et al.，2016）。为了探究卫星平台颤振现象，在室内构建了一套完整的卫星颤振模拟测试系统，该系统包含振动台、导轨、线阵相机和成像目标等。其中振动台用于产生模拟卫星颤振，导轨用于模拟卫星运行轨道，线阵相机用于模拟卫星线阵推扫成像，成像目标用于模拟线性地物。

本次实验以卫星颤振模拟测试系统为实验对象，利用多台高速相机拍摄视频图像序列来监测验证颤振振动台模拟测试结果，如图 8-7-1 所示。

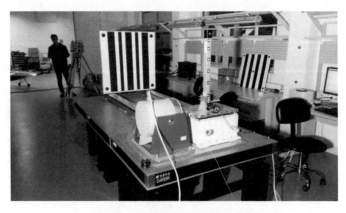

图 8-7-1 卫星颤振模拟测试系统

8.7.2　高速视频测量方案

1. 实验仪器和设备

实验采用的仪器和设备包括高速相机视频测量系统和卫星颤振模拟测试系统，及照明设备等。

（1）实验采用的高速相机共 4 台，型号为 CL600×2。使用配套的 MicroEnable IV AD4-CL 图像采集卡。

（2）设定的振动台输入频率为 15Hz。

（3）跟踪标志点有两种大小，内环直径分别为 10mm 和 5mm。实验是在室内进行，采用一个捷图 DTW-2000W 卤素灯进行照明。

2. 高速视频测量网络布设

实验中，4 台高速相机对颤振模拟平台和线阵相机导轨进行测量，布置如图 8-7-2 所示，高速相机的帧频设为 200 帧/s，影像尺寸为 1280×1024 像素。实验过程中，每台高速相机配置 20mm 的镜头，相机距离被测结构物约为 1m。此外，1 个 2000W 高功率卤素灯进行补光以保证影像拍摄质量。

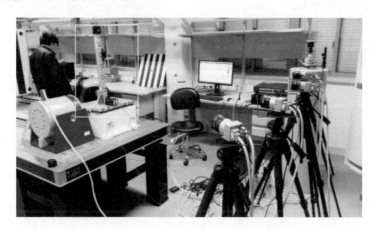

图 8-7-2　高速相机布设及拍摄区域

8.7.3　结果与分析

如图 8-7-3，通过跟踪测量高速视频序列图像中的标志点来分析颤振对相机导轨的影响。采用本书 5.3.3 节介绍的并行加速目标跟踪方法来进行标志点跟踪量测。图 8-7-4 列出了四台相机获取的序列图像上标志点中心的位移变化曲线。其位移变化曲线呈现出周期性变化，频率为 15.38Hz，反映了振动台颤振对相机导轨的影响，与振动台输入频率 15Hz 相吻合。这表明采用高速视频测量方法可用于颤振振动台模拟测试验证。

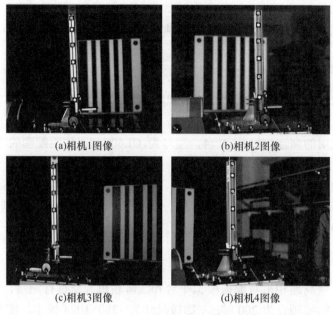

(a)相机1图像　　　　　　　　　(b)相机2图像

(c)相机3图像　　　　　　　　　(d)相机4图像

图 8-7-3　四台高速相机获取的图像

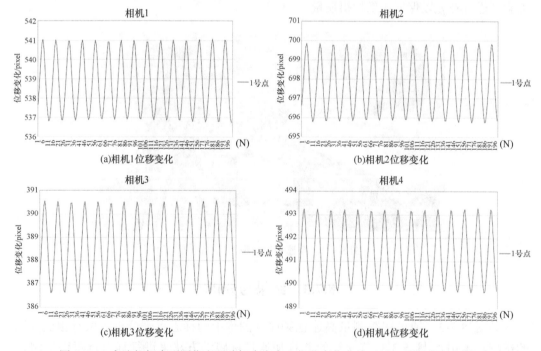

(a)相机1位移变化　　　　　　　　　(b)相机2位移变化

(c)相机3位移变化　　　　　　　　　(d)相机4位移变化

图 8-7-4　高速相机序列图像上跟踪标志点中心位移变化曲线（以 1 号标志点为例）

第9章 高速视频测量在结构倒塌实验中的应用

9.1 钢筋混凝土框架-剪力墙结构连续整体倒塌高速视频测量

9.1.1 实验背景与模型设计

本次实验模拟的是结构因受到外力荷载作用失去主要承重构件后,在重力作用下发生的钢筋混凝土框架-剪力墙结构连续整体倒塌实验。为简化考虑构件在爆炸荷载作用下的破坏,本次实验将待破坏构件设计为玻璃材质,并通过撞击致使该玻璃构件破坏,从而导致结构发生倒塌。

本次实验共设计 3 个模型结构(图 9-1-1),分别模拟柱以及剪力墙失效后的结构倒塌,模型编号分别为 M_1(单片墙和破坏柱模型)、M_2(单片墙和破坏墙模型)和 M_3(交叉墙和破坏墙模型)。

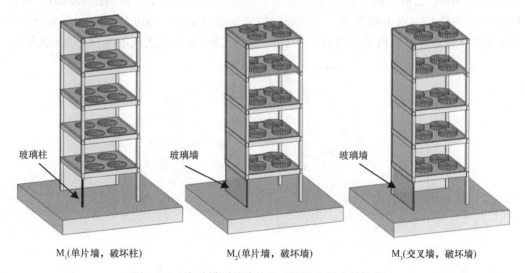

M₁(单片墙,破坏柱)   M₂(单片墙,破坏墙)   M₃(交叉墙,破坏墙)

图 9-1-1 实验模型整体外观(该图由印小晶提供)

模型材料采用细骨料混凝土和镀锌铁丝。结构的待破坏构件(模型 M_2、M_3 中的墙和 M_3 中的柱)为玻璃材质,并通过外力撞击致使其破碎,从而达到破坏结构主要承重构件的效果。

9.1.2 高速视频测量方案

1. 实验仪器和设备

钢筋混凝土框架-剪力墙结构连续整体倒塌高速视频测量实验采用的仪器和设备包

括两台高速相机、工控机、同步控制器、镜头、三脚架、照明光源、全站仪和人工标志，其中高速相机、工控机、同步控制器和视频采集卡组成了高速视频测量系统。

（1）实验采用的高速 CMOS 相机有两台，型号为 CL600×2。

（2）同步控制器型号为 TTLx4，同步精度优于 5μs，每路同步控制信号可独立设置，有效控制帧频及延迟时间。

（3）视频采集卡采用德国 Siliconsoftware 图像采集卡，型号为 Microenable4 AD4。该采集卡需要 PCI-Express×4 或以上插槽支持，800M/S 带宽，不占用系统带宽资源。

（4）实验中人工标志分为控制点标志和跟踪点标志。考虑到实验场景的大小和实验模型的震动方向。控制点和跟踪点外圆直径 6cm，内圆直径 1.5cm。经打印裁切后粘贴在模型表面及其周围相关建筑物上。

（5）实验中采用的全站仪的是 SOKKIA SET230R 电子全站仪，角度测量精度是 1″，距离测量精度是 ±1 mm/km。

2. 高速视频测量网络布设

如图 9-1-2，本次实验高速视频测量系统包括两台高速 CMOS 相机，一台工控机，一个同步控制器，两个高速采集卡和两台新闻灯。通过工控机发射同步拍摄信号，两台高速 CMOS 相机在同步控制器的控制下同时开始拍摄影像。根据拍摄距离，每台 CL600×2 高速 CMOS 相机配备一个 20mm 的固定焦距镜头。高速 CMOS 在满幅分辨率 1280×1024 像素下，相机帧频设为 200 帧/s，高速 CMOS 相机之间的交向角为 60°左右。

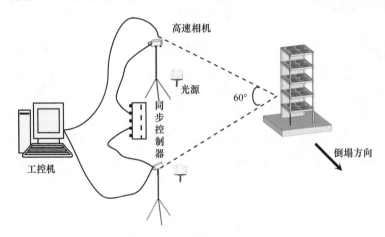

图 9-1-2　高速视频测量系统网络布设

9.1.3　数据结果与分析

1. 精度验证分析

本次实验以 M_2 模型为例对实验中的跟踪点三维坐标计算精度进行了对比分析。实验布设的点标志包括控制点和跟踪点。控制点共计 32 个点，分布在建筑模型的后面钢管和前方模型底座上面，实验前，控制点和跟踪点的初始静态坐标由全站仪精确测定。

在上述 32 个控制点中选择 10 个均匀离散分布的控制点作为光束法平差中的控制点真值，另选 8 个不同于上述 10 个控制点作为检查点以验证物方坐标解算的精度。表 9-1-1 描述了分别通过全站仪测量和高速视频测量获取的 8 个检查点的 X，Y 和 Z 方向的坐标差值比较，在 X，Y 和 Z 方向的 RMS 值分别为 0.43mm，0.87mm 和 0.65mm，均位于 1mm 以内。

表 9-1-1　全站仪测量和高速视频测量获取的 8 个检查点对比表

点号	全站仪测量			高速视频测量			差值/mm		
	X	Y	Z	X	Y	Z	DX	DY	DZ
JG003	500.4164	994.6923	103.7466	500.4159	994.6935	103.7476	0.5	−1.2	−1
JG011	500.4110	994.6898	102.3452	500.4105	994.6907	102.3454	0.5	−0.9	−0.2
JG018	500.4443	994.6840	100.9443	500.4441	994.6847	100.9442	0.2	−0.7	0.1
JG006	500.7620	993.4031	102.9601	500.7624	993.4039	102.9612	−0.4	−0.8	−1.1
JG010	500.7588	993.4009	102.2612	500.7594	993.4017	102.2621	−0.6	−0.8	−0.9
JG007	500.4281	994.6882	103.0496	500.4279	994.6892	103.0494	0.2	−1.0	0.2
JG015	500.4185	994.6908	101.6493	500.4183	994.6913	101.6498	0.2	−0.5	−0.5
JG014	500.7604	993.3959	101.2920	500.7598	993.3968	101.2921	0.6	−0.9	−0.1
RMS							0.43	0.87	0.65

另外，对全站仪获取的 8 个检查点在 X、Y 和 Z 方向两两做差，获取了 28 个差值结果，同理，高速视频测量获取的 8 个检查点在 X、Y 和 Z 方向两两做差，获取了 28 个差值结果，二者之间的差值能反应结构倒塌过程的测量精度。图 9-1-3 显示了 28 个差值在 X、Y 和 Z 方向的曲线变化图，在 X、Y 和 Z 方向的 RMS 值分别是 0.61mm、0.29mm 和 0.62 mm。

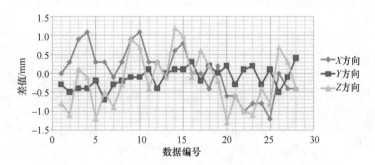

图 9-1-3　28 个差值结果在 X、Y 和 Z 方向的曲线变化图

2. 单片墙和破坏柱模型实验结果分析

由于实验模型周围没有足够的目标物可以布设控制点，所以本次实验中，我们采用在建筑模型的背面布设静态钢管结构和正面增加临时目标物的方法实现控制点的布设。M_1 模型布设有 10 个跟踪点，分别位于模型的两侧，如图 9-1-4 中 P_1-P_{10} 点。控制点布设共结 32 个，分布在模型后面的钢管和柱子上以及模型前面的底座和临时目标物上，其中图 9-1-4 标记十字形状的控制点是参与光束法解算的控制点，共计 10 个，均匀离散分布在模型倒塌的范围内。

图 9-1-4　模型 M_1 视频测量获取的视频序列的初始左右像对及控制点和跟踪点分布图

M_1 模型倒塌的持续时间约为 1.8s，从 M_1 模型玻璃柱发生撞击时获取有效影像序列 350 对，以反映 M_1 模型的整个倒塌过程，图 9-1-5 描述了 M_1 模型的整个倒塌过程，包括第 1 帧、100 帧、200 帧、250 帧、275 帧、300 帧、310 帧、330 帧和第 350 帧的右相机影像序列。

图 9-1-5　M_1 模型倒塌过程图

　　实验中共包括 10 个跟踪点，在本节中，以 P_1 点为例，描述了单点的跟踪点位移、速度和加速度变化信息。图 9-1-6 描述 P_1 点在 X、Y 和 Z 方向的位移曲线变化图。从此图中，我们可以发现 M_1 模型倒塌过程中位移发生的主要方向是 Y 和 Z 方向，且位移量呈逐渐增加的趋势。图 9-1-7 描述 P_1 点在 X、Y 和 Z 方向的速度曲线变化图。通过此图，可以发现在模型触地前速度变化呈逐渐增大的趋势，且在增大的过程中存在细微的波动，原因是在倒塌的过程，跟踪点所在的位置发生了断裂。图 9-1-8 描述了 P_1 点在 X、Y 和 Z 方向的加速度曲线变化图。因为在速度的变化过程中，由于断裂的原因，P_1 点的速度存在波动，由此导致在倒塌的过程中，加速度的变化呈正负变化，但是整体呈增大的趋势，且在模型触地时，加速度发生了巨大的变化。

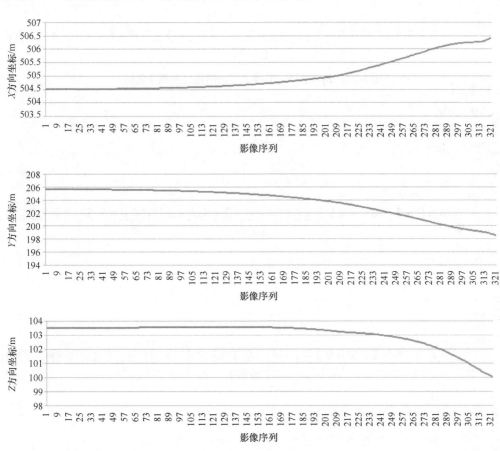

图 9-1-6　P_1 点在 X、Y 和 Z 方向的位移曲线变化图

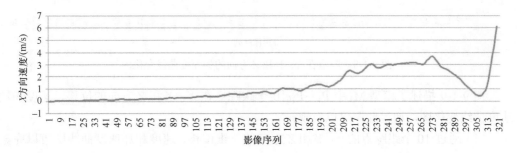

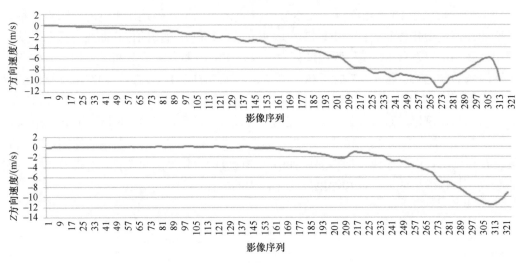

图 9-1-7 P₁ 点在 X、Y 和 Z 方向的速度曲线变化图

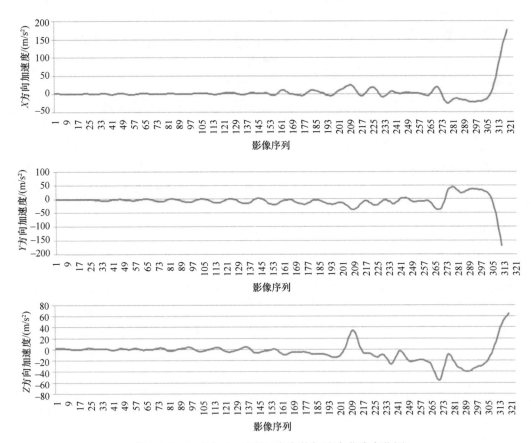

图 9-1-8 P₁ 点在 X、Y 和 Z 方向的加速度曲线变化图

图 9-1-9 描述了模型 M₁ 中 P₁～P₁₀ 10 个跟踪点在 X、Y 和 Z 方向的位移、速度和加速度曲线变化图，通过此图可以发现：

（1）通过 10 个跟踪点的 X，Y 和 Z 方向的三维位移、速度和加速度曲线图可以完整的反应结构倒塌的整个过程；

（2）10 个跟踪点在位移、速度和加速度变化上具有总体一致的变化趋势，而且 P_1～ P_5 点具有更一致的变化趋势，P_6～P_{10} 具有更一致的变化趋势；

（3）通过速度和加速度曲线中的峰值变化，可以得出 M_1 模型倒塌过程 10 个关键点在倒塌过程中发生多次断裂；

（4）M_1 模型倒塌过程中有一次剧烈的断裂与碰撞，导致速度和加速度在 1.5s 左右发生了剧烈变化。

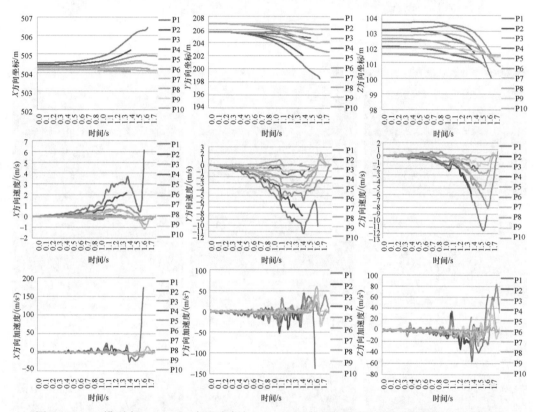

图 9-1-9　M_1 模型中 P_1～P_{10}10 个跟踪点在 X、Y 和 Z 方向的位移、速度和加速度曲线变化图

3. 单片墙和破坏墙模型实验结果分析

与 M_1 模型相似，M_2 模型的背面采用布设静态钢管结构和正面增加临时目标物的方法实现控制点的布设。控制点布设共结 32 个，分布在模型后面的钢管和柱子上以及模型前面的底座和临时目标物上，其中图 9-1-10 标记十字形状的控制点是参与光束法解算的控制点，共计 10 个，均匀离散分布在模型倒塌的范围内。M_2 模型布设有 10 个跟踪点，分别位于模型的两侧，如图 9-1-10 中 P_1～P_{10} 点。

M_2 模型整个倒塌过程持续约 2s，从 M_2 模型玻璃墙发生撞击时选取有效影像为 400 张，以反映 M_2 模型的整个倒塌过程，图 9-1-11 描述了 M_2 模型的整个倒塌过程，包括第 1 帧、100 帧、200 帧、225 帧、250 帧、275 帧、300 帧、350 帧和第 400 帧的左相机影像序列。

图 9-1-10　模型 M₂ 视频测量获取的视频序列的初始左右像对及控制点和跟踪点分布图

图 9-1-11　M₂ 模型倒塌过程图

　　M₂ 模型实验中共包括 10 个跟踪点,在本次实验中,我们以 P_1 点为例,描述单点的跟踪点位移、速度和加速度变化信息。图 9-1-12 描述了 P_1 点在 X, Y 和 Z 方向的位移曲线变化图。从此图中,我们可以发现 M₂ 模型倒塌过程中位移发生的主要方向是 X 和 Z 方向,且位移量在模型触地前呈逐渐增加的趋势。图 9-1-13 描述了 P_1 点在 X, Y 和 Z 方向的速度曲线变化图,在速度曲线变化的过程中有两个突变,第一个的原因是模型在 170 帧的时候发生了一次巨大的断裂,另一个原因是模型触地时发生的剧烈碰撞,其间由于细微断裂的原因，速度变化具有一定的波动。图 9-1-14 描述 P_1 点在 X，Y 和 Z 方向的加速度曲线变化图，最明显的特征是在触地时加速度发生了巨大的突变，且在 170 帧的时候也有较大的突变。

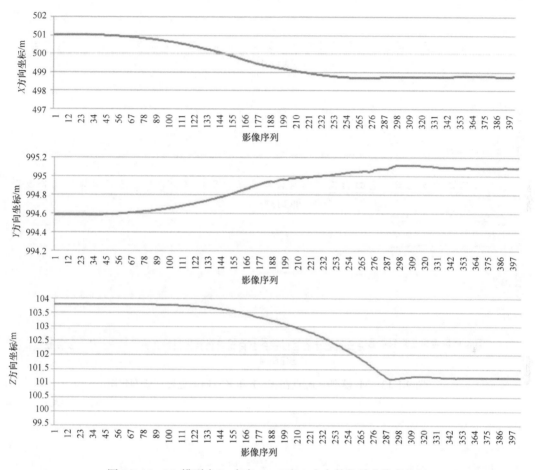

图 9-1-12　M_2 模型中 P_1 点在 X，Y 和 Z 方向的位移曲线变化图

图 9-1-15 描述了模型 M_2 中 $P_1 \sim P_{10}$ 10 个跟踪点在 X，Y 和 Z 方向的位移、速度和加速度曲线变化图，通过此图可以发现：

（1）通过 10 个跟踪点的 X，Y 和 Z 方向的三维位移、速度和加速度曲线图可以完整的反应结构倒塌的整个过程；

（2）10 个跟踪点在位移、速度和加速度变化上具有总体一致的变化趋势，而且 $P_1 \sim P_5$ 点具有更一致的变化趋势，$P_6 \sim P_{10}$ 具有更一致的变化趋势；

（3）通过速度和加速度曲线中的峰值变化，可以得出 M_2 模型倒塌过程 10 个关键点在倒塌过程中发生多次断裂；

（4）M_2 模型倒塌过程中有两次剧烈的断裂与碰撞，导致速度和加速度在 0.8s 和 1.3s 发生了剧烈变化。

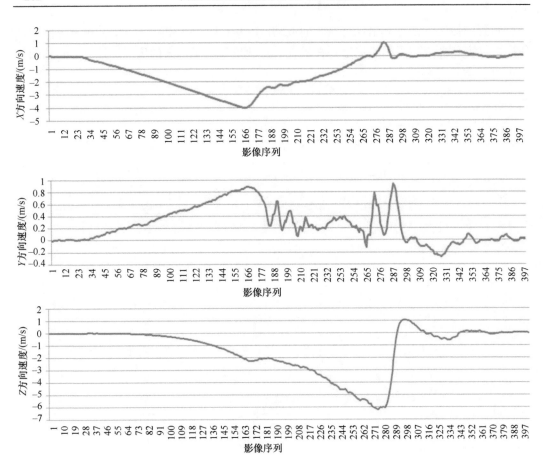

图 9-1-13　M_2 模型中 P_1 点在 X，Y 和 Z 方向的速度曲线变化图

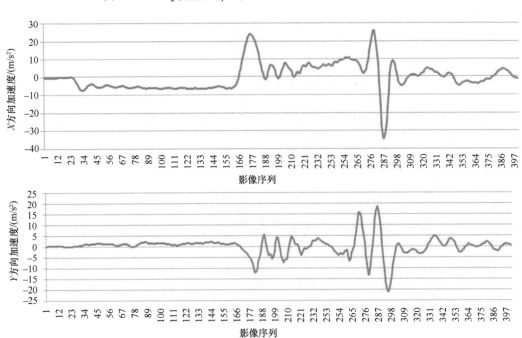

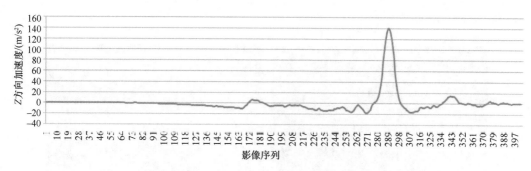

图 9-1-14　M_2 模型中 P_1 点在 X，Y 和 Z 方向的加速度曲线变化图

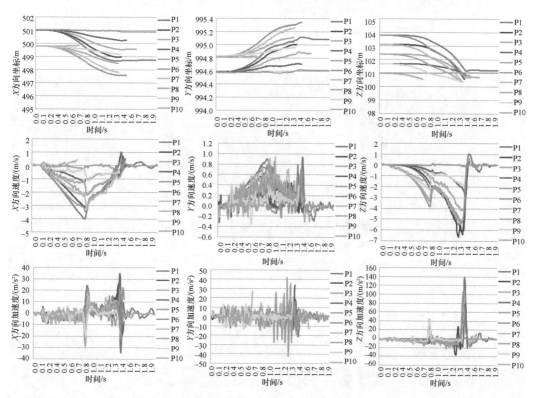

图 9-1-15　M_2 模型中 $P_1 \sim P_{10}$ 10 个跟踪点在 X，Y 和 Z 方向的位移、速度和加速度曲线变化图

4. 交叉墙和破坏墙模型实验结果分析

与 M_1 模型和 M_2 模型相似，M_3 模型的背面采用布设静态钢管结构和正面增加临时目标物的方法实现控制点的布设。控制点布设共结 31 个，分布在模型后面的钢管和柱子上以及模型前面的底座和临时目标物上，其中图 9-1-16 标记十字形状的控制点是参与光束法解算的控制点，共计 10 个，均匀离散分布在模型倒塌的范围内。M_3 模型布设有 10 个跟踪点，分别位于模型的两侧，如图 9-1-16 中 $P_1 \sim P_{10}$ 点。

M_3 模型整个倒塌过程持续约 2.5s，从 M_3 模型发生撞击时选取有效影像为 500 张像对，以反映 M_3 模型的整个倒塌过程，图 9-1-17 描述了 M_3 模型的整个倒塌过程，包括第 1 帧、100 帧、200 帧、250 帧、300 帧、350 帧、400 帧、430 帧和 460 帧的右相机影像序列。

图 9-1-16 模型 M_3 视频测量获取的视频序列的初始左右像对及控制点和跟踪点分布

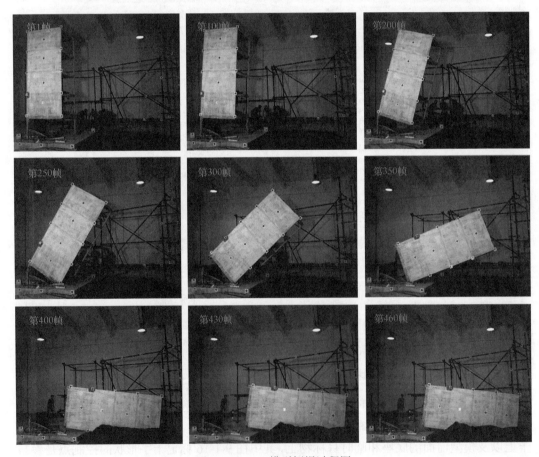

图 9-1-17 M_3 模型倒塌过程图

实验中共包括 10 个跟踪点，在 M_3 模型实验中，我们以 P_1 点为例，描述了单点的跟踪点位移、速度和加速度变化信息。图 9-1-18 描述 P_1 点在 X, Y 和 Z 方向的位移曲线变化图，从此图中，我们可以发现 M_3 模型倒塌过程中位移发生的主要方向是 Y 和 Z 方向，且位移量在模型触地前呈逐渐增加的趋势。图 9-1-19 描述 P_1 点在 X, Y 和 Z 方向的速度曲线变化图，中间突变是 M_3 模型触地的时刻。图 9-1-20 描述 P_1 点在 X，Y 和 Z 方向的加速度曲线变化图，中间突变是 M_3 模型触地的时刻。

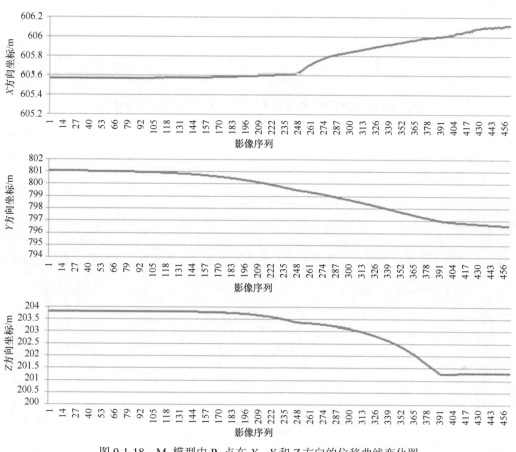

图 9-1-18 M_3 模型中 P_1 点在 X，Y 和 Z 方向的位移曲线变化图

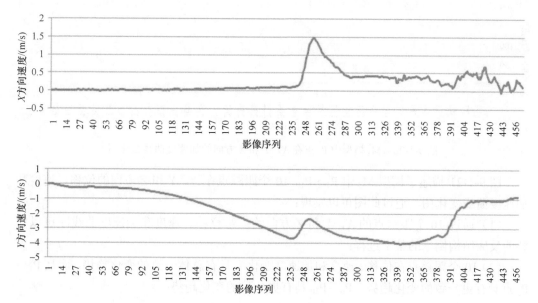

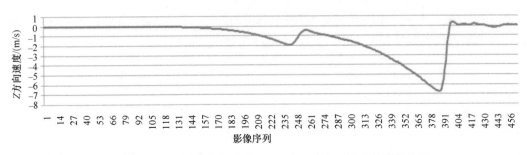

图 9-1-19　M_3 模型中 P_1 点在 X，Y 和 Z 方向的速度曲线变化图

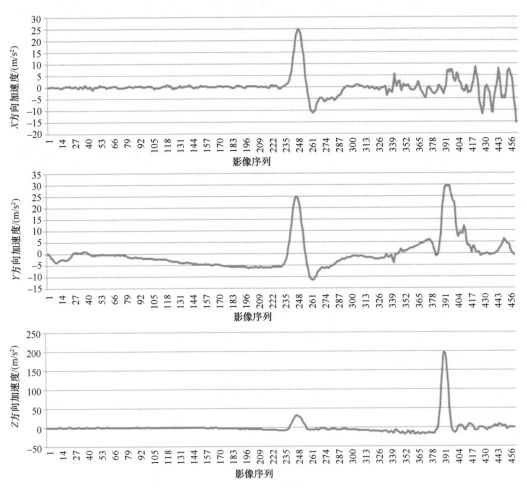

图 9-1-20　M_3 模型中 P_1 点在 X，Y 和 Z 方向的加速度曲线变化图

图 9-1-21 描述了模型 M_3 中 P_1～P_{10} 10 个跟踪点在 X，Y 和 Z 方向的位移、速度和加速度曲线变化图，通过此图可以发现：

（1）通过 10 个跟踪点的 X，Y 和 Z 方向的三维位移、速度和加速度曲线图可以完整的反应结构倒塌的整个过程；

（2）10 个跟踪点在位移、速度和加速度变化上具有总体一致的变化趋势，而且 P_1～P_5 点具有更一致的变化趋势，P_6～P_{10} 具有更一致的变化趋势；

（3）通过速度和加速度曲线中的峰值变化，可以得出 M_3 模型倒塌过程 10 个关键点在倒塌过程中发生多次断裂；

（4）M_3 模型倒塌过程中有两次剧烈的断裂与碰撞，导致速度和加速度在 1.1s 和 1.9s 左右发生了剧烈变化。

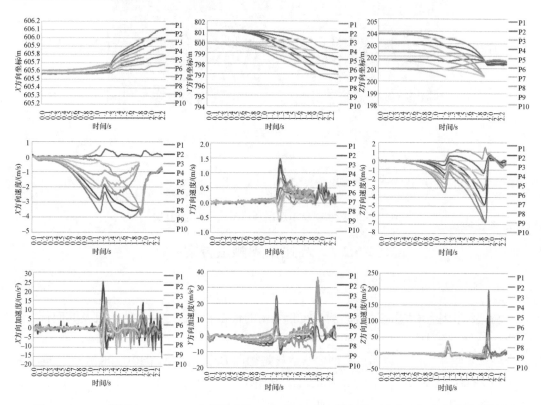

图 9-1-21　M_3 模型中 $P_1 \sim P_{10}$ 10 个跟踪点在 X，Y 和 Z 方向的位移、速度和加速度曲线变化图

9.2　桁架倒塌实验高速视频测量

9.2.1　实验背景与模型设计

本实验在同济大学嘉定校区地震工程馆室内进行，实验模型为平面桁架结构，将其固定在红色的钢架里面，并在两侧布置有机玻璃，如图 9-2-1 所示。模型高度为 450mm，跨度为 4000mm。

本次共进行了四组倒塌实验，四种桁架结构具有相同的几何尺寸，不同之处仅在于节点处（焊接、铰接和刚接）的构造以及加载方式的不同。如图 9-2-2 所示，实验中由破断处断开，导致桁架结构后续的连续破坏。破断处采用特殊的强磁装置，由强大的磁力保持杆件的连接（破断前该斜腹杆是由中间断开的），破断时通过断电，强磁装置磁力消失，杆件由于内力作用立刻分开，由此引发整个桁架结构后续连续的破坏。实验中位移测点布置于桁架模型的节点和杆件的跨中位置。对于初始破断腹杆，分别设置位移测点于破断位置的两侧。

图 9-2-1　桁架结构模型

图 9-2-2　桁架模型示意图（该图由赵宪忠提供）

9.2.2　高速视频测量方案

1. 实验仪器和设备

桁架结构连续倒塌高速视频测量实验采用的仪器和设备包括高速相机及其配件、镜头、全站仪、三脚架、棱镜、照明设备和人工标志。

（1）实验采用的高速相机有两台，型号是德国 Basler ACA 2040-180KM 大分辨率高速相机。Basler ACA 2040-180KM 是德国 Basler 公司采用最新 CMOS 四百万像素传感器芯片研制的产品，具有高分辨率和高帧频的特点。

（2）高速图像采集存储系统配备的高速图像采集卡是 microEnableIV-AD4 图像采集卡。microEnableIV-AD4 图像采集卡是德国 SiliconSoftware 公司提供的一种高性能图像采集卡，标准 CameraLink 接口，可以实现实时无压缩采集存储数据，速度达到 800MB/s，且无丢帧和错帧现象。

（3）考虑到玻璃的反光，实验是选择在晚上进行的，完全使用人工光源，采用的是两部捷图 DESISTI LEONARDO FRESNEL 800W 卤钨聚光灯作为光源。

（4）实验中人工标志有控制点和跟踪点两种。根据相机到目标物的距离，控制点外圆直径设计为 30mm 和 40mm 两种（近距离的控制点选择外圆直径为 30mm 的标志，远距离的选择外圆直径为 40mm 的标志），内环直径分别为 10mm 和 5mm，经打印裁切后粘贴在钢管上。跟踪点外圆直径设计为 30mm，经打印裁切后粘贴在桁架节点上。

（5）实验中采用的全站仪的是 SOKKIA SET230R 电子全站仪，角度测量精度是 1″，距离测量精度是 ±1 mm/km。

2. 高速视频测量网络布设

本次实验高速视频测量系统主要包括一台主控笔记本电脑，两台高速相机，两套高速图像采集存储系统和四根相机电缆线，高速相机通过相机电缆线与高速图像采集存储系统相连，实现实时采集存储视频影像，如图 9-2-3 所示。两台高速相机型号为 ACA 2040-180KM，满幅分辨率为 2048×2048 像素，帧频设为 180 帧/s。两台相机的摄影基线长度为 6.6m，相机到桁架平面的垂直距离为 5.5m，交向角设计为 62°，拍摄范围约（5×3）m²。

图 9-2-3　高速视频测量网络布设图

一般地，高速视频测量中相机的视场范围越小，获取的目标点的三维坐标的精度越高，所以相机成像范围一般设为略大于被测物的宽度，由此导致没有足够的位置用来布设控制点。在本次实验中，采用在桁架前面和后面布设钢管结构，在钢管上布设控制点，具体的布设如下：

利用地震工程馆实验室内的卯孔，将竖向钢管插在里面，然后在竖向钢管之间布设横向钢管。横向钢管总共有 5 根，分别距离地面 0.6m、1.2m、1.8m、2.4m 和 3m，从前往后逐渐升高，呈梯次分布。实验室内的卯孔是固定的，每排距离 0.6m，在桁架平面前面 1m 的地方开始有卯孔，依次选择了 2 排，最前面的一排只单独插入一根钢管，此时已经接近两个相机视场交界的临界点（从后面实验获得的图片可以看到，在接近临界点的地方若是相机的朝向没有调好，很容易成像在像片的边缘处），最后一排是在桁架平面的后面，距离桁架平面 1.2m，竖向钢管总共有 3 排（如图 9-2-4 所示红色圆圈代表竖向钢管，蓝色阴影区域表示两相机视场里可以布设钢管的重合区域）。在最后一排钢管后面是一个大的钢架，无法在后面继续布设钢管，而在桁架前面加设钢管则必须加大相机到桁架之间的距离，这样将导致整体精度的下降，所以最终只布设 3 排钢管，均匀布设有 13 个控制点，如图 9-2-5 所示。

9.2.3　结果与分析

1. 桁架倒塌实验结果

本次总共进行了四组倒塌实验，四种桁架结构具有相同的几何尺寸，不同之处仅在于节点处（焊接、铰接和刚接）的构造以及加载方式的不同。4 组实验结构的连续倒塌时间均比较短，不足 1s，以第一组实验为例，整个连续破坏时间约 0.6s。图 9-2-6～

图 9-2-9 展示了其破坏过程，在第 3860 帧时破断开始；第 3920 帧时，可以看到破断处的两根短杆的距离增大了很多，中间向下塌陷；在第 3980 帧时，模型整个结构基本已经破坏；第 4040 帧时，整个模型结构已经没有太大变化。对跟踪点进行了编号，第一组实验对应图 9-2-10，后三组实验对应图 9-2-11。结果如图 9-2-12～图 9-2-23 所示，其中坐标系为右手三维空间坐标系，X 轴方向垂直桁架平面朝外，Y 轴方向水平向右，Z 轴方向竖直向上。需要指出的是，在第二组实验过程中，由于高速相机出故障，桁架模型开始破坏后有约 0.5s 的图像没有捕捉到，所以图 9-2-15 所示的 X 只有约 0.6s 的数据；采用另外一台摄像机的数据通过基于单台摄像机进行目标点面内位移的测量方案进行 Y 和 Z 方向数据的近似拼接，由于该摄像机为普通摄像机（该摄像机获取的影像如图 9-2-5 所示），采集帧频为 25 帧/s，高速相机的采集帧频为 180 帧/s，所以拼接后的图 9-2-16 和图 9-2-17 后部分散点图比前半部分的要稀疏。

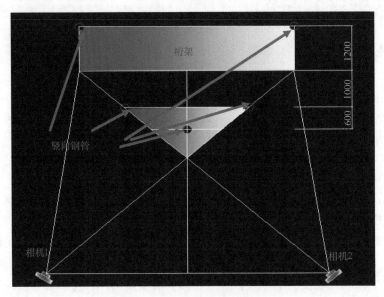

图 9-2-4 竖向钢管布置示意图

图 9-2-5 控制点布置图

图 9-2-6　第一组实验第 3860 帧立体影像对

图 9-2-7　第一组实验第 3920 帧立体影像对

图 9-2-8　第一组实验第 3980 帧立体影像对

图 9-2-9　第一组实验第 4040 帧立体影像对

图 9-2-10　第一组实验跟踪点的编号　　　　图 9-2-11　第二至第四组实验跟踪点的编号

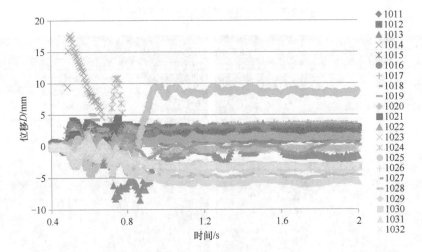

图 9-2-12　第一组 X 方向的位移时程曲线

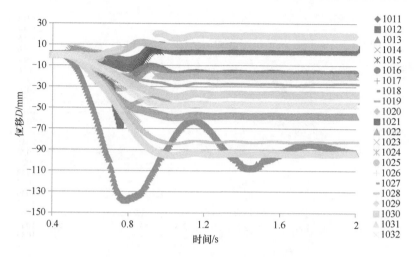

图 9-2-13　第一组 Y 方向的位移时程曲线

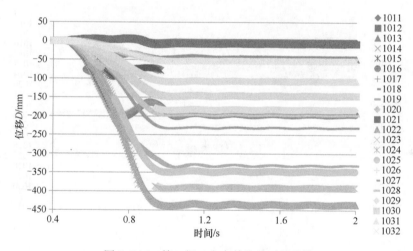

图 9-2-14　第一组 Z 方向的位移时程曲线

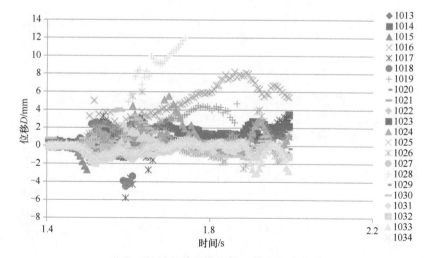

图 9-2-15　第二组 X 方向的位移时程曲线

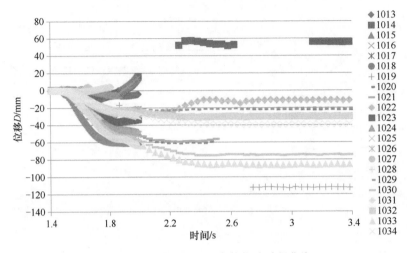

图 9-2-16　第二组 Y 方向的位移时程曲线

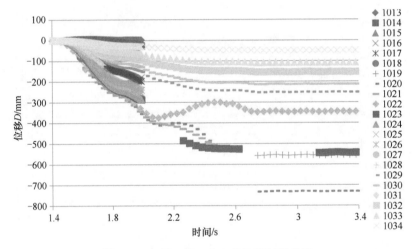

图 9-2-17　第二组 Z 方向的位移时程曲线

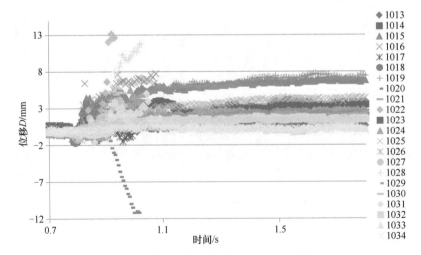

图 9-2-18　第三组 X 方向的位移时程曲线

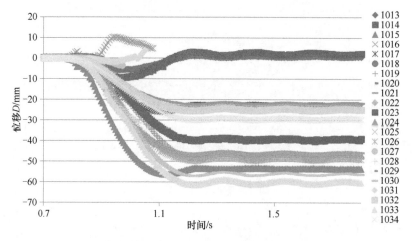

图 9-2-19　第三组 Y 方向的位移时程曲线

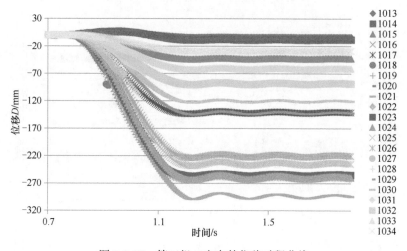

图 9-2-20　第三组 Z 方向的位移时程曲线

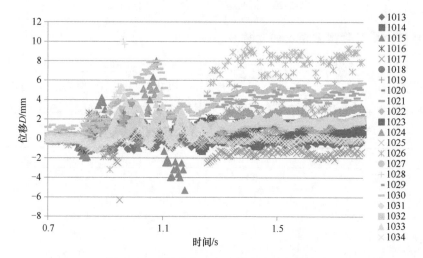

图 9-2-21　第四组 X 方向的位移时程曲线

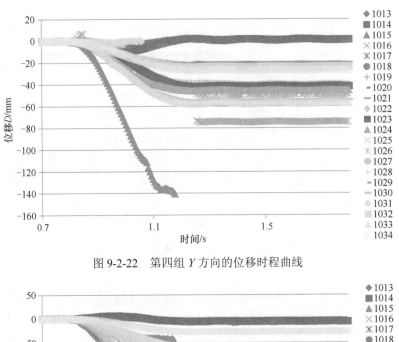

图 9-2-22　第四组 Y 方向的位移时程曲线

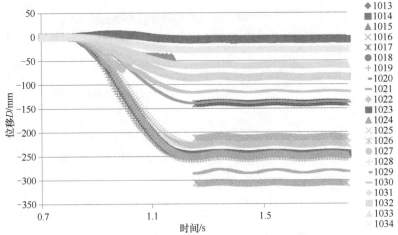

图 9-2-23　第四组 Z 方向的位移时程曲线

2. 桁架倒塌实验测量精度的分析与总结

本实验的精度结果如表 9-2-1 所示。四组实验整体精度都较好，竖向平面的绝对精度除了第一组实验之外，其他三组都在 1mm 以内，第四组精度最高。四组实验影像如图 9-2-24～图 9-2-27 所示，第二组实验采用普通摄像机获取的影像如图 9-2-28 所示。

表 9-2-1　桁架倒塌实验测量精度

	第一组	第二组	第三组	第四组
最大中误差 X/mm	2.13	1.73	1.09	0.78
最大中误差 Y/mm	1.15	0.92	0.62	0.42
最大中误差 Z/mm	1.05	0.85	0.56	0.38
最小中误差 X/mm	1.64	1.44	0.85	0.64
最小中误差 Y/mm	1.03	0.85	0.51	0.37
最小中误差 Z/mm	0.87	0.73	0.44	0.32

图 9-2-24　第一组实验立体影像对

图 9-2-25　第二组实验立体影像对

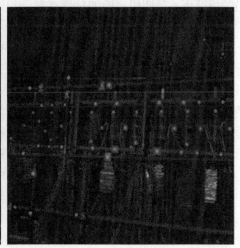

图 9-2-26　第三组实验立体影像对

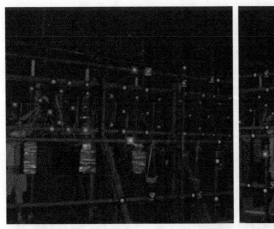

图 9-2-27　第四组实验立体影像对

图 9-2-28　第二组实验普通摄像机获取的影像

在测量模型形状一致（只是节点连接的细微差别），采用的相机设备相同，控制点精度相当的情况下，第四组实验的精度在第一组的精度上提高了一倍，下面将对这四组实验精度进行详细分析。

（1）第一组与第二组相比，第一组 X 方向的精度比第二组的精度要差，主要原因是第一组实验中，最前排的两个控制点太靠近影像边缘，畸变差较大。在第二组实验中，相机的角度略微的调整后，使得最前排的两个控制点远离影像边缘，减小这两个控制点的畸变差。第一组实验中相机的曝光值设置为 1000，在手工选择控制点时，发现控制点的提取精度不高，所以在后续的三组实验中相机的曝光值都设置为 900，影像的成像质量比第一组实验要好，所以第二组实验在竖向平面内 Y 和 Z 的坐标精度也比第一组的要好。

（2）第二组与第三组相比，第三组整体的精度要好于第二组，主要原因是第三组实验中整体的亮度较一致，人工提取控制点和跟踪点的精度好于第二组，使得最终目标点的三维坐标计算精度好于第二组。尽管实验设计时，人工光源的位置是确定的，但是实际操作时人工灯的高度，叶片的朝向很难精确控制。若要获得更均匀的照明效果，需要采用多台照明设备从不同的角度进行照射，从而解决照明不均匀的问题。

（3）第三组与第四组相比，第四组整体的精度要略好于第三组。在测量模型形状一样，采用的测量设备相同的情况下，第四组整体的精度在第三组之上有所提高，应该是受测量环境温度的影响。第三组实验是在 8 月中旬做的，实验室的温度在 37℃以上，第四组实验是在 9 月中旬做的，实验室的温度在 10℃左右。高速相机的成像传感器在低温下的成像质量要明显好于高温下的成像质量，此外全站仪在低温下测量钢管上的控制点的精度也会好于在高温下进行测量的精度（钢管的热胀冷缩效应很明显，实验是在晚上做的，从测完控制网到正式做倒塌实验需要 2～3h，温度的变化将会影响测量控制网的精度）。

9.3　网壳结构连续倒塌高速视频测量

9.3.1　实验背景与模型设计

本实验使用高速视频测量技术对单层网壳结构倒塌进行监测，该结构模型如图 9-3-1 所示。该模型为最为常见的 Kewitte 型网壳，其内力将均匀分布在各球状节点与杆件处。鉴于实验环境、制作工艺、机械条件等限制，网壳模型的直径被设计为 4.2m。该模型由 37 个焊接节点球和 132 根连接杆件组成，并且这些直径为 60mm 的焊接节点球被用来连接杆件和配重块。在实验过程开始阶段，网壳的破断处将触发整个结构的连续倒塌。在其倒塌的过程中，需要精确地量测各焊接节点球的球心位移。因此，本实验设计了一种特制的人工标志和相关的解析算法以处理上述内部点位测量难题。

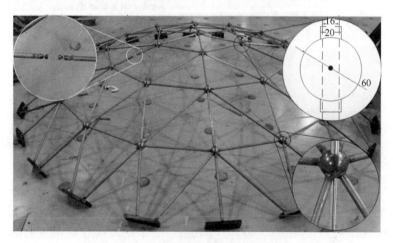

图 9-3-1　网壳结构模型图（单位：mm）

9.3.2　高速视频测量方案

1. 实验实施步骤

在本次实验中，为了达成测量节点球心的目的，需要制定一个严格的实验实施方案（图 9-3-2），其方案描述如下：①安装高速相机及其配套设备并同时固定高速相机的焦距，这是为了确保相机的内方位元素在实验过程中始终不变；②利用全站仪测量各球状节点的表面点位坐标，每个节点所要量测的表面点位个数尽可能多且分布均匀，其目的是为了高精度拟合节点的球心初始坐标；③安装目标点标志和控制点标志并用全站仪测量控制点坐标，其目的在于建立局部物方坐标系；④利用高速相机同步采集一段影像，其目的在于解算相机的外方位元素，同时此段影像也被用来解算目标点标志上各圆心的初始三维坐标；⑤在网壳上添加配重块，此过程将花费大约半个小时的时间，并且加载配重块后，整个网壳将会产生微小位移；⑥启动网壳破断装置，六台高速相机需记录下实验倒塌的全部过程。在后续数据处理中，利用第 3 步中的相机外方位元素可解算目标点在每一时刻的三维空间坐标，再凭借目标点标志初始坐标和节点球心初始坐标可求解球状节点球心各个时刻的三维空间坐标，最后通过坐标差来获取球心的位移数据。在整个实验过程中，高速相机需要保持稳定不动以确保其内外方位元素不会改变。

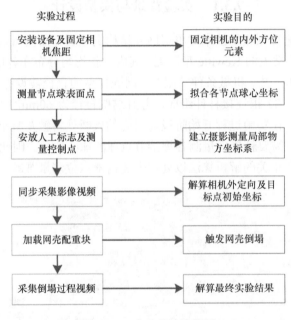

图 9-3-2　实验实施流程图

2. 摄影测量网络构建

图 9-3-3 展示出了网壳倒塌实验的高速相机传感器网络。在该传感器网络中，高速相机是由 Optronis 公司生产的 CL600×2 型相机，它采用最新的 CMOS 传感器制造，具有高帧频、高灵敏度等优点。该款相机可以采集 1280×1024 像素的灰度图像，且帧频高达 500 帧/s。在该实验中，六台高速相机被放置在周围的脚手架上，以此形成多相机立体摄影测量方式向下拍摄整个网壳，进而监测网壳的形态变化。

本实验设计了两种人工标志：控制点标志和目标点标志。如图 9-3-4 所示，控制点标志由白色圆和黑色边界组成，在圆的中心位置增加十字丝与内圆设计，这样便于反射片的贴放；目标点标志有多个白色圆，较大白色圆作为跟踪目标点，而较小白色圆上贴放反射片以辅助物方坐标系的建立，此种标志的特殊设计方式使解算节点内部球心坐标成为可能。

图 9-3-3 高速相机传感器网络视频测量

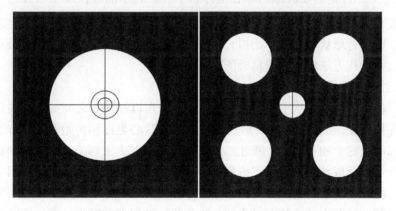

图 9-3-4 控制点标志（左）和特殊设计的目标点标志（右）

3. 位移估计

在网壳连续倒塌实验中，数据处理主要由以下六个步骤构成：①通过平面检校算法获取相机的内方位元素和镜头畸变参数；②在序列影像中进行同名匹配和目标跟踪匹配；③利用同名点像点坐标和相对应的控制点信息进行光束法平差，求取各相机的外方位元素；④通过前方交会获取人工标志点的三维空间坐标；⑤通过球面拟合和局部坐标转换模型解求各帧节点球心的三维空间坐标；⑥通过坐标差解求球心的时程位移。以下将详细阐述球心位移的估计方法。

1）球面拟合

在实验的开始阶段，需通过全站仪获取球状节点的表面点位坐标，这些点位坐标被用来拟合节点球面，在拟合球心坐标时至少需要四个球表面点，由于本次实验中实测的表面点远远多于四个，因此需进行最小二乘平差解算。

$$F\left(X_B, Y_B, Z_B, R\right) = \left(X - X_B\right)^2 + \left(Y - Y_B\right)^2 + \left(Z - Z_B\right)^2 - R^2 = 0 \qquad (9\text{-}3\text{-}1)$$

$$V_F = \frac{\partial F}{\partial X_B}\mathrm{d}X_B + \frac{\partial F}{\partial Y_B}\mathrm{d}Y_B + \frac{\partial F}{\partial Z_B}\mathrm{d}Z_B + \frac{\partial F}{\partial R}\mathrm{d}R + F\left(X_B^0, Y_B^0, Z_B^0, R^0\right) \qquad (9\text{-}3\text{-}2)$$

其中
$$
\begin{cases}
\dfrac{\partial F}{\partial X_B} = 2X_B - 2X \\[2mm]
\dfrac{\partial F}{\partial Y_B} = 2Y_B - 2Y \\[2mm]
\dfrac{\partial F}{\partial Z_B} = 2Z_B - 2Z \\[2mm]
\dfrac{\partial F}{\partial R} = -2R
\end{cases}
$$

公式（9-3-2）是将球面方程（9-3-1）对未知数进行微分线性化。在上述方程中，(X,Y,Z) 是球状节点表面点的三维地面坐标，$\left(X_B^0, Y_B^0, Z_B^0, R^0\right)$ 是初始的球心坐标和半径，(X_B, Y_B, Z_B, R) 是需要解求的球心坐标和半径。为了能够在最小二乘迭代计算过程中获得收敛且准确的结果，需要一个较为准确的初值。因此可先从中随机挑选四个点通过克莱姆法则进行球状节点的初始拟合，解算出球心坐标和半径的初值。最后，通过上述的最小二乘迭代方法能够获取精确的球心坐标。

2）球心位移估计

由于目标点标志与球状节点形成一个刚体，故可以视两者之间的相对关系在网壳倒塌过程中保持不变。在实验之前，通过节点拟合的球心坐标和初始人工标志上的四个圆心坐标可以确定这个相互关系。通过三维重建可以解算人工标志目标点的坐标，并且通过球面拟合可以获取球心的初始三维坐标，因此目标点标志与球状节点的相互关系可以由此确定。在网壳倒塌后续的序列影像中，每解算出人工标志上的四个圆心坐标便可以推算出该时刻球状节点球心的三维坐标。这个解算过程可以视为一个三维空间坐标转换问题，即将初始帧的节点位置作为基准，后续各帧的节点位置相对于初始帧的位置进行三维空间坐标转换参数求解，然后通过该节点球心的初始坐标和转换参数即可求解出后续各帧的球心坐标，其示意图见图 9-3-5。

$$\mathbf{H} = \begin{bmatrix} X_i \\ Y_i \\ Z_i \end{bmatrix} - \begin{bmatrix} \Delta X_i \\ \Delta Y_i \\ \Delta Z_i \end{bmatrix} - \mathbf{M}\begin{bmatrix} X_0 \\ Y_0 \\ Z_0 \end{bmatrix} = 0 \qquad (9\text{-}3\text{-}3)$$

$$\begin{bmatrix} X_B^i \\ Y_B^i \\ Z_B^i \end{bmatrix} = \begin{bmatrix} \Delta X_i \\ \Delta Y_i \\ \Delta Z_i \end{bmatrix} + \mathbf{M}\begin{bmatrix} X_B \\ Y_B \\ Z_B \end{bmatrix} \qquad (9\text{-}3\text{-}4)$$

公式（9-3-3，9-3-4）是六参数坐标转换模型，其中 (X_0, Y_0, Z_0) 是初始帧的目标点坐标，(X_i, Y_i, Z_i) 是后续各帧的目标点坐标，$(\Delta X_i, \Delta Y_i, \Delta Z_i)$ 是两个坐标系的位移参数，是两个坐标系之间的尺度参数，$\mathbf{M}$ 是坐标旋转矩阵，(X_B, Y_B, Z_B) 是初始球心的三维坐标，$\left(X_B^i, Y_B^i, Z_B^i\right)$ 是解求的各帧球心的三维坐标。这上述的解算过程中，同一标志上的四个目标点需经过重心化来形成局部坐标系。

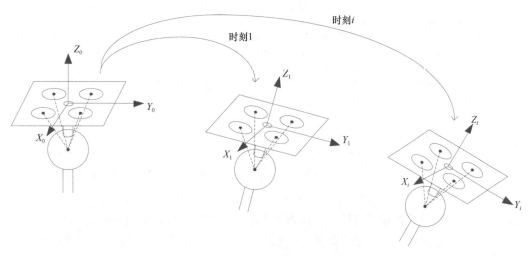

图 9-3-5　节点球心空间坐标求取示意图

通过上述步骤，可以解求各帧时刻下的节点球心坐标。因此后续时刻的球心坐标与初始时刻的球心坐标的差值即为球心的位移结果。

9.3.3　结果与分析

在正式实验之前，需通过小型的测试实验来验证本方法的可靠性。如图 9-3-6 所示，按照真实的球状节点结构制作了一个简易的结构模型。在测试实验中，该结构在双相机视野中共被测量 9 次，在此过程中，节点球心坐标可直接通过球面拟合进行求解。此外，当某一个节点球心坐标作为初始条件时，其他八个节点球心坐标可同时通过空间坐标转换方法进行求解，因此通过两种方式结果的对比，可验证球心的定位精度。如表 9-3-1 所示，一号球心坐标被作为初始条件来求解其他八个球的球心坐标，其中解算值是由算法求解获取，真实值是通过全站仪测点来直接球面拟合获取的。由此可见，节点球心的定位精度可达 1mm 左右。

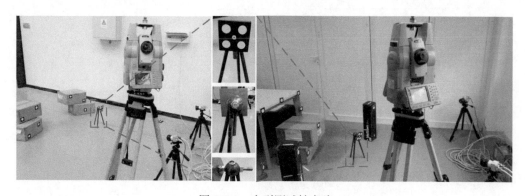

图 9-3-6　小型测试性实验

表 9-3-1 球心定位坐标差异值

	解算值（本书方法）			真实值（全站仪）				差异值/mm		
	XA/m	YA/m	ZA/m	X/m	Y/m	Z/m	半径/mm	ΔX	ΔY	ΔZ
1	—	—	—	1000.9695	600.6252	1.894	29.7	—	—	—
2	1001.4626	600.5365	1.8949	1001.4627	600.536	1.895	29.8	−0.1	0.5	−0.1
3	1001.421	600.6667	1.8953	1001.4216	600.665	1.8954	29.6	−0.6	1.7	−0.1
4	1001.2632	600.9423	1.8957	1001.2638	600.9423	1.8955	29.3	−0.6	0	0.2
5	1001.5223	600.9537	1.8957	1001.5229	600.953	1.8953	29.5	−0.6	0.7	0.4
6	1001.4313	600.6059	1.8952	1001.4329	600.6048	1.8945	30.0	−1.6	1.1	0.7
7	1001.465	600.2722	1.8941	1001.4638	600.2702	1.894	29.7	1.2	2	0.1
8	1001.396	600.459	1.8946	1001.3958	600.4571	1.8947	30.3	0.2	1.9	−0.1
9	1001.1669	600.5781	1.8942	1001.1658	600.5773	1.8939	29.7	1.1	0.8	0.3
RMS								0.89	1.28	0.32

在正式实验中，控制点坐标由 NET05AX 型全站仪量测，其测点精度可达 0.5mm。所量测的控制点可分为两个部分，一部分用于相机外方位元素的求解，另一部分可作为检测点验证本方法目标定位的精度。如表 9-3-2，解算值是通过本书中前方交会获取的，真实值是通过全站仪直接测量获取的，可见其差异值能达到亚毫米级。此外，通过前述实验实施及数据处理过程，可获得网壳关键节点球心的位移结果，本次实验最为关注的是各节点在垂直方向（即 Z 方向）的位移，从该位移时程曲线上可看出球状节点在不同时刻的倒塌顺序与运动形态。另外，在该实验中依然可以提供出各节点在 X 方向和 Y 方向的时程曲线图。其中，网壳球状节点的分布图如图 9-3-7，部分位移结果如图 9-3-8 和图 9-3-9。

表 9-3-2 检验点坐标差

No.	解算值（前方交会）			真实值（全站仪）			差异值/mm		
	XA/m	YA/m	ZA/m	X/m	Y/m	Z/m	ΔX	ΔY	ΔZ
1	199.9454	505.5623	47.4632	199.9455	505.5622	47.4631	−0.1	0.1	0.1
2	200.4298	506.3743	47.6401	200.4295	506.3744	47.6404	0.3	−0.1	−0.3
3	199.4075	505.8874	47.5369	199.4077	505.8876	47.5367	−0.2	−0.2	0.2
4	198.9183	505.5543	47.3243	198.9181	505.5549	47.3238	0.2	−0.6	0.5
5	198.8394	506.3141	47.5178	198.8398	506.3138	47.5182	−0.4	0.3	−0.4
6	198.2381	506.2667	47.2717	198.2380	506.2669	47.2718	0.1	−0.2	−0.1
RMS							0.24	0.3	0.31

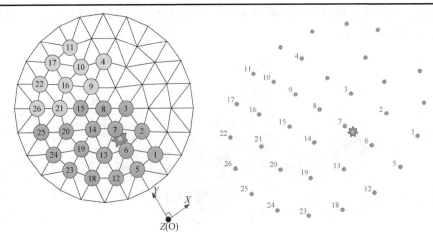

图 9-3-7 网壳球状节点分布图

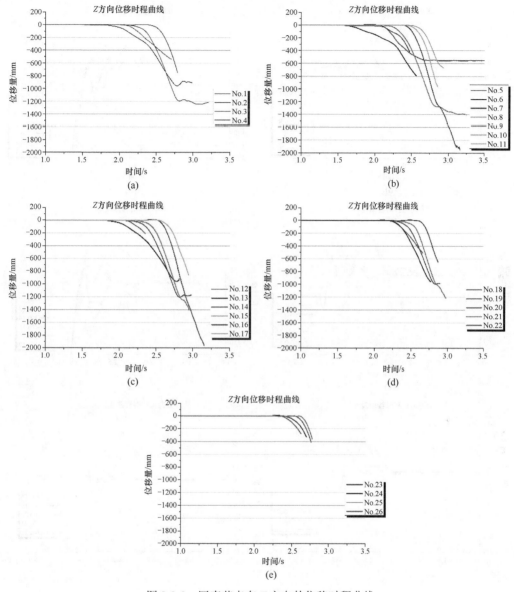

图 9-3-8 网壳节点在 Z 方向的位移时程曲线

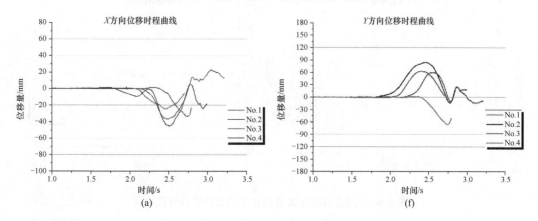

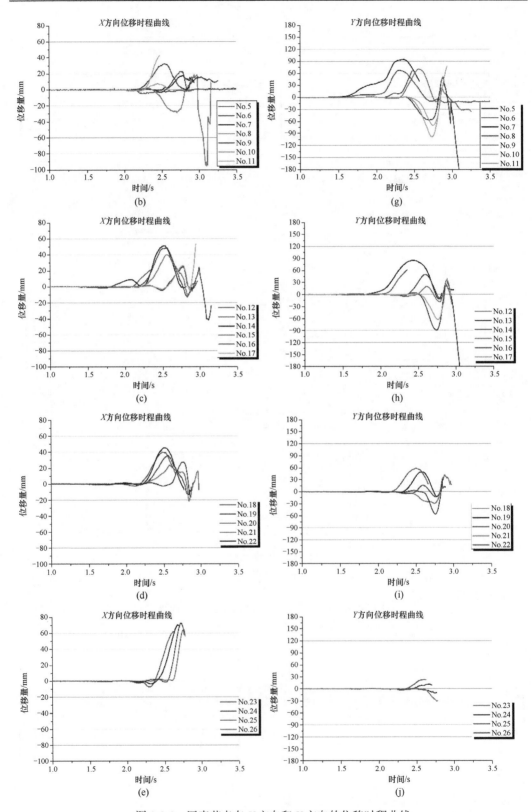

图 9-3-9 网壳节点在 X 方向和 Y 方向的位移时程曲线

第 10 章　高速视频测量在结构表面场形变监测中的应用

10.1　岩石单轴受压断裂的表面位移场量测

10.1.1　实验背景与模型设计

本实验对象是单轴压缩测试的岩石试样块，由医用石膏和水按照一定的比例混合制作而成，经过模具加工成为一个边长为 70mm 的立方体。为了满足测量的需求，需要喷涂散斑来增加观测点位。如图 10-1-1 所示，为了增加特征信息，散斑影像的生成是非接触式光学应用中最为简单的方式。具体过程如下：①试样块的观测表面需进行打磨至平整；②在观测表面喷涂白色的哑光漆，并进行风干；③在观测表面随机并均匀地喷洒黑色哑光漆或黑色墨水，以此来形成散斑影像。其中，哑光漆的作用是为了克服光反射造成的影像质量退化问题。因此，黑白散斑影像能够提高影像对比度与影像匹配精度。此外，由于大部分测试性实验于室内完成，因此卤素灯可作为人工灯源来提高影像的拍摄质量。

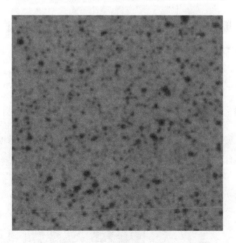

图 10-1-1　材料表面的散斑纹理

10.1.2　高速视频测量方案

1. 实验仪器和设备

砌体墙模型高速视频测量实验采用的仪器和设备包括高速相机及其配件、镜头、交换机、三脚架、全站仪、照明设备、主控电脑和人工标志。

（1）实验采用的高速相机共两台，型号为 CP80-4-M-500，在满幅分辨率（2304×1720）下最高采集帧频为 500 帧/s。

（2）高速图像采集卡是 MicroEnable 5 A/VQ8-CXP6D 图像采集卡，接口为 PCI-EX8，板载内存为 1GB，支持 CoaXPress 接口相机。

（3）实验工况在室内进行，照明设备为捷图 DTR-800W 柔光灯。

（4）实验采用 Halcon 标定板（图 10-1-2），点位阵列数为 7×7，边长为 80mm，制作精度优于 0.01mm。

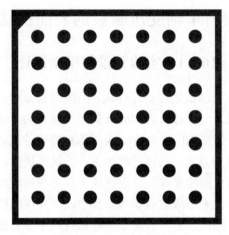

图 10-1-2　Halcon 标定板

2. 高速视频测量网络布设

实验由两台高速相机组成的双目视觉测量系统测量岩石材料在单轴压缩下的三维形态变化。其中，高速相机的满幅分辨率为 2304×1720 像素，采集帧频为 400 帧/s。并且，为了减少影像畸变，每台高速相机配备 50mm 的定焦镜头。此外，岩石材料样本被制作成边长 70mm 的正方体。实验现场观测情况如图 10-1-3，两台高速相机成交向摄影测量方式，同时后方的高功率卤素灯对实验对象进行补光，保证影像的拍摄质量。

图 10-1-3　高速相机采集的原始影像图

10.1.3 结果与分析

立体标定过程中,相机的反投影误差约为 0.1~0.2 像素,且目标的三维定位精度为 0.02mm。如图 10-1-3 所示,物方坐标系的坐标轴方向依照右手坐标系设定,且 *XY* 平面平行于岩石表面。在后续的数据处理中,目标点的采样间隔为 5 像素。

通过目标跟踪和匹配,可以获得二维位移场结果。为了评估算法性能,从原始影像中裁剪部分形变区域作为解算对象。如图 10-1-4(a)和(b)所示,不同尺寸的固定窗口导致了不同的匹配结果。小尺寸窗口导致了影像的误匹配,而大尺寸窗口导致了位移结果的平滑。因此,传统的固定窗口匹配策略无法获取精确且细微的位移结果。然而,本书介绍的自适应窗口匹配策略能够解决上述难题。如图 10-1-4(c)所示,根据设定的信息熵阈值,每个目标点能够在特定条件下获取最佳窗口,并获得精确的位移值。

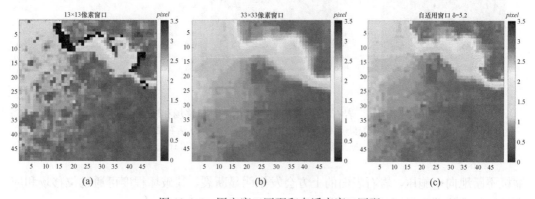

图 10-1-4 固定窗口匹配和自适应窗口匹配
(a)小尺寸固定窗口匹配结果;(b)大尺寸固定窗口匹配结果;(c)自适应窗口匹配结果

通过三维重建可获取目标材料在任意时刻下的点云数据。如图 10-1-5 所示,从三维点云数据中也可直观地看出岩石表面发生的三维形变状态。根据本书前述的形变场计算,可以计算出目标材料在任意时刻下的三维位移场和应变场。如图 10-1-6 所示,随着单轴压

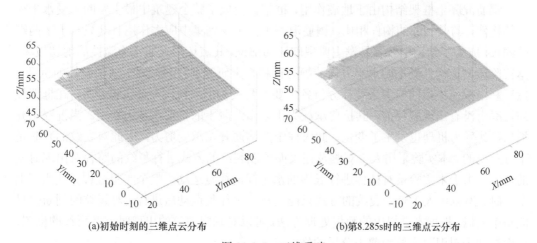

(a)初始时刻的三维点云分布   (b)第8.285s时的三维点云分布

图 10-1-5 三维重建

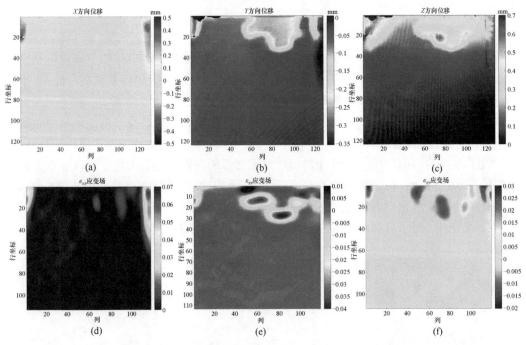

图 10-1-6　岩石表面在第 4000 帧的三维位移场和应变场

（a）岩石表面 X 方向位移场；（b）岩石表面 Y 方向位移场；（c）岩石表面 Z 方向位移场；
（d）岩石表面 ε_{XX} 应变场；（e）岩石表面 ε_{YY} 应变场；（f）岩石表面 ε_{XY} 应变场

缩机不断地向下施压，岩石表面的上方会发生明显断裂，其破坏程度可通过位移场和应变场进行准确的定量评估，为土木工程领域提供重要的实验依据。

10.2　钢筋混凝土柱抗剪实验中的裂纹检测与特征提取

10.2.1　实　验　背　景

钢筋混凝土框架结构由于地震作用，框架柱变成了整个建筑中最主要的承受水平荷载的构件，与其相邻的构件相比，钢筋混凝土由于受到集中应力作用且其只有上下两端的约束，成为了结构中较容易发生典型破坏的部位，其破坏形式通常为脆性的剪切破坏。本实验通过让构件受不同水平方向的静力位移，来研究其在斜截面上剪切破坏的机理，然后利用数值模拟的模型来统计分析各主要参数及其可靠性。大量实验表明，在框架柱的混凝土没有出现裂纹前，其抗剪承载力主要由混凝土的抗剪承载力决定。当混凝土开裂后，其受力机理也发生了变化，此时柱中的箍筋开始承受剪力，因此对裂纹的判断是十分重要的。本实验采用人工观测及在表面绘制裂纹的方式进行裂纹的路径及出现时刻的判定。由于本实验是对柱体进行低周的水平横向往复运动，整个实验过程长达六、七个小时。所以由人工查看裂纹的方式只能是在一个往复运动后进行，对裂纹的判断也只能是个大概。根据本书提出的数据处理方法，可以对确定裂纹的出现时刻及裂纹的位置，从而有助于对混凝土柱受剪力分析的修正。

10.2.2　高速视频测量方案

如图 10-2-1 为本实验的现场布置图，采用 ARAMIS 4M rev03 系统进行测量。ARAMIS 是一套非接触的 3D 变形测量系统，系统中采用一对分辨率为 2200×2752 像素的 CMOS 相机，两台相机以及两盏 LED 实验样本照明灯都设在同一根杠上，且在本实验中相机的拍摄频率为 1/10（即每 10s 拍一帧）。在实验过程中，钢筋混凝土杠在外部框架作用下在水平方向做低周往复运动，此时主控电脑则控制立体相机同步拍摄影像序列。

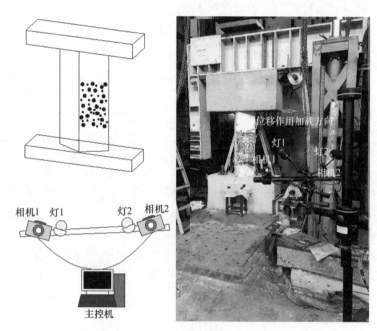

图 10-2-1　高速视频测量网络示意图（左）及现场图（右）

10.2.3　结果与分析

在获取的影像数据中抽取一个加载周期作为主要分析数据，共 86 帧图像，以第 1 帧作为参考图像，如图 10-2-2 所示。

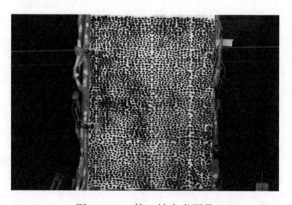

图 10-2-2　第 1 帧参考图像

1. 随时间变化的表面位移场计算结果与分析

取柱顶中点作为观察对象，应用最小二乘跟踪与匹配方法便可以得到柱顶中点的位移变化如图 10-2-3 所示。从图中可知，实验过程中以 X 方向的位移为主，结合柱顶中点的位移图及图像数据，把第 1 帧图像作为参考图像，第 2 帧到第 25 帧（即在 10～240s）柱顶位移在测量平面内往左运动，在第 26 帧（250s）达到左边最大位移处，第 27 帧到第 33 帧（260～320s）往右运动，到第 34 帧（330s）达到右边最大位移处，第 35 帧到第 56 帧（340～550s）往左运动，在第 57 帧（560s）又处于左边位移最大点，第 58 帧到第 79 帧（570～780s）往右运动，到第 80 帧（790s）又达到了右边最大位移处，第 81 帧到第 86 帧（800～850s）往左运动如表 10-2-1 所示。

表 10-2-1　柱顶施加的顶部位移方向表

	第2～26帧 （10～250s）	第27～34帧 （260～330s）	第35～57帧 （340～560s）	第58～80帧 （570～790s）	第81～86帧 （800～850s）
施加位移方向	⇐	⇒	⇐	⇒	⇐

选取图 10-2-3 中第一个运动周期的第 7、17、26、27、34、36 帧（即 60s、160s、250s、260s、330s、350s）来进行位移场的计算，其 X，Y 方向的位移演化如图 10-2-4、10-2-5 所示。用三个方向位移的平方根作为合位移得到的合位移场如图 10-2-6 所示。综合分析图 10-2-4～图 10-2-6，X 方向以向右为正，Y 方向以向上为正，随着钢筋混凝土柱顶所加位移荷载向左逐渐增大，柱表面 X 方向位移场也逐渐增大，且位移从柱顶到柱底逐渐减小，从左到右是分布均匀的；Y 方向位移场也逐渐增大，柱顶到柱底分布均匀，

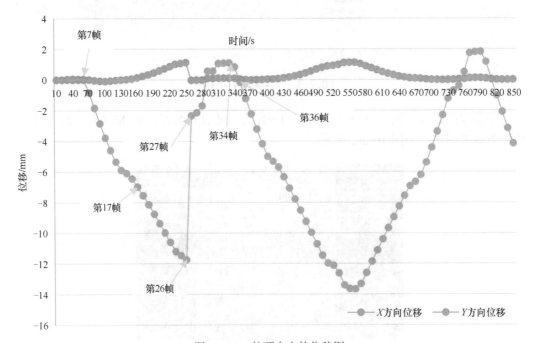

图 10-2-3　柱顶中点的位移图

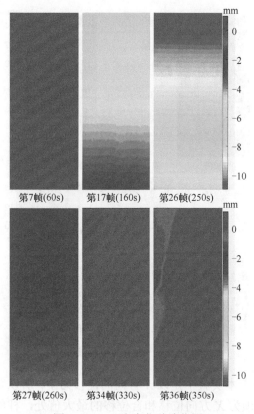

图 10-2-4　X 方向位移演化图

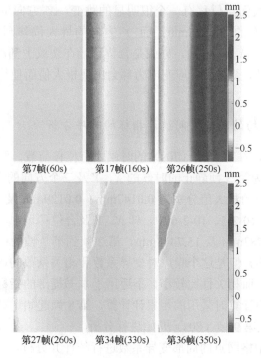

图 10-2-5　Y 方向位移演化图

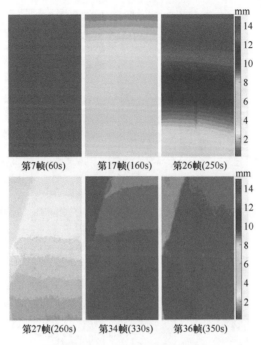

第7帧(60s)　　　第17帧(160s)　　　第26帧(250s)

第27帧(260s)　　　第34帧(330s)　　　第36帧(350s)

图 10-2-6　合方向位移演化图

从左到右逐渐增大。由于本实验中是以 X 方向的位移为主，所以合位移演化图与 X 方向相似。在第 26 帧，柱顶为 X 方向位移和合位移的最大值处，柱的右侧为 Y 方向的最大位移处。随着在第 27 帧中裂纹的出现，混凝土的抗剪能力大大减弱，如图 10-2-3 所示，在裂纹开裂前后，柱表面点位移有一个很明显的跳变，X 方向位移最大位移从向左的 11.7746mm 变为了向左的 3.0528mm；而 Y 方向的最大位移则从 3.1140mm 变为了 0.3459mm。而且无论是 X、Y 方向，亦或是合位移场在裂纹上都出现了明显的分界线。由于裂纹尖端的奇异性，裂纹尖端应变应力都会出现极大值而使得其表面位移场出现了不连续的现象。

2. 基于表面位移场的局部空间统计指标的时序分析

由图 10-2-3 所示，在第 8 帧（70s）的时候才有位移荷载，测量表面在这之前是静止的，如图 10-2-7 中为第 3 帧静止的时候的 X、Y 及三个方向的合位移场，在 X、Y 及合位移场中，位移量值的最大值分别为 0.0147mm、0.0129mm 及 0.1024mm。在运动的影像中，如图 10-2-4、10-2-5、10-2-6 中，即 X、Y 及合位移场中，位移量值的最大值分别为 11.7772mm、2.9783mm 及 15.7448mm。第 2 帧到第 7 帧的位移相对于运动过程中很小，测出来的是噪声，但是这个噪声对变异系数和相关系数的影响却很大，随机产生的噪声变异性比较大，而相关性比较小，不适用于本书提出的指标进行计算，为了排除前几帧的干扰，又因为计算时采用的是累计计算，第 8 帧起始运动位移又比较小，对第 8 帧会产生影响，故从第 9 帧（80s）开始进行分析。

对时间序列影像中格网点的局部变异系数进行统计并分析，当计算区域的边长 l 为 8 个像素、阈值 T=0.008 时，其大于 T 的个数在 80～850s 变化如图 10-2-8 所示；对点的相关系数进行计算，当计算区域的边长 1 为 8 个像素，阈值设为 0.99995 时，其小于阈值的个数在 80～850s 变化如图 10-2-9 所示。

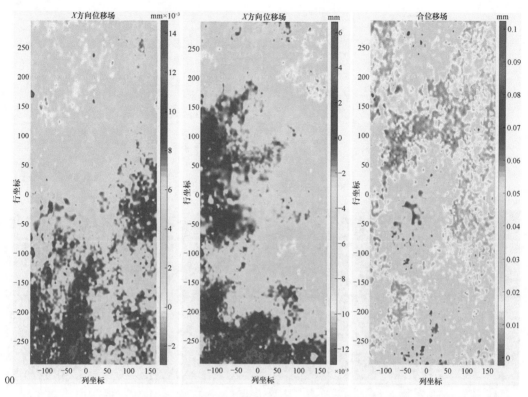

图 10-2-7　第 3 帧的 X、Y、合位移场图

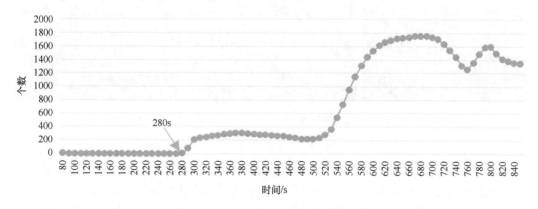

图 10-2-8　在 80～850s 内变异系数统计值随时间变化曲线图

随着裂纹的开裂，变异系数大于阈值的个数和相关系数小于阈值的个数也逐渐增加，然后会有一段平稳段，则上升段的起始时间便可以作为裂纹开裂时刻。由获得的图像数据中可以看出，在第 27 帧（260s）出现裂纹，对比图 10-2-9 和图 10-2-8，在基于变异系数的统计指标变化图中在第 29 帧（280s）开始上升段，滞后 20s，而在基于相关系数的统计指标变化图中在第 27 帧（260s）开始上升段。故在大位移的变化过程中，

基于相关系数的统计指标对于起裂帧的判断比基于变异系数的统计指标灵敏。

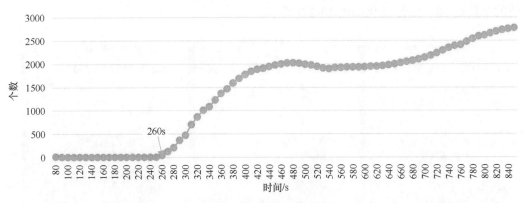

图 10-2-9　在 80～850s 内相关系数统计值随时间变化曲线图

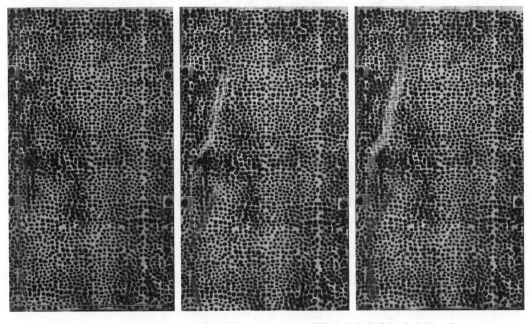

图 10-2-10　第 77 帧手工绘制裂纹图（左）、变异系数异常点的空间分布图（中）、
相系数异常点的空间分布图（右）

把变异系数大于阈值的点与相关系数小于阈值的点分别定义为变异系数异常点与相关系数异常点。在第 77 帧中，变异系数异常点和相关系数异常点在空间的分布如图 10-2-10 所示。左图为手工绘制的裂纹图，对比三幅图可以看出，变异系数异常点和相关系数异常点大多分布在裂纹的周围，其走向与裂纹的走向相同，形成了一个包含裂纹的条带区域，这个条带区域与裂纹发育区极为相似。

变异系数异常点与相关系数异常点空间分布的演化如图 10-2-11、图 10-2-12 所示。由两图中可知，异常点首先出现在柱下端，然后逐渐向上发展，最后形成从测量边缘左侧延伸且沿 Y 方向发展的上下两条点云。这同裂纹的发展趋势很相似，裂纹也是从柱底开始逐渐向上发展。

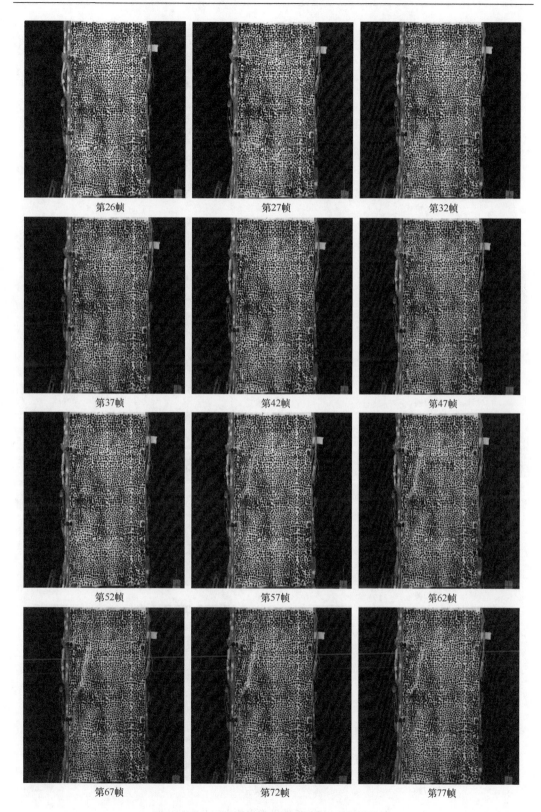

图 10-2-11　变异系数异常点的空间分布演化图

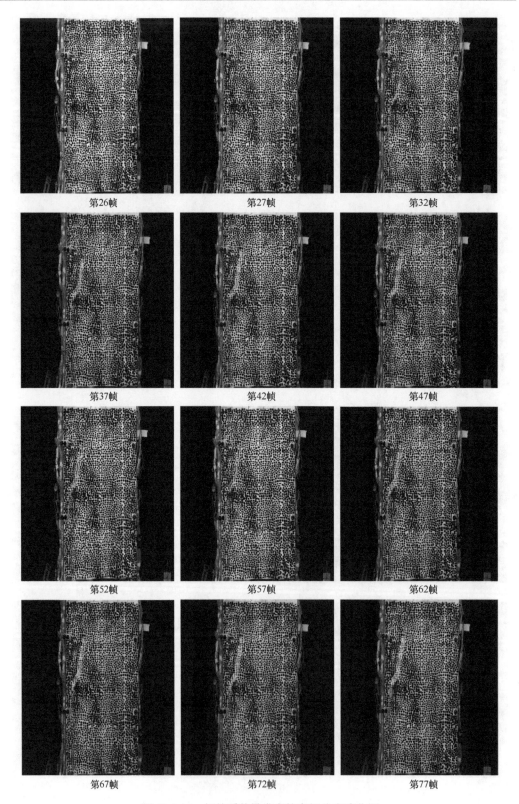

第26帧　　　　　　　　第27帧　　　　　　　　第32帧

第37帧　　　　　　　　第42帧　　　　　　　　第47帧

第52帧　　　　　　　　第57帧　　　　　　　　第62帧

第67帧　　　　　　　　第72帧　　　　　　　　第77帧

图 10-2-12　相关系数异常点的空间分布演化图

3. 裂纹检测与特征提取结果与分析

为了提取主裂纹，以图 10-2-13 红框中的范围来作为裂纹的提取范围，提取的裂纹路径图如图 10-2-14 右图所示，图 10-2-14 左图是人工画的路径图以作对比。由图中可知，当裂纹只是单一的一条时，如图中的上半部分，其检测结果还是可靠的，但是当有两条靠的很近的裂纹时，如图下半部分，则裂纹的路径会有所偏离。

图 10-2-13　裂纹提取范围图

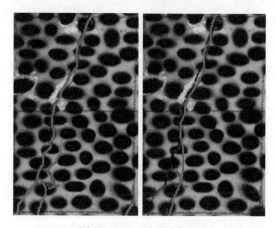

图 10-2-14　裂纹路径图

取裂纹上的点 C（−85.1501，151.6638，62.1675）作横竖两条线，如图 10-2-15，红线为 y=151.6638mm，称为线 R；黄线为 x=−85.1501mm，称为线 Y。在线 Y 上基于点 C 每隔 20mm 取一个点测其在 20s 到 850s 基于 X 方向位移的开展宽度如图 10-2-16 所示，相同的在线 R 上基于点 C 每隔 80 个像素取一个点测其在 20s 到 850s 基于 X 方向位移的开展宽度如图 10-2-17 所示。在图 10-2-15 中，开展宽度最大的线就是裂纹上点 C 的开展宽度，而在图 10-2-17 中，由于对比点可能离裂纹比较近，所以裂纹上点的开展宽度便不太明显了。图 10-2-16 及图 10-2-17 为裂纹时域上的开展宽度图，图 10-2-18、图 10-2-19 为裂纹在空间上的开展宽度图。由图 10-2-18 可知，线 Y 与裂纹的交点只有一个，而在图 10-2-19 中，线 R 与裂纹的交点有两个，由图 10-2-15 可知线 R 在点 C 下方还有一个点位于裂纹上。在图 10-2-18、图 10-2-19 中，在 250s 时未开裂，线上点的开展宽度值是极小的，在 260s 时裂纹点及裂纹附近开展宽度明显增大。

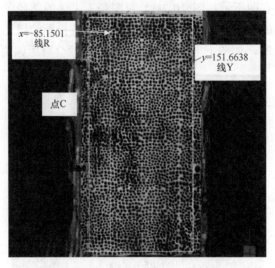

图 10-2-15　　裂纹开展对比点选取图

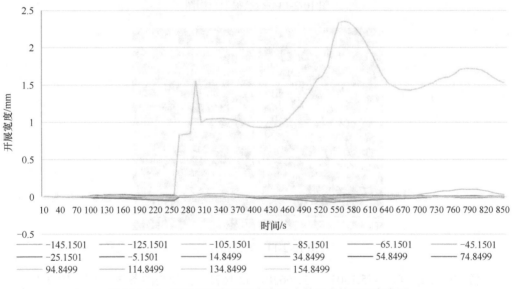

图 10-2-16　　基于 X 方向位移在线 Y 上等距点的开展宽度图

　　而在 Y 方向的位移中，图 10-2-20 中线 Y 上裂纹点处的波动是最大的，而非裂纹上的点变化都十分相似。图 10-2-21 中线 R 上，其开展宽度的变化是比较均匀的，裂纹上的点在 Y 方向位移上随时间变化的开展宽度并没有明显的变化。从图 10-2-22 和图 10-2-23 可以很明显地看出，当裂纹未开裂时（即在 250s 及以前），在线 Y 上和线 R 上点的开展宽度变化不大，而一旦开裂（即在 260s、270s 及以后），裂纹点开展宽度比周围点明显增大。

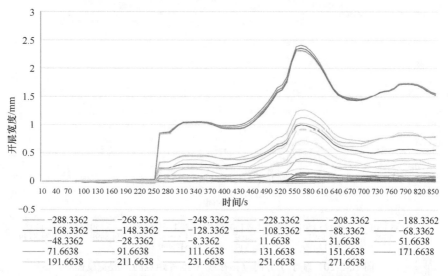

图 10-2-17　基于 X 方向位移在线 R 上等距点的开展宽度图

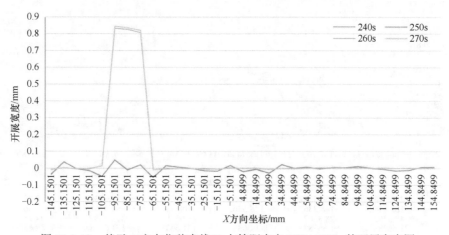

图 10-2-18　基于 X 方向位移在线 Y 上等距点在 240s～270s 的开展宽度图

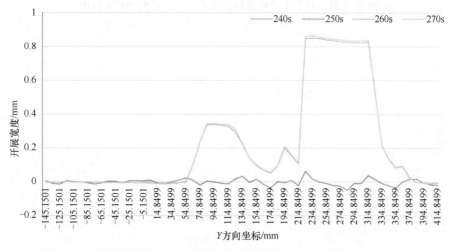

图 10-2-19　基于 X 方向位移在线 R 上等距点在 240s～270s 的开展宽度图

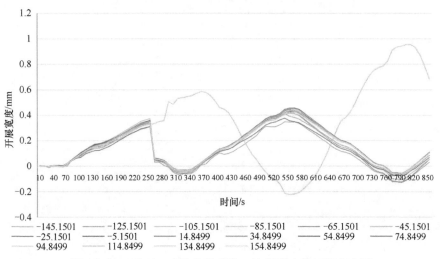

图 10-2-20　基于 Y 方向位移在线 Y 上等距点的开展宽度图

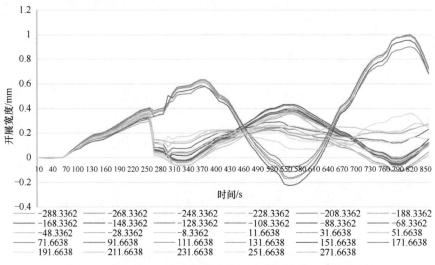

图 10-2-21　基于 Y 方向位移在线 R 上等距点的开展宽度图

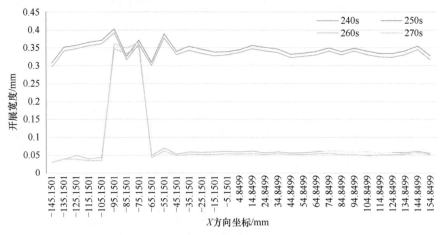

图 10-2-22　基于 Y 方向位移在线 Y 上等距点在第 25～30 帧的开展宽度图

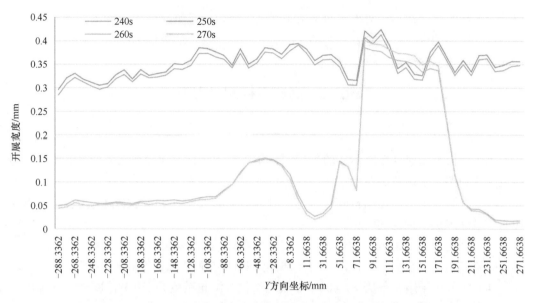

图 10-2-23　基于 *Y* 方向位移在线 R 上等距点在第 25～30 帧的开展宽度图

综上所述，钢筋混凝土柱在受剪开裂时，裂纹上点的开展宽度在时间上会有一个明显的跳变（即开展宽度急剧增大），这与脆性材料发生脆性断裂时的情况是符合的。在空间上，在裂纹点及其周围的一定范围内点的开展宽度会突然增大，而其他地方点的开展宽度会有所减小。

10.3　泥石流模拟冲击下的墙体全场形变监测

10.3.1　实验背景与模型设计

泥石流作为一种常见的地质灾害严重危及周围建筑物和人类生命。为了探讨泥石流冲击下砌体结构的破坏机理，本实验利用不同尺寸与重量的钢球以模拟泥石流冲击砌体墙。如图 10-3-1 所示，实验加载装置采用钢结构，顶部平台高 3.2m，轨道的底部出口高 0.7m，有效滑落高度为 2.5m。为了避免撞击速度的方向与柱的夹角过大，轨道采用

图 10-3-1　泥石流冲击墙体实验模型

双坡，下端的坡度减小，两段之间采用平滑的连接，以避免速度损失过多。为了控制钢球在运行途中的位置，设置直径为 0.5m 的半圆形轨道。墙体的高度为 1.45m，宽度为 1.5m，厚度为 0.24m。

10.3.2　高速视频测量方案

1. 实验仪器和设备

砌体墙模型高速视频测量实验采用的仪器和设备包括高速相机及其配件、镜头、交换机、三脚架、全站仪、照明设备、主控电脑和人工标志。

（1）实验采用的高速相机共两台，型号为 CL600×2，在 Full 模式下全帧率（1280×1024）最高采集帧频是 500 帧/s。

（2）高速图像采集卡是 MicroEnable IV AD4-CL 图像采集卡。

（3）实验工况在室内进行，采用一部捷图 DTW-2000W 卤钨灯进行照明。

（4）实验中采用拓普康 NET05X 三维全站仪，测角精度为 ±0.5°，以索佳反射片为目标，在 200m 范围内测距精度为 ±（0.5mm+1ppm×D）。

2. 高速视频测量网络布设

实验过程两台采样频率为 400 帧/s 的高速相机以交向摄影方式同步观测砌体墙在钢球冲击下的三维动态形变过程。高速相机可以实时拍摄 2304×1720 像素的灰度图像。为了增加相机的视场范围，每个高速相机配备了焦距为 50 mm 的定焦镜头。在该实验中，圆形标志点的用途是辅助局部物方坐标系的建立，而喷涂的散斑图案是为了墙体表面形变的测量。此外，局部物方坐标系的定义如图 10-3-2 所示，所有圆形控制点的坐标由 NET05 型高精度全站仪进行测量，其点位测量精度优于 0.5mm。

图 10-3-2　高速视频测量网络布设图

10.3.3　结果与分析

在相机标定中，检核点像方反投影误差约为 0.05～0.2 像素。此外，利用光束法平差方法求解相机外方元素后，进而获取部分检核点的后方交会坐标，通过与高精度全站仪测量坐标相比，检核点的物方三维定位精度约为 0.2～0.35mm。因此，高速相机的内定向与外定向精度满足本次实验的测量精度要求。两台高速相机采集的立体原始影像如图 10-3-3 所示，本实验采用规则格网法选择散斑点位，网格步长（采样间隔）是 5 像素。

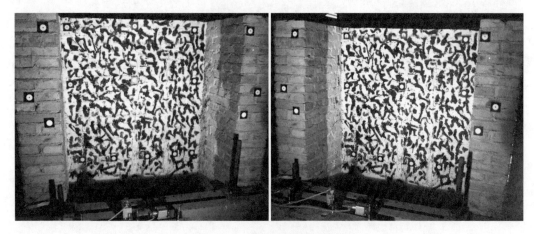

图 10-3-3　高速相机拍摄影像

通过影像序列三维重建，每一对立体影像都可以生成该时刻的墙体表面三维模型。如图 10-3-4 所示，墙体的表面模型已用网格规则化，而且可清晰看出墙体表面的略微起伏，即墙体的表面并不是严格平面。

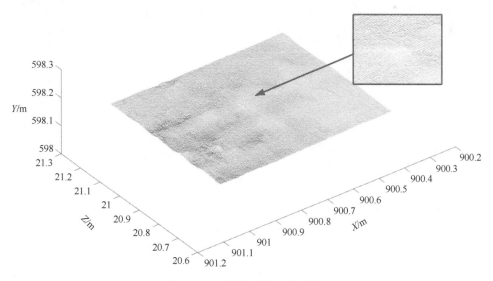

图 10-3-4　墙体表面三维建模

根据本书前述的三维形变参数计算，可以获得墙体在任意时刻下的三维位移场。如图 10-3-5 所示，随着钢球对墙体的冲击，墙体中部将在 Y 方向会有较大的位移变化，而在 X 方向与 Z 方向上的位移量较小，测量结果与实际情况相一致。由于墙体冲击过程的时间历程十分短暂，约为 0.05s，因此高速视频测量技术是目前最为有效的全场形变测量手段。

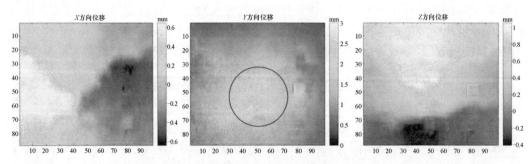

图 10-3-5　砌体墙表面在第 3315 帧的三维位移场

第 11 章　结论与展望

11.1　结　　论

高速视频测量是综合利用近景摄影测量和计算机视觉的优点发展起来的一门新的学科，其最大的优点是能够在一瞬间记录下高速运动物体的空间位置和状态，采用摄影测量解析理论方法获取动态物体的三维空间信息，从而对其稳定性进一步进行定性和定量分析。高速视频测量可以在一秒内获取几百甚至上千张影像，能够更为详细的测量高速动态物体的详细运动轨迹和三维变化。高速视频测量的研究已经在不同领域逐步开展，并开始运用到实际工程中，已成为本领域研究的前沿方向。因此，研究高速视频测量的理论方法和技术，开展实际工程应用，研发自主可控的高速视频测量系统，具有重要的理论意义和实际应用价值。

本书系统研究了高速视频测量原理，高速视频测量理论方法和关键技术，高速视频测量系统硬件集成和软件研发以及在土木工程领域的实践应用。具体来说，主要内容和取得成果如下：

（1）高速视频测量是以非接触的形式获取高速运动目标的海量影像序列数据，并根据近景摄影测量理论和方法分析每张或每对像片中物体目标点的三维空间坐标变化，以确定物体的整体运动状态。高速视频测量从高速相机传感器角度来分，可以分为基于CCD 传感器的高速视频测量和基于 CMOS 传感器的高速视频测量。高速视频测量从高速相机帧频角度来分，可以分为低高速视频测量，中高速视频测量和超高速视频测量。高速视频测量起步于 20 世纪 90 年代，在 21 世纪初随着高速工业相机传感器分辨率和帧频的大幅度提高，得到了迅速发展。目前，高速视频测量已经在土木工程学、考古学、航空学、外科学和工业检查等领域得到了广泛应用和深入研究。高速视频测量已经逐渐成为非接触式高速运动物体三维量测的主流技术。

（2）系统的研究了高速视频测量的原理、理论方法和关键技术。提出了一套系统的基于影像块技术的椭圆形目标点快速识别和跟踪方法，实现海量影像序列椭圆形人工目标点的高效率、高精度识别和定位。提出了一套集成训练数据集构建、基于 Faster-RCNN 的目标识别分类器的训练以及滑动窗口的深度学习方法，自动识别影像序列目标点。设计了一套适用于高速视频测量特点的点分布型编码标志，有效地提高了高速视频测量目标点自动识别、匹配和跟踪的效率，且大大降低了出错的概率，有效地解决了使用人工标志具有相同的大小和颜色以及测量现场复杂背景的局限性。提出了基于规则格网法和特征点识别法的散斑目标点识别与定位方法，提高了散斑目标点识别的精度和效率。提出了将影像序列不同相位像片上的跟踪点纳入到同一"光束"统一平差计算的整体光束法，以高精度解算目标点的三维空间坐标。

（3）构建结合几何约束和统计信息的影像序列左右影像点集配准则，提出了一套基于可信度引导的立体匹配策略和基于灰度相关的立体匹配方法，以实现复杂情况下左右影像目标立体最优匹配。提出了一套基于灰度的亚像素级匹配方法和基于相位相关的亚像素级匹配方法，并构建影像序列目标间的匹配策略和散斑影像序列间的自适应窗口匹配，以实现高效率的前后序列影像目标跟踪。

（4）提出基于整体光束法解算的目标点三维空间坐标的结构形变参数解算模型，获取结构目标点的位移、变形、速度、加速度、频谱和应变等动态响应数据，以分析结构的稳定性。提出基于 Savitzky-Golay 滤波的方法的 7 点和 9 点降噪模型，以消除高速视频测量影像序列采集和动态响应参数解算过程的高频噪声，且最大程度的保留峰值信息，从而为土木结构模型高速振动状态下的机理分析提供更准确的位移、变形、速度、加速度、频谱和应变等重要参数。提出了采用内部极点对称插值进行内插并且用优化策略确保趋势函数和最佳筛选次数的 ESMD 模态分解方法，将原始信号分解为代表不同物理意义的分量。同时，采用直接插值法分析时间频率谱，其不仅能够实现对频率和模态振幅进行描述，还能够对总能量的变化进行描述，以有效的检测结构损伤及受力分析。提出了一套高速视频测量技术实现检测、提取表面裂纹的方法，以获取材料内部裂纹的萌发、扩展、贯通过程，分析结构材料的特性和稳定性。

（5）自主研发了高速视频测量分布式系统，以实现对刚体/类刚体结构（岩土体）实验对象瞬时三维点位坐标、位移、变形、速度、加速度等形变参数的高精度量测，进而解决传统测量手段在结构精密测量中存在量程有限、测量区域小、安装费时费力、增加模型质量、单一维度监测、需稳定安装平台等问题。提出了构建高速视频测量分布式系统的硬件系统的高速相机网络构建、工控机-主控机网络构建和硬件系统需求分析等关键技术。提出了构建高速视频测量分布式系统的软件系统的分布式高速视频测量解析、软件系统需求分析和软件系统加速并行计算等关键技术。详细介绍了高速视频测量的工程设计方案，包括实验实施方案涉及的人工标志选择与制作、控制网布设、相机网络布设、灯源布设等内容，以及数据处理方案设计，主要涉及相机标定、目标识别、目标匹配与跟踪、三维重建等算法执行步骤，从而为拟从事高速视频测量研究和应用的工作者提供帮助。

（6）积极开展和推广高速视频测量在土木工程领域的应用，主要包括如下三类：①高速视频测量在振动台实验的应用，包括多层框架结构抗震稳健性振动台高速视频测量、板式橡胶支座振动台高速视频测量、堰塞湖堆积坝体模型振动台高速视频测量、高层木塔振动台高速视频测量、三层框架振动台分布式高速视频测量、高层建筑振动台高速视频测量和卫星颤振振动台模拟测试高速视频测量等七种不同类型的建筑物模型的振动台实验方法与结果分析；②高速视频测量在结构倒塌实验中的应用，包括钢筋混凝土框架-剪力墙结构连续整体倒塌高速视频测量、桁架倒塌实验高速视频测量和网壳结构连续倒塌高速视频测量等三种不同的类型的结构倒塌高速视频测量方案和结果分析；③高速视频测量在结构表面场形变监测中的应用，包括岩石单轴受压断裂的表面位移场量测、钢筋混凝土柱抗剪实验中的裂纹检测与特征提取和泥石流模拟冲击下的墙体全场形变监测等三种不同类型的散斑高速视频测量实验方案和结果分析。实验结果表明高速视频测量解决了传统接触式传感器难以监测结构连续倒塌整个三维动态变化过程的难题，为土木工程领域结构连续倒塌的动态监测提供了新的思路和监测手段。

高速视频测量具有非接触、高频密集测量和三维量测的优点，其能监测处于高速运动状态下的物体，并获取运动物体的三维动态响应以进行相关结构稳定性分析，已成为一门新兴学科和研究的热点。本书系统地介绍了高速视频测量的原理与方法及关键技术，详细地介绍了在土木工程领域的三类高速视频测量应用，希望从理论方法和实际应用的角度给从事该领域研究的科研工作者提供参考。

11.2　展　　望

高速视频测量具有非接触、快速动态获取被测物体目标点三维空间坐标的优点，具有广阔的发展空间和应用前景。针对高速视频测量的研究也将不断深入，本书对高速视频测量的研究进行了如下展望：

（1）随着科学技术的不断进步，高速视频测量的硬件系统性能也将不断提高，高速相机传感器分辨率和帧频越来越高，数据传输和存储速度越来越快，高速视频测量会朝着更高速化方向发展。高速视频测量获取的数据量会越来越大，海量视频影像数据处理是高速视频测量面临的一个关键技术问题。

（2）高速视频测量的理论技术方法不断改进优化。并行和集群技术应用于高速视频测量已成为一种趋势，海量影像序列处理的精度和效率也将大大提高。同时，现有的目标点识别与提取技术难以在复杂背景的像片中快速、精确的识别目标点，探索一种鲁棒性更强、自动化程度更高的用于复杂背景条件下目标点识别与提取方法也是高速视频测量发展亟需解决的一个关键问题。

（3）随着高速视频测量研究和推广的不断深入，高速视频测量的应用领域将不断扩大，高速视频测量的研究深度也将不断提高，动态、实时的高速视频测量是未来研究的热点和难点。

参 考 文 献

蔡天净, 唐瀚. 2011. Savi tzky-Golay 平滑滤波器的最小二乘拟合原理综述. 数字通信, 38(1): 63-70.

程效军. 2001. 数字近景摄影测量在工程中的应用研究. 上海: 同济大学土木工程学院博士学位论文.

程效军, 胡敏捷. 2001. 数字相机的检校. 铁路航测, 4(4): 12-14.

方留杨, 王密, 李德仁. 2013. 基于 CPU 和 GPU 协同处理的光学卫星遥感影像正射校正方法. 测绘学报, 42(5): 668-675.

冯文灏. 2000. 近景摄影测量的控制. 武汉测绘科技大学学报, 25(5): 453-458.

冯文灏. 2002. 近景摄影测量——物体外形与运动状态的摄影法测定. 武汉: 武汉大学出版社.

高翔, 张涛, 刘毅, 等. 2017. 视觉 SLAM 十四讲. 北京: 电子工业出版社.

耿则勋, 张保明, 范大昭. 2010. 数字摄影测量学. 北京: 测绘出版社.

郭翔, 刘建中, 胡本润, 等. 2014. 细节疲劳额定强度形状参数取值. 航空材料学报, 34(2): 77-83.

雷琳, 陈涛, 李智勇, 等. 2008. 全局仿射变换条件下图像不变量提取新方法. 国防科技大学学报, 30(4): 64-70.

刘颖文, 张青川, 于少娟, 等. 2007. 数字散斑法在局域剪切带三维变形研究中的应用. 光学学报, 27(5): 898-902.

刘仁云, 孙秋成, 王春艳. 2016. 数字图像中边缘检测算法研究. 北京: 科学出版社.

刘生浩, 曾立波, 吴琼水, 等. 2004. 一种基于椭圆可变形模板技术的宫颈细胞图像分割方法. 仪器仪表学报, 25(2): 222-225.

刘亚文. 2004. 利用数码像机进行房产测量与建筑物的精细三维重建. 武汉: 武汉大学博士学位论文.

卢成静, 黄桂平, 李广云, 等. 2008. 一种实现工业数字摄影测量自动化的方法. 测绘科学技术学报, 25(3): 228-230.

吕乃光, 王永强, 邓文怡, 等. 2007. 航天器薄膜充气天线面形的视觉测量方法. 光电子激光, 18(6): 714-716.

马佳义. 2014. 基于非参数模型的点集匹配算法研究. 武汉: 华中科技大学博士学位论文.

马少鹏, 潘一山, 王来贵, 等. 2005. 数字散斑相关方法用于岩石结构破坏过程观测. 辽宁工程技术大学学报, 24(1): 51-53.

马扬飚, 钟约先, 郑聆, 等. 2006. 三维数据拼接中编码标志点的设计与检测. 清华大学学报自然科学版, 46(2): 169-171.

梅华丰, 陈鹏, 童小华, 等. 2013. 利用数字图像相关方法实现高速相机序列影像运动目标的快速跟踪. 地理信息世界, 20(5): 51-58.

牛永强, 胡秋实, 闫德莹, 等. 2011. 基于数字图像体相关的物体内部三维位移场分析. 实验力学, 26(3): 247-253.

潘兵, 谢惠民, 李艳杰. 2007. 用于物体表面形貌和变形测量的三维数字图像相关方法. 实验力学, 22(6): 556-567.

潘兵, 续伯钦, 李克景. 2005. 梯度算子选择对基于梯度的亚像素位移算法的影响. 光学技术, 31(1): 26-31.

潘一山, 杨小彬. 2001. 岩石变形破坏局部化的白光数字散斑相关方法研究. 实验力学, 24(2): 220-225.

孙广富, 张兵, 卢焕章. 2004. 基于窗口预测匹配的序列图像点目标轨迹检测算法. 国防科技大学学报, 26(2): 25-29.

孙伟, 何小元, 胥明, 等. 2007. 数字图像相关方法在膜材拉伸试验中的应用. 工程力学, 24(2): 34-38.

孙阳. 2013. 卫星平台在轨颤振对高分辨率遥感器成像质量影响的研究. 长春: 中国科学院长春光学精密机械与物理研究所博士学位论文.

王金良, 李慧凤. 2012. 基于极点对称模态分解的频率直接插值法计算软件(简称 DI 频率计算软件). 中华人民共和国国家版权局计算机软件著作权登记, No. 2012SR102181.

王金良, 李宗军. 2015. 极点对称模态分解方法——数据分析与科学探索的新途径. 北京: 高等教育出版社.

于晓光, 梁晋, 尤威, 等. 2016. 地震振动台实验三维全场位移测量的研究. 应用光学, 37(4): 567-572.

王秀美, 贺跃光, 曾卓乔. 2002. 数字化近景摄影测量系统在滑坡监测中的应用. 测绘通报, 2: 28-30.

吴加权, 马琨, 李燕. 2007. 数字散斑相关方法用于 PMMA 弹性模量的测量. 力学与实践, 29(5): 35-37.

夏永泉, 黄敏, 郭龙源, 等. 2009. 基于相关窗口匹配的费用函数计算优化方法. 计算机工程, 35(4): 83-84.

肖汉, 张祖勋. 2010. 基于 GPGPU 的并行影像匹配算法. 测绘学报, 39(1): 46-51.

谢文寒, 张祖勋, 张剑清. 2003. 一种新的基于灭点的相机标定方法. 哈尔滨工业大学学报, 35(11): 1384-1388.

薛婷, 孙梅, 张涛, 等. 2008. 类椭圆特征自动识别及亚像素提取的完整实现. 光电子·激光, 19(8): 1076-1078.

姚学锋, 林碧森, 简龙晖, 等. 2003. 立体摄影术与数字散斑相关方法相结合用于研究三维变形场. 光学技术, 29(4): 473-476.

杨博, 王密, 皮英冬. 2017. 仅用虚拟控制点的超大区域无控制区域网平差. 测绘学报, (7): 74-81.

于泓. 2006. 摄像机标定算法研究. 济南: 山东大学博士学位论文.

张春森, 张剑清, 贺少军. 2004. 基于立体视觉的空间运动分析. 光学技术, 30(3): 273-276.

张德海, 梁晋, 唐正宗, 等. 2010. 板料变形三维数字散斑应变测量分析系统研究. 锻压技术, 35(4): 27-31.

张剑清, 潘励. 2009. 摄影测量学(第二版). 武汉: 武汉大学出版社.

张剑清, 潘励, 王树根, 等. 2003. 摄影测量学. 武汉: 武汉大学出版社.

张孝棣, 蒋甲利, 贾元胜, 马洪志, 肖亚克. 2005. 视频测量方法在风洞模型姿态角测量中的应用. 空气动力学, 19(3): 21-25.

张阳, 臧顺来, 郭翔, 等. 2012. 基于数字散斑应变测量法的薄板各向异性力学性能研究. 材料工程, 4: 6-11.

张祖勋. 2012. 数字摄影测量学. 武汉: 武汉大学出版社.

张祖勋, 苏国中, 张剑清, 等. 2004. 基于序列影像的飞机姿态跟踪测量方法研究. 武汉大学学报信息科学版, 29(4): 287-291.

张春玲, 邱振戈. 2006. 基于机群的并行匹配算法. 测绘科学, 31(6): 127-128.

张永军, 张祖勋, 张剑清. 2004. 基于序列图像的工业钣金件三维重建与视觉检测. 清华大学学报(自然科学版), 44(4): 534-537.

曾燕, 成新文. 2012. 运动序列图像中目标点的自动定位与跟踪研究. 四川理工学院学报(自然科学版), 25(6): 27-29.

周拥军. 2007. 基于未检校 CCD 相机的三维测量方法及其在结构变形监测中的应用. 上海: 上海交通大学博士学位论文.

邾继贵, 叶声华. 2005. 基于近景数字摄影的坐标精密测量关键技术研究. 计量学报, 26(3): 207-211.

邹凤娇. 2005. 摄像机标定及相关技术研究. 成都: 四川大学博士学位论文.

Abdel-Aziz Y I and Karara H M. 1971. Direct linear transformation into object space coordinates in close-range photogrammetry. Proc. Symposium on Close-Range Photogrammetry, 1-18.

Abe M, Yoshida J, Fujino Y. 2004. Multiaxial behaviors of laminated rubber bearings and their modeling. I: Experimental Study, Journal of Structural Engineering, 130: 1119-1132.

Ackermann F. 1984. Digital image correlation: performance and potential application in photogrammetry. Photogrammetric Record, 11(64): 429-439.

Alexander M, Colbourne J. 1980. A method of determination of the angular velocity vector of a limb segment. Journal of Biomechanics, 13: 1089-1093.

Anweiler S. 2017. Development of videogrammetry as a tool for gas-particle fluidization research. Journal of Environmental Management, 203: 942-949.

Armstrong J B, Maheswaran M, Theys M D, et al. 1998. Parallel image correlation: Case study to examine trade-offs in algorithm-to-machine mappings. The Journal of Supercomputing, 12(1-2): 7-35.

Bailey A, Funk J, Lessley D, Sherwood C, Crandall J, Neale W and Rose N. 2018. Validation of a videogrammetry technique for analysing American football helmet kinematics. Sports Biomechanics, 1-23.

Baker S, Matthews I. 2004. International Journal of Computer Vision. https://doi. org/10. 1023/B: VISI. 0000011205. 11775. fd [2018-11-27].

Bales F B. 1985. Close-range photogrammetry for bridge measure-ment. Transportation Research Record. 950, Transportation Research Board, Washington, D. C., 39-44.

Bay H, Tuytelaars T, Gool L. 2006. SURF: Speeded Up Robust Features. Computer Vision – ECCV 2006: 9th European Conference on Computer Vision, Graz, Austria.

Belongie S, Malik J and Puzicha J. 2004. Shape matching and object recognition using shape contexts. IEEE Transactions on Pattern Analysis and Machine Intelligence, 24(4): 509-522.

Birkin P R, Nestoridi M, Pletcher D. 2009. Studies of the anodic dissolution of aluminium alloys containing tin and gallium using imaging with a high-speed camera. Electrochimica Acta, 54(26): 6668-6673.

Black J T, Pappa R S. 2003. Videogrammetry using projected circular targets: proof-of-concept test. In: Proceedings of the 21st International Modal Analysis Conference, 3-6, February, Kissimee, Florida. http://www. cs. odu. edu/-mln/ltrs-pdfs/NASA-2003-tm212148. pdf, [2010-08-06].

Brown D C. 1966. Decentering distortion of lenses. Photogramm. Eng, 32: 444-462.

Brown L G. 1992. A survey of image registration techniques. ACM Computing Surveys (CSUR), 24(4): 325-376.

Bruck H A, Mcneill S R, Sutton M A and Peters Ⅲ, W H. 1989. Digital image correlation using Newton-Raphson method of partial differential correction. Experimental Mechanics, 29(3): 261-267.

Bräuer-Burchardt C, Voss K. 2001. Facade reconstruction of destroyed buildings using historical photographs. XVIII CIPA International Symposium. Potsdam, 543-550.

Burtch R. 2004. History of Photogrammetry, Center for Photogrammetric Training. Ferris State University, Big Rapids, Michigan.

Calonder M, Lepetit V, Strecha C, et al. 2010. "BRIEF: Binary Robust Independent Elementary Features", 11th European Conference on Computer Vision(ECCV), Heraklion, Crete. Berlin: Springer.

Cancela B, Ortega M, Fernández A, et al. 2013. Hierarchical framework for robust and fast multiple-target tracking in surveillance scenarios. Expert Systems with Applications, 40(4): 1116-1131.

Celebi M and Sanli A. 2002. GPS in pioneering dynamic monitoring of long-period structures. Earthquake Spectra, 18(1): 47-61.

Chan W S, Xu Y L, Ding X L, Xiong Y L and Dai W J. 2006. Assessment of dynamic measurement accuracy of GPS in three directions. Journal of Surveying Engineering, 132(3): 108-117.

Chang C C, Ji Y F. 2007. Flexible Videogrammetric Technique for Three-Dimensional Structural Vibration Measurement. Journal of Engineering Mechanics, 133(6): 656-684.

Chen F L, Lin S W. 2000. Sub-pixel estimation of circle parameters using orthogonal circular detector. Computer Vision and Image Understanding, 78: 206-221.

Chung W J, Yun C B, Kim N S and Seo J W. 1999. Shaking table and pseudodynamic tests for the evaluation of the seismic performance of base-isolated structures. Engineering Structures, 21(4): 365-379.

Choudhary S, Gupta S, Narayanan P J. 2010. Practical time bundle adjustment for 3d reconstruction on the GPU. European Eonference on Trends and Topics in Computer Vision, 6554: 423-435.

Clarke T A. 1994. An analysis of the properties of targets used in digital close range photogrammetric measurement. SPIE, 2350.

Costantini M. 1998. A novel phase unwrapping method based on network programming. IEEE Transactions on Geoscience and Remote Sensing, 36(3): 813-821.

Cunha A, Caetano E and Delgado R. 2001. Dynamic tests on large cable-stayed bridge. Journal of Bridge Engineering, 6(1): 54-62.

Diel D D, DeBitetto P, Teller S. 2005. Epipolar constraints for vision-aided inertial navigation. In Proceeding of the Seventh IEEE Workshops on Application of Computer Vision. Breckenridge, 221-228.

Di K, Xu F, Wang J, et al. 2008. Photogrammetric processing of rover imagery of the 2003 Mars exploration rover mission. ISPRS Journal of Photogrammetry and Remote Sensing, 63(2): 181-201.

Dolloff J, Settergren, R. 2010. An assessment of worldview-1 positional accuracy based on fifty contiguous stereo pairs of imagery. Photogrammetric Engineering and Remote Sensing, 76(8): 935-943.

Dohi K, Hatanaka Y and Negi K. 2012. Deep-pipelined FPGA implementation of ellipse estimation for eye tracking//Field Programmable Logic and Applications(FPL), 2012 22nd International Conference on. IEEE, 458-463.

Eastman Kodak Company. 2004. Kodak Professional DCS ProSLR/n Digital Cameras User's Guide.

Foroosh H and Balci M. 2004. Sub-pixel registration and estimation of local shifts directly in the Fourier domain. Proceedings of the IEEE International Conference on Image Processing, 1915-1918.

Foroosh H, Zerubia J B and Berthod M. 2002. Extension of phase correlation to subpixel registration. IEEE Transactions on Image Processing, 11(3): 188-200.

Fraser C S. 1996. Network design. Close Range Photogrammetry and Machine Vision(Ed. K. B. Atkinson), 371: 256-281.

Fraser C S. 1997. Digital camera self-calibration. Journal of Photogrammetry & Remote Sensing, 52(4): 149-159.

Fraser C S. 1998. Some thoughts on the emergence of digital close range photogrammetry. The Photogrammetric Record, 16(91): 37-50.

Fraser C S, Cronk S, Hanley H B. 2008. Close-range photogrammetry in traffic incident management. In Proceedings of XXI ISPRS Congress Commission V. WG V, Citeseer, 125-128.

Fraser C S, Hanley H B, Cronk S. 2005. Close-Range Photogrammetry for Accident reconstruction. Optical 3D Measurements VII, (Gruen/Kahmen, Eds.), Technical University of Vienna, 2: 115-123.

Fraser C S, Riedel B. 2000. Monitoring the thermal deformation of steel beams via vision metrology. ISPRS Journal of Photogrammetry and Remote Sensing, 55(4): 268-276.

Fremont V, Chellali R. 2000. Direct camera calibration using two concentric circles from a single view, 2: 93-98.

Fryer J G. 2000. Introduction, in: Close Range Photogrammetry and Machine Vision, Whittles Publishing, Roseleigh House, Latheronwheel, Caithness, KW5 6DW, 1-7.

Fu G K and Moosa A G. 2002. An optical approach to structural displacement measurement and its application. Journal of Engineering Mechanics, 128(5): 511-520.

Förstner W, Gulch E. 1987. A fast Operator for detection and precise location of distinct points, corners and centers of circular features. Intercommision Conference on Fast Processing of Photogrammetric Data. Interlaken Switzerland, 281-305.

Ganci G and Handley H B. 1998. Automation in Videogrammetry. International Archives of Photogrammetry and Remote Sensing, Hakodate, 32(5): 53-58.

Garcia V, Debreuve E, Nielsen F, et al. 2010. K-nearest neighbor search: Fast GPU-based implementations and application to high-dimensional feature matching. 17th IEEE International Conference on Image Processing, 3757-3760.

Ghaemmaghami A R and Ghaemian M. 2008. Experimental seismic investigation of sefid-rud concrete buttress dam model on shaking table. Earthquake Engineering and Structural Dynamics, 37(5): 809-823.

Girshick R. 2015. Fast R-CNN. IEEE International Conference on Computer Vision, 1440-1448.

Girshick R, Donahue J, Darrell T, et al. 2014. Rich Feature Hierarchies for Accurate Object Detection and Semantic Segmentation. IEEE Conference on Computer Vision & Pattern Recognition, 580-587.

Goyal D, Pabla B S. 2016. The vibration monitoring methods and signal processing techniques for structural health monitoring: a review. Archives of Computational Methods in Engineering, 23(4): 585-594.

Griffiths H. 1995. Interferometric synthetic aperture radar. Electronics and Communications Engineering Journal, 7(6): 247-256.

Gruen A. 1997. Fundamentals of videogrammetry - a review. Human Movement Science, 16: 155-187.

Guizar-Sicairos M, Thurman S T and Fienup J R. 2008. Efficient subpixel image registration algorithms. Optics Letters, 33(2): 156-158.

Hänsch R, Drude I, Hellwich O. 2016. Modern Methods of Bundle Adjustment on the Gpu. ISPRS Annals of the Photogrammetry, Remote Sensing and Spatial Information Sciences, III-3: 43-50.

Habib A F, Morgan M, Lee Y R. 2002. Bundle adjustment with self-calibration using straight lines. The Photogrammetry record, 17(100): 635-650.

Halim S, Zulkepli M. 2007. Precise measurement and 3d computer modeling using close range laser scanning and photogrammetric techniques. Proceedings, the 28th Asian Conference on Remote Sensing, 12-16.

Hartley R I, Zisserman A. 2000. Multiple View Geometry in Computer Vision. Oxford: Cambridge University Press.

Hattori S, Akimoto K, Fraser C, et al. 2002. Automated procedureswith coded targets in industrial vision metrology. Photogrammetric Engineering And Remote Sensing, 68(5): 441-446.

Hattori S, Akimoto K, Fraser C, et al. 2000. Design of Coded Targets and Automated Measurement Procedures in Industrial Vision Metrology. International Archives of Photogrammetry and Remote Sensing, B5: 72-77.

He K, Zhang X, Ren S, et al. 2015. Spatial pyramid pooling in deep convolutional networks for visual recognition. IEEE Transactions on Pattern Analysis and Machine Intelligence, 37(9): 1904-1916.

Heid T and Kääb A. 2012. Evaluation of existing image matching methods for deriving glacier surface displacements globally from optical satellite imagery. Remote Sensing of Environment, 118: 339-355.

Hillebrand M, Stevanovic N, Hosticka B J, et al. 2000. High speed camera system using a CMOS image sensor. Proceedings of Intelligent Vehicles Symposium, 656-661.

Ho C T, Chen L H. 1995. A fast ellipse/circle detector using geometric symmetry. Pattern Recognition, 28(1): 117-124.

Hobbs S. 2003. Target Position and Trajectory Measurements by Videogrammetry. Cranfield University.

Hoge W S. 2003. A subspace identification extension to the phase correlation method [MRI application]. IEEE Transactions on Medical Imaging, 22(2): 277-280.

Holderied M W, Korine C, Fenton M B, et al. 2005. Echolocation call intensity in the aerial hawking bat Eptesicus bottae (Vespertilionidae) studied using stereo videogrammetry. Journal of Experimental Biology, 208(7): 1321-1327.

Horney R B, Svalbe S W, Wells W P. 2003. Isotropic sub-pixel measurement of circular objects. Proc. on VIIth Digital Image Computing Techniques and Applications, Sydney, 529-538.

Hough V, Paul C. 1962. Method and means for recognizing complex patterns. US Patent 3.

Housner G W, Bergman L A, Caughey T K, et al. 1997. Structural control: past, present, and future. Journal of Engineering Mechanics, 123(9): 897-971.

Huang N E, Shen S S. 2005. Hilbert-Huang Transform and its Applications. World Scientific, 16.

Huang N E, Wu Z. 2008. A review on Hilbert-Huang transform, method and its applica-tions to geophysical studies, Reviews of Geophysics, 46.

Iwasaki A. 2011. Detection and Estimation of Satellite Attitude Jitter Using Remote Sensing Imagery. Advances in Spacecraft Technologies, 13: 257-272.

Janne H and Olli S. 1997. A four-step camera calibration procedure with implicit image correction. In Proceedings of IEEE Computer Society Conference on Computer Vision and Pattern Recognition, 1106-1112.

Jáuregui D V, White K R, Woodward C B, et al. 2003. Non-contact photogrammetric measurement of vertical bridge deflection. Journal of Bridge Engineering, ASCE, 8(4): 212-222.

Ji Y F. 2007. Videogrammetric technique for structural dynamic applications. The Hong Kong University of

Science and Technology.

Jian W L, Kui Y, Jing B. 2005. Savitzky–Golay smoothing and differentiation filter for even number data. Signal Processing, 85(7): 1429-1434.

Karayel D, Wiesehoff M, Özmerzi A, et al. 2006. Laboratory measurement of seed drill seed spacing and velocity of fall of seeds using high-speed camera system. Computers and Electronics in Agriculture, 50(2): 89-96.

Keen S, Leach J, Gibson G, et al. 2007. Comparison of a high-speed camera and a quadrant detector for measuring displacements in optical tweezers. Journal of Optics A: Pure and Applied Optics, 9(8). 264-266.

Kienle S C, Sims A M, Leifer J. 2008. Full-field acceleration measurement using videogrammetry. Proceedings of IMAC XXVI: The 26th International Modal Analysis Conference.

Kohler M D, Davis P M and Safak E. 2005. Earthquake and ambient vibration monitoring of the steel-frame ucla factor building. Earthquake Spectra, 21(3): 715-736.

Kong X X, Li J. 2018. Vision-Based fatigue crack detection of steel structures using video feature tracking. Computer-Aided Civil and Infrastructure Engineering, 33(9): 783-799.

Kovačič B, Kamnik R, Premrov M. 2011. Deformation measurement of a structure with calculation of intermediate load phases. Survey Review, 43(320): 150-161.

Layers E P, Mitchell R. 1988. Sub-pixel measurements using a moment-based edge operator. IEEE Transactions on Pattern Analysis and Machine intelligence, 11(12): 1293-1309.

Lee J J, Fukuda Y, Shinozuka M, Cho S, et al. 2007. Development and application of a vision- based displacement measurement system for structural health monitoring of civil structures. Smart Structures and Systems, 3(3): 373-384.

Leifer J. 2007. Measurement of in-plane motion of thin-film structures using videogrammetry. Journal of Spacecraft and Rockets, 44(6): 1317-1325.

Leifer J, Weems B J, Kienle S C, et al. 2011. Three-dimensional acceleration measurement using videogram-metry tracking data. Experimental Mechanics, 51(2): 199-217.

Leprince S, Barbot S, Ayoub F, et al. 2007. Automatic and precise orthorectification, coregistration, and subpixel correlation of satellite images, application to ground deformation measurements. IEEE Transactions on Geoscience and Remote Sensing, 45(6): 1529-1558.

Levenberg K. 1944. A Method for the Solution of Certain Non-Linear Problems in Least Squares. The Quarterly of Applied Mathematics, 2: 164-168.

Lhuillier M, Quan L. 2005. A quasi-dense approach to surface reconstruction from uncalibrated images. Pattern Analysis and Machine Intelligence, IEEE Transactions on, 27(3): 418-433.

Li J C and Yuan B Z. 1988. Using vision technique for bridge deformation detection. International Conference on Acoustic, Speech and Signal Processing, 912-915.

Li R X, Ma F, Xu F L. 2002. Localization of Mars rovers using descent and surface-based image data. Journal of Geophysical Research, 107(E11): 4. 1-4. 8.

Li R, Brent A, Raymond E, et al. 2006. Spirit rover localization and topographic mapping at the landing site of Gusev crater, Mars. Journal of Geophysical Research Atmospheres, 111(E2): 516-531.

Li Y, Zheng S, Wang X, et al. 2016. An efficient photogrammetric stereo matching method for high-resolution images. Computers & Geosciences, 97: 58-66.

Lin S Y, Mills J P, Gosling, P D. 2008. Videogrammetric monitoring of as-built membrane roof structures. The Photogrammetric Record, 23(122): 128-147.

Liu X, Gao W, Hu Z Y. 2012. Hybrid Parallel Bundle Adjustment for 3D Scene Reconstruction with Massive Points. Journal of Computer Science and Technology, 27(6): 1269-1280.

Liu X, Tong X, Yin X, et al. 2015. Videogrammetric technique for three-dimensional structural progressive collapse measurement. Measurement, 63: 87-99.

Lowe D G. 1999. Object recognition from local scale-invariant features. In ICCV, 99(2): 1150-1157.

Luhmann J. 2010. Close range photogrammetry for industrial applications. ISPRS Journal of Photogrammetry and Remote Sensing, 65(6): 558-569.

Luhmann T, Fraser C S and Maas H. G. 2016. Sensor modelling and camera calibration for close-range photogrammetry. ISPRS Journal of Photogrammetry and Remote Sensing, 115: 37-46.

Ma J, Zhao J and Yuille A L. 2016. Non-rigid point set registration by preserving global and local structures. IEEE Transactions on Image Processing, 25(1): 53-64.

Maas H G and Hampel U. 2006. Photogrammetric techniques in civil engineering material testing and structure monitoring. Photogrammetric Engineering and Remote Sensing, 72(1): 39-45.

Mahmoud I K, Mohamed M B. 2001. A Dyadic Wavelet Affine Invariant Function for 2D Shape Recognition. IEEE Transactions on Pattern Analysis And Machine Intelligence, 23(10): 1152-1164.

Markus V. 2001. Robust tracking of ellipses at frame rate. Pattern Recognition, 34: 487-498.

Marquardt D. 1963. An algorithm for least-squares estimation of nonlinear parameters. SIAM Journal on Applied Mathematics, 11: 431-441.

Mateos G G. 2000. A camera calibration technique using targets of circular features. Proc. 5th Ibero- American Simposium on Pattern Recognition.

Mattson S, Bartels A, Boyd A, et al. 2011. Continuing Analysis of Spacecraft Jitter in LROC-NAC. Proceedings of the 42nd Lunar and Planetary Institute Science Conference, The Woodlands, 2756.

Midorikawa M, Azuhata T, Ishihara T, et al. 2006. Shaking table tests on seismic response of steel braced frames with column uplift. Earthquake Engineering and Structural Dynamics, 35(14): 1767-1785.

Mei X, Sun X, Zhou M, et al. 2011. On building an accurate stereo matching system on graphics hardware. IEEE International Conference on Computer Vision Workshops, 467-474.

Mikhail E M, Bethel J S, McGlone J C. 2001. Introduction to Modern Photogrammetry. Canada: John Wiley & Sons, Inc.

Mitchell O R, Hutchinson S A. 1994. Sub-pixel parameter estimation for elliptical shapes using image sequences. IEEE International Conference on Multi-sensor Fusion and Integration for Intelligent Systems, 567-574.

Miyashita T and Fujino Y. 2006. Development of three-dimensional vibration measurement system using laser doppler vibrometers. Proceedings of SPIE - The International Society for Optical Engineering, San Diego, 6177: 649-656.

Moisan L, Moulon P and Monasse P. 2012. Automatic homographic registration of a pair of images, with a contrario elimination of outliers. Image Processing On Line, 2: 56-73.

Mouragnon E, Lhuillier M, Dhome M, et al. 2006. 3D reconstruction of complex structures with bundle adjustment: an incremental approach. IEEE International Conference on Robotics and automation, 3055-3061.

Muehlmann U, Ribo M, Lang P, et al. 2004. A new high speed cmos camera for real-time tracking applications. Proceedings of the 2004 IEEE International Conference on Robotics and Automation, New Orleans, 5: 5195-5200.

Nagashima S, Aoki T, Higuchi T, et al. 2006. A subpixel image matching technique using phase-only correlation. Proceedings of the International Symposium on Intelligent Signal Processing and Communication Systems, 701-704.

Nakamura S. 2000. GPS measurement of wind-induced suspension bridge girder displacement. Journal of Structural Engineering, 121(1): 35-40.

Niederöst M, Maas H G. 1997. Automatic deformation measurement with a digital still video camera. Optical 3-D Measurement Techniques IV: 266-271.

Niu X, Hu Z and Yang S. 2009. Hierarchical ellipse detection algorithm based on local PCA Hough transform with parameter restraint. Journal of Computer Applications, 29(5): 1365-1368.

Olaszek P. 1999. Investigation of the dynamic characteristic of bridge structures using a computer vision method. Measurement, 25(3): 227-236.

Pan B. 2011. Recent progress in digital image correlation. Experimental Mechanics, 51(7): 1223-1235.

Pan B. 2009. Reliability-guided digital image correlation for image deformation measurement. Applied Optics, 48(8): 1535-1542.

Pappa R S, Giersch L R and Quagliaroli J M. 2000. Photogrammetry of a 5m inflatable space antenna with consumer-grade digital cameras. Experimental Techniques, 25(4): 21-29.

Pappa R S, Jones T W, Black J T, et al. 2002. Photogrammetry Methodology Development for Gossamer Space Structures. Sound and Vibration, 36(8): 12-21.

Parian J A, Grün A, Cozzani A. 2006. High accuracy space structures monitoring by a close-range photogrammetric network. International Archives of Photogrammetry, Remote Sensing and Spatial Information Sciences, 36(Part 5), 236-241.

Park K T, Kim S H, Park H S, et al. 2005. The determination of bridge displacement using measured acceleration. Engineering Structures, 27(3): 371-378.

Pascual J F, Neucimar J L, Ricardo M, et al. 2006. Tracking soccer players aiming their kinematical motion analysis. Computer Vision and Image Understanding, 101: 122-135.

Patsias S and Staszewski W. 2002. Damage Detection using Optical Measurements and Wavelets. Structural Health Monitoring, 1(1): 7-22.

Paulsen U S, Schmidt T and Erne O. 2011. Developments in large wind turbine modal analysis using point tracking videogrammetry. In Structural Dynamics and Renewable Energy, 187-198.

Pazmino J, Carvelli V, Lomov S V, et al. 2014. 3D digital image correlation measurements during shaping of a non-crimp 3D orthogonal woven E-glass reinforcement. International Journal of Material Forming, 7(4): 439-446.

Percoco G. 2011. Digital close range photogrammetry for 3D body scanning for custom-made garments. The Photogrammetric Record, 26(133): 73-90.

Pilch A, Mahajan A and Chu T. 2004. Measurement of whole-field surface displacements and strain using a genetic algorithm based intelligent image correlation method. Journal of Dynamic Systems, Measurement, and Control, 126(3): 479-488.

Pollakrit T, Nijasri C S, Chedsada C. 2011. Reconstruction of 3D ultrasound images based on Cyclic Regularized Savitzky–Golay filters. Ultrasonics, 51(2): 136-147.

Poudel U P, Fu G, Ye J. 2005. Structural damage detection using digital imaging technique and wavelet transformation. Journal of Sound and Vibration, 286: 869-895.

Qiao Y and Ong S H. 2007. Arc-based evaluation and detection of ellipse. Pattern Recognition, 40(7): 1990-2003.

Reigh G W and Park K C. 1997. Localized system identification and structural health monitoring from vibration test data. Proceeding of 1997 American Institute of Aeronautics and Astronautics - Structures, Structural Dynamics, and Materials Conference, 1661-1667.

Remondino F. 2006. Videogrammetry for human movement analysis. http: //www. photogrammetry. ethz. ch/general/persons/fabio/fabio_ISB06. pdf [2010-08-08].

Ren S, He K, Girshick R, et al. 2015. Faster R-CNN: towards real-time object detection with region proposal networks. International Conference on Neural Information Processing Systems, 91-99.

Robert M, Stanley R. 1987. Image analysis using mathematical morphology. IEEE Trans on PAMI, 9(4): 532-550.

Rosten E, Porter R, Drummond T. 2010. FASTER and better: A machine learning approach to corner detection". IEEE Trans. Pattern Analysis and Machine Intelligence, 32(1): 105-119.

Rublee E, Rabaud V, Konolige K, et al. 2011. ORB: An efficient alternative to SIFT or SURF. 2011 International Conference on Computer Vision, 11(1): 2.

Ryall T G, Fraser C S. 2002. Determination of structural modes of vibration using digital photogrammetry. Published in AIAA Journal of Aircraft, 39(1): 114-119.

Savitzky A, Golay M J E. 1964. Smoothing and Differentiation of Data by Simplified Least Squares Procedures. Analytical Chemistry, 36(8): 1627-1639.

Schneider J, Läbe T, Förstner W. 2013. Incremental Real-Time Bundle Adjustment for Multi- Camera Systems with Points at Infinity. International Archives of the Photogrammetry, Remote Sensing and Spatial Information Sciences, XL-1/W2(1): 355-360. .

Serra J. 1982. Image Analysis and Mathematical Morphology. New York: Academic Press.

Shen Q N and An X H. 2008. A Target Tracking System for Applications in Hydraulic Engineering. Tsinghua Science and Technology, 13: 343-347.

Shi Z, Wang Y, Peng M, et al. 2015. Characteristics of the landslide dams induced by the 2008 Wenchuan earthquake and dynamic behavior analysis using large-scale shaking table tests. Engineering Geology, 194: 25-37.

Siringoringo D M and Fujino Y. 2006. Experimental study of laser doppler vibrometerand ambient vibration for vibration-based damage detection. Engineering Structures, 28(13): 1803-1815.

Staggs J E J. 2005. Savitzky–Golay smoothing and numerical differentiation of cone calorimeter mass data. Fire Safety Journal, 40(6): 493-505.

Steinier J, Termonia Y, Deltour J. 1972. Comments on smoothing and differentiation of data by simplified least square procedure. Analytical Chemistry, 44(11): 1906-1909.

Stone H S, Orchard M T, Chang E C, et al. 2001. A fast direct Fourier-based algorithm for subpixel registration of images. IEEE Transactions on Geoscience and Remote Sensing, 39(10): 2235-2243.

Sun T, Long H, Liu B, et al. 2015. Application of attitude jitter detection based on short-time asynchronous images and compensation methods for chinese mapping satellite-1. Optics Express, 23(2): 1395-1410.

Sutton M A, Orteu J J and Schreier H. 2009. Image correlation for shape, motion and deformation measurements: Basic concepts, theory and applications. New York: Springer Science Business Media.

Sutton M A, Wolters W J, Peters W H, et al. 1983. Determination of displacements using an improved digital correlation method. Image and Vision Computing, 1(3): 133-139.

Tennakoon R B, Bab-Hadiashar A, Cao Z, et al. 2016. Robust model fitting using higher than minimal subset sampling. IEEE Transactions on Pattern Analysis and Machine Intelligence, 38(2): 350-362.

Tong X, Gao S, Liu S, et al. 2017. Monitoring a progressive collapse test of a spherical lattice shell using high-speed videogrammetry. The Photogrammetric Record, 32(159): 230-254.

Triggs B. 1999. Camera pose and calibration from 4 or 5 Known 3D Points. Seventh International Conference on Computer Vision(ICCV'99), 1-278.

Triggs B, McLauchlan P, Hartley, et al. 1999. Bundle adjustment - a modern synthesis. Proceedings of the International Workshop on Vision Algorithms: Theory and Practice, 1883: 298-372.

Tsai R Y. 1987. A versatile camera calibration technique for high-accuracy 3D machine vision metrology using off-the-shelf TV cameras and Lenses. IEEE Journal of Robotics and Automation, 3(4): 323-344.

Uijlings J R R, Sande K E A V D, Gevers, et al. 2013. Selective search for object recognition. International Journal of Computer Vision, 104(2): 154-171.

Vallet J, Turnbull B, Jolya S, et al. 2004. Observations on powder snow avalanches using videogrammetry. Cold Regions Science and Technology, 39(2): 153-159.

Vendroux G, Knauss W G. 1998. Submicron deformation field measurements: Part 2. Improved digital image correlation. Experimental Mechanics, 38(2): 86-92.

Wahbeh A M, Caffrey J P, Masri S F. 2003. A vision-based approach for the direct measurement of displacements in vibrating systems. Smart Materials and Structures, 12(5): 785-794.

Wan W, Liu Z, Di K. 2010. Rover localization from long stereo image sequences using visual odometry based on bundle adjustment. Remote Sensing of the Environment: The 17th China Conference on Remote Sensing, 8203(4): 347-356.

Wang J B, Zhang Y, Yang M G, et al. 2006. Observation of arc discharging process of nanocomposite Ag-SnO$_2$ and La-doped Ag-SnO$_2$ contact with a high-speed camera. Materials Science and Engineering: B, 131(1-3): 230-234.

Wang J L, Li Z J. 2013. Extreme-point symmetric mode decomposition method for data analysis. Advance in Adaptive Data Analysis, 5(3): 1131-1137.

Wang M, Zhu Y, Jin S, et al. 2016. Correction of ZY-3 image distortion caused by satellite jitter via virtual steady reimaging using attitude data. ISPRS Journal of Photogrammetry and Remote Sensing, 119: 108-123.

Wang Z. 1990. Principles of photogrammetry(with Remote Sensing). Press of Wuhan Technical University of Surveying and Mapping and Publishing House of Surveying and Mapping.

Weng J Y, Cohen P, Herniou M. 1992. Camera Calibration with Distortion Models and Accuracy Evaluation, IEEE Transactions on Pattern Analysis and Machine Intelligence, 965-980.

Whiteman T, Lichti D D and Chandler I. 2002. Measurement of deflections in concrete beams by close-range digital photogrammetry. Proc., Joint International Symposium on Geospatial Theory, Processing and Applications (CD-Rom), 9-12.

Wiggenhagen M. 2002. Calibration of digital consumer cameras for photogrammetric applications. IntArchPhRS, 301-304.

Wikipedia. 2010. Savitzky golay smoothing filter[eb /ol]. http: //en. wikipedia. org/wiki/Savitzky%E2% 80%93Golay_smoothing_filter[2011-08-15].

Wolf P R, DeWitt B A. 2000. Elements of photogrammetry: With application in GIS. 3rd edition. Boston Mass: McGraw Hill.

Xiong Z, Zhang Y. 2009. A novel interest-point-matching algorithm for high-resolution satellite images. IEEE Transactions on Geoscience and Remote Sensing, 47(12): 4189-4200.

Xu F. 2004. Mapping and localization for extraterrestrial robotic explorations. Ohio: The Ohio State University.

Xu L, Oja E, Kultanen P. 1990. A new curve detection method: Randomized Hough transform (RHT). Pattern Recognition Letter, 11: 331-338.

Yang Z, Shen S. 2017. Monocular visual-inertial state estimation with online initialization and camera-IMU extrinsic calibration. IEEE Transactions on Automation Science and Engineering, 14(1): 39-51.

Ye Z, Tong X, Xu Y, et al. 2018. An improved subpixel phas e correlation method with application in videogrammetric monitoring of large-scale shaking table tests. Photogrammetric Engineering & Remote Sensing, 84(9): 579-592.

Ying T H, Cheng L C, Yen L Lu, et al. 2006. Robust multiple objects tracking using image segmentation and trajectory estimation scheme in video frames. Image and Vision Computing, 24: 1123-1136.

Yip R K K, Tam P K S, Leung, D N K. 1992. Modification of Hough transform for circles and ellipse detection using a 2-dimensional array. Pattern Recognition, 25(9): 1007-1022.

Yoneyama S, Kitagawa A, Iwata S, et al. 2007. Bridge deflection measurement using digital image correlation. Experimental Techniques, 31(1): 34-40.

Yoshida J, Abe M, Kumano S, et al. 2003. Construction of a measurement system for the dynamic behaviors of membrane by using image processing. Structural Membrane 2003-International Conference on Textile Composites and Inflatable Structures.

Zhang T, Quan H J, Zhao L, et al. 2009. High efficient implementation of image matching algorithm. 2nd International Congress on Image and Signal Processing, 1-5.

Zhang Z Y. 2000. A flexible new technique for camera calibration. IEEE Transactions on Pattern Analysis and Machine Intelligence, 22(11): 1330-1334.

Zhang Z Y. 2002. A flexible new technique for camera calibration. IEEE Trans. PAMI, 22(11): 1330-1334.

Zhi X, Yan J, Hang Y, et al. 2016. Realization of CUDA-based real-time registration and target localization for high-resolution video images. Journal of Real-Time Image Processing, 4: 1-12.